江苏高校优势学科建设工程
江苏高校品牌专业建设工程 资助

公共气象服务导论

吴先华 孙 健 张丽杰 刘颖杰 等 编著

气象出版社
China Meteorological Press

内容简介

公共气象服务是气象服务工作的重要组成部分，是人们应对气象和环境灾害的重要环节，与人们的生产和生活关系越来越密切。本书编写组在国家自然科学基金等多个项目的资助下，广泛查阅资料、认真思考和总结，从三大方面构建了框架：一是介绍公共气象服务的相关概念、行为主体和客观环境；二是分别阐述了决策气象服务、公众气象服务、专业气象服务的主要内容；三是从公共气象服务效益评估、气象灾害防御与应对气候变化和公共气象服务能力建设三个专题对现代气象服务的新发展做了较为详细的论述。

本书注重理论与实例的结合，资料翔实、条理清晰，可作为应用气象学、经济学、管理学、社会学等高年级本科生，以及应用气象学、气候变化与公共气象、气象信息技术等领域研究生的学习教材，亦可为气象服务实务工作者提供资料参考，还可以为相关领域的学者提供借鉴。

图书在版编目(CIP)数据

公共气象服务导论/吴先华等编著. —北京：气象出版社，2015.12（2021.11重印）
ISBN 978-7-5029-6309-5

Ⅰ.①公…　Ⅱ.①吴…　Ⅲ.①气象服务　Ⅳ.①P451

中国版本图书馆 CIP 数据核字(2015)第 310701 号

GONGGONG QIXIANG FUWU DAOLUN
公共气象服务导论

出版发行：气象出版社
地　　址：北京市海淀区中关村南大街 46 号　　**邮政编码**：100081
电　　话：010-68407112(总编室)　010-68408042(发行部)
网　　址：http://www.qxcbs.com　　**E-mail**：qxcbs@cma.gov.cn
责任编辑：黄红丽　　**终　　审**：阳世勇
封面设计：博雅思企划　　**责任技编**：赵相宁
印　　刷：三河市百盛印装有限公司
开　　本：720 mm×960 mm　1/16　　**印　　张**：14.5
字　　数：328 千字
版　　次：2016 年 1 月第 1 版　　**印　　次**：2021 年 11 月第 2 次印刷
定　　价：50.00 元

前　言

公共气象服务是我国政府公共服务和国家防灾减灾体系的重要组成部分，是利用公共气象资源向公众、社会各行各业和政府决策部门提供公益性气象服务的社会生产活动。改革开放30多年来，在党中央、国务院正确领导下，我国的公共气象服务事业取得了显著成绩，在公众气象服务、决策气象服务、国家重大活动气象保障服务、专业气象服务等方面取得明显进展。

党的十八大报告对基本公共服务建设作了具体部署，要求加快形成科学有效的社会管理体制，完善社会保障体系，健全基层公共服务和社会管理网络，建立确保社会既充满活力又和谐有序的体制机制。在经济发展新常态的形势和背景下，公共气象服务既承担着贯彻中央关于实现基本公共服务均等化、全面建成小康社会的使命，又承担着在信息网络化社会中，如何满足个性化和多样化消费需求的任务。公共气象服务的基本概况和未来发展如何，成为政府、学术界和社会普遍关心的重要问题。

基于此，有必要向气象工作者、社会公众以及气象和管理等相关专业的学生介绍公共气象服务的基本概念、主要业务、管理体制和未来改革发展等方面的知识。在南京信息工程大学和中国气象局公共气象服务中心领导的支持下，本书编写组认真查阅了相关图书资料，结合公共气象服务部门的发展实践，完成了本书的写作。

本书由吴先华、孙健、张丽杰、刘颖杰主持编写，其他参与编写的人员还包括裴顺强、孙薇、徐常萍、周飞雪、吴敏洁、刘军、钟念、张慧明、韩颖、段一群、吕红、谢宏佐、张泓波、陈玉林、吴优、王常凯、周彩红、吉中会等。

本书出版获以下资助：国家自然科学基金项目“支持应急决策的气象灾害大数据融合的方法研究”(91546117)、“支持应急联动政策设计的气象灾害间接经济损失评估的方法研究”(71373131)、“基于间接经济损失评估的气象灾害跨区域多行业应急联动的机制研究”(71140014)；国家社会科学基金项目“气象服务效益评估的方法创新及应用研究”(11CGL100)；气象软科学项目“气象灾害的应急联动政策设计”(SK20110071)；国家公益性行业(气象)专项“台风/暴雨灾害损失及服务效益评估关键技术与系统研发”(GYHY201506051)；国家软科学计划项目“气象灾害跨区域多行业应急联动的政策研究”(2011GXQ4B025)；教育部留学回国人员科研启动基金

(No. 2013—693,郭际);江苏高校优势学科建设工程资助项目;江苏高校品牌专业建设工程资助项目。

本书的编写得到南京信息工程大学党委书记李廉水教授等学校领导以及教务处等职能部门的大力支持,得到姜海如研究员的审阅和指点,离不开黄红丽编辑所付出的心血和劳动,在此一并表示最衷心的感谢!

由于作者的专业知识和实践经验有限,书中错误在所难免,恳请读者给予批评指正。

作者

2015 年 9 月

目　录

第一章　公共气象服务概述

第一节　公共气象服务相关概念

公共气象服务的内涵源于服务的概念，以及服务业、公共服务业的概念解读，本节主要介绍相关概念。

一、服务的概念

人们对“服务”(services)一词并不陌生，人们的生产和生活都离不开服务。马克思指出：“任何时候，在消费品中，除了以商品形式存在的消费品以外，还包括一定量的以服务形式存在的消费品(马克思等，1972)。”

早在18世纪50—70年代，重农主义者就提出了“生产性”与“非生产性”的概念，他们认为，只有农业部门是真正创造国民财富的领域，服务行业自然不包括在其中。此后，亚当·斯密(Adam Smith)吸收了重农主义者的观点，将服务业活动定义为非生产活动。在这之后，虽然多数人接受了商品是“物质性的”，而服务是“非物质性”的概念。但是，古典经济学家对于服务范畴的定义并不令人满意。第一，服务的古典定义暗示了服务活动一定是非生产性的；第二，将商品与服务的差别简化成劳动产出的物质与非物质的差别。

Hill(1977)指出，一项服务与一种非物质商品实际上是无法区分的，一件商品也可以是无形的。特别是随着信息技术在服务业中的密集使用，以往“服务”商品的无形性和生产与消费的不可分性都在被突破。Hill(1977)将“服务”定义为：在某人或某经济单位事先约定的情况下，某人情况的改变或是归属于某个经济单位的某物由于其他经济单位的活动带来的情况的改变。

Grönroos(1990)从营销学的角度定义了服务，他认为，服务是由一系列或多或少具有无形特征的活动所构成的一种过程，这种过程是在顾客与员工、有形资源的互动关系中进行的，这些有形的资源(有形产品或有形系统)是作为解决顾客问题的方案而提供给顾客的。

马克思也曾给服务下过定义，他认为，从经济学的角度看，服务是相对于有形商品而言的一种特殊形式的劳动产品，服务劳动“是以活动的形式提供使用价值”（马克思等，1979）。虽然各学者都对服务的概念进行了自己的定义，但都具有一定的片面性，理论界缺乏统一的、权威性的定义。

随着中国市场经济的不断发展，以及服务产品和服务业走向国际市场的需要，服务和服务业需要有一个统一的概念。因此，中国引进了 ISO 9004-2 关于服务的统一概念，在中华人民共和国国家标准 GB/T 19004.2—1994《质量管理和质量体系要素 第 2 部分：服务指南》中对“服务”的定义为：“为满足顾客的需要，供方与顾客接触的活动和供方内部活动所产生的结果。”其中包含了 3 层内容：一是指出了服务的目的，即满足顾客的需要，这里的顾客是指产品和服务的接受者。二是指明了服务的条件，即必须在供方和顾客的接触中进行。关于“与顾客接触”，ISO 9004-2 中解释为“在接触中供方和顾客可能由人员或装备来代表”。也就是说，“与顾客接触”可以分为“面对面”服务和非“面对面”服务两种情况：“面对面”服务即消费者与服务提供者直接进行实际接触才能实现的服务，非“面对面”服务指需要通过一定媒介（如存取款机等）来实现的服务。三是指出了服务内容，即服务活动和服务活动所产生的结果，两者缺一不可，这里的“结果”是指顾客的反馈信息，即顾客对所提供服务的满意程度。

二、服务业的内涵

服务业包括很多行业，下面介绍其内涵及外延。

（一）服务业的概念

远在 17 世纪中叶，配第（William Petty）发现了社会经济生活中的一个规律现象：当工农业发展到一定程度，就业人员就会大量涌入其他行业，表现为工农业就业人口的相对下降。随着主要资本主义国家商品经济的进一步发展，经济结构发生了急剧的变化，工农业以外的经济行业日渐兴旺，就业人员大幅度上升，工农业就业人口不仅相对而且绝对下降了。正是在这种实践的启示下，英国经济学家、新西兰奥塔哥大学教授艾伦·费希尔（Allan Fisher）将工农业以外的其他经济活动归类为第三产业，并在 1935 年的《安全与进步的冲突》一书中正式提出了三次产业分类法：“第一产业为人类提供满足最基本需要的食品；第二产业满足其他更进一步的需要；第三产业满足人类除物资需要以外的更高级的需要，如生活中的便利、娱乐等各种精神上的需要。”

1940 年，另一位英国经济学家科林·克拉克（Colin Clark）在其《经济进步的条件》一书中，根据发达国家的经验数据总结出如下规律：劳动人口由农业转移到制造业，再从制造业向商业和服务业转移，并认为这是所有国家在经济进步过程中具有的一般规律。并在1957年正式提出了“农业、工业、服务业”的产业结构划分。

《中国大百科全书·经济学》认为，服务业是“以从事服务产品的生产和经营活动为主的行业”。服务业概念在理论界尚有争议。服务产品与其他产业产品相比，具有非实物性、不可储存性和生产与消费同时性等特征。在我国国民经济核算实际工作中，将服务业视同为第三产业，即将服务业定义为除农业、工业、建筑业之外的其他所有产业部门。由此可见，气象行业属于服务业。

（二）服务业的分类

由于服务业包含的行业极多，为服务业分类是复杂而困难的，任何分类方法都是相对的。迄今为止，中国还没有专门的服务业统计分类体系，而只有三次产业分类和统计数据。从对服务业分类的各种理论研究来看，比较具有代表性的理论主要有两种：一是卡托坚(Katouzian)的“三分法”；二是辛格曼(Singelmann)的“四分法”。

1. 卡托坚的“三分法”

1970年，卡托坚根据不同经济发展阶段的特点将服务业划分为新兴服务业、补充服务业、传统服务业等三种类型。

新兴服务业，“新兴”的概念是相对工业化后期来讲的，即所谓工业产品的大规模消费阶段。新兴服务业是指工业产品大规模消费阶段以后出现的加速增长的服务业，包括教育、医疗、娱乐、文化和公共服务。

补充服务业，是相对于制造业而言的，这类服务与工业化有关，可以说它们是为工业生产和工业文明服务的，或者说它们是工业化过程的“随生物”。补充服务业主要包括金融、交通、通信和商业。此外，还包括政府部门中与工业化过程有关的制度性安排所引起的服务，如法律服务、行政性服务等。

传统服务业，其一是指服务的需求是传统的，即其需求在工业化以前就广泛存在；其二是指服务的生产方式是传统的。随着资本主义生产方式的深入发展，传统服务业也会随之降低它们的重要性，家仆服务和传统商业是这类服务的代表部门。

按照卡托坚的“三分法”，气象服务业属于新兴服务业，我国的气象服务业在新中国成立后，特别是改革开放后，加速发展起来。产业规模和产业效益不断扩大，很多产品呈现供不应求的局面。

2. 辛格曼的“四分法”

1975年，经济学家布朗宁(Browning)和辛格曼在联合国标准产业分类(ISIC)的基础上，根据各服务行业的服务对象及其服务需求，将服务业分为消费者服务业、生产者服务业、分配服务业三种类型。1978年，辛格曼在1975年分类的基础上，又将服务业进一步细分为生产者服务、流通服务、个人服务和社会服务四种类型，详见表

1-1。

从辛格曼的“四分法”可以看出,公共气象服务与各类服务业均有较强的依附、渗透和融合关系。

表 1-1 辛格曼的服务业分类(方远平等,2008)

一级分类	二级分类
生产者服务	银行、信托及其他金融业
	保险业、房地产
	工程和建筑服务业
	会计和出版业、法律服务
	其他营业服务
流通服务	交通仓储业
	通信业、批发业
	零售业(不含饮食业)
	广告业及其他销售服务
个人服务	家庭服务
	旅馆和饮食业
	修理服务、洗衣服务
	理发与美容
	娱乐和休闲
	其他个人服务
社会服务	医疗和保健业、医院
	教育
	福利和宗教服务
	非营利机构
	政府、邮政
	其他专业化服务和社会服务

三、公共服务的概念

最早的“公共服务”概念,是由法国公法学派代表莱昂·狄骥(Léon Duguit)于1912年提出来的。狄骥指出:“现代公法制度背后所隐含的原则,可以用这样一个命题来加以概况,即那些事实上掌握着权利的人,具有使用其手中的权力来组织公共服务,并保障和支持公共服务进行的义务。”公共服务的概念也因此成为现代公法的基本概念。狄骥对“公共服务”的定义是:任何因其与社会团结的实现与促进不可分割、而必须由政府来加以规范和控制的活动,就是一项公共服务,只要它具有除非通过政府干预,否则便不能得到保障的特征(李军鹏,2007)。

20世纪50年代前后，公共经济研究者提出了“公共物品(public goods)”的概念，关于公共服务的研究成为经济学的主流。受经济学研究的影响，研究者们多从物品属性的角度对公共服务进行界定。20世纪80年代前后，随着新公共管理运动的兴起，公共服务成为当代公共管理研究的重要内容。总体而言，目前关于“公共服务”的概念及内涵存在两种基本的解释：

一是基于公共物品理论界定的公共服务。“公共服务是一种非竞争性和非排他性的社会服务。这种服务一般对公众或社会的发展有利，但具有一定的外部性，使得其提供服务私人收益小于社会收益。公共服务具有公共产品的性质，是不具备产品的物质形态，而是以一定的信息、技术或劳务等服务的形式表现出来的一种公共产品(徐小青，2002)。”“一般来说，公共服务属于公共物品，具有消费的非竞争性和非排他性。政府提供的公共物品主要有：纯公共物品和准公共物品。具体可以分为三类。第一类：具有非竞争性和非排他性的服务，如国防服务、公共安全服务等。第二类：非竞争性和非排他性弱的服务，包括邮政、电信、民航、铁路服务和水电气服务等。第三类：非竞争性和非排他性强的服务，包括公共环境服务(如垃圾处理、公园、道路管理、公共卫生、气象服务)，公共科教(如基础教育、基础研究等)，文体事业(如公共体育馆、图书馆、博物馆服务)公共医疗，公共交通及社会保障等(王锋等，2005)。”可见，此界定方式基于经济学中非排他、非竞争的公共产品概念引申而来，其核心是物化的产品或服务。

二是基于行为方式界定的公共服务。此界定方法是从公共行政和公共管理的角度来定义公共服务的。在公共行政和公共管理中，把所有涉及为公众利益服务的事务称为公共服务，这些公共服务是由各级政府以各种方式进行管理。此定义方式突出的是政府的作用，把提供公共服务作为政府的最基本职能。虽然政府服务不是公共服务的全部，政府也不是唯一的服务供给者，但政府是重要的公共部门之一，是公共服务的主要提供者，因而，政府的行为方式无疑是判定公共服务的重要标尺，于是，以政府行为为基准界定公共服务成为一种重要方式。如“所谓公共服务，广义上可以理解为不宜由市场提供的所有公共产品，如国防、教育、法律等，狭义上一般指由政府直接出资兴建或直接提供的基础设施和公用事业，如城市公用基础设施、道路、电讯、邮政等(刘旭涛，1999)。”“公共服务是政府利用公共权力或公共资源，为促进居民基本消费的平等化，通过分担居民消费风险而进行的一系列公共行为(刘尚希，2007)。”可见，此界定方式基于政府的基本职能，其核心是从公众利益出发，旨在满足均等化的政府行为。

四、公共气象服务的内涵

气象服务是指利用气象资源所开展的各类服务活动，包括提供气象信息、气象产品、气象咨询及气象技术支持等内容。公共气象服务是气象服务工作的重要组成部分。公共气象服务不同于一般的气象服务，它强调服务的公益性、公共性，提供气象服务的目的在于增进社会的公共利益。2008 年 9 月 26 日，第五次全国气象服务会议上明确指出："公共气象服务是气象事业公益性的具体体现，公益性是公共气象服务的本质属性。"

因此，公共气象服务可理解为是以国家气象主管部门为主体的组织，以增进公共利益为宗旨，以达到合理有效地利用气象资源和避免或减少气象灾害所带来的损失为目的，运用多种方式与手段依法提供气象信息、气象产品、气象技术支持与保障及气象综合咨询等服务，以直接满足经济建设、国防建设、社会发展和人民生活需要的活动。

首先，公共气象服务强调服务的公益性和公共性。公共气象服务对我国经济、社会、生态、防灾减灾、国家安全、人们生活及社会的可持续发展等各个方面具有重要的影响，其公益性和公共性是由气象事业的性质决定，是"公共气象"理念的鲜明体现。一方面，强调公共气象服务的公益性是由气象事业的性质决定的。我国《气象法》明确规定，气象事业是经济建设、国防建设、社会发展和人民生活的基础性公益事业。气象事业的性质决定了整个气象工作必须将公益性的气象服务放在首位。因此，作为气象服务的重要组成部分，公共气象服务也应该以公益性为宗旨。另一方面，公共气象服务的公共性是"公共气象"理念的鲜明体现。公共气象包括公共气象产品、公共气象服务、公共气象事业或公共气象事务等诸方面。"公共气象"理念突出体现为"公共"二字，它明确了气象事业的根本性质和发展方向，强化了气象服务的公共性、公益性特征。

其次，公共气象服务的供给主体主要是国家各级气象部门，但其他组织或个人也可以是供给主体。在传统计划经济体制下，气象服务主要由国家气象部门承担，此时的气象服务与公共气象服务重叠，基本没有本质区别。但是随着经济社会发展及气象服务需求的增长，传统的气象服务供给难以满足社会发展和公众生活的需要。与此同时，市场环境的日趋完善与气象科学技术的发展为其他组织涉足公共气象服务提供了良好的平台和技术保障。因此，现代公共气象服务的供给主体并非只有国家气象部门，还包括企业、第三部门及国际气象组织等。只要这些组织是基于公共利益供给气象资源或提供气象保障的，均可纳入公共气象服务的范畴。

第三，公共气象服务包括提供气象信息、气象产品、气象技术支持与保障、气象综合咨询等一系列活动。气象是一种资源，这已经为人们所接受，如何利用气象资源为人们服务是公共气象服务需解决的基本问题。换句话说，需要提供哪些服务才能让人们有效利用气象条件，进而实现趋气象之利而避气象之害之目的。有效地气象条件利用有赖于精确、可靠、及时的气象信息，因而气象信息是公共气象服务实践中最主要的服务内容，它包括气象预报、气候预测信息及气象探测信息等。气象产品包括人工增雨、人工防雹、人工消雾及有雾天气情况下高速公路开通与否等专用气象服务产品。气象技术支持与保障包括各种气象灾害的防御技术。气象综合咨询是为人们提供有关气象的综合性咨询服务，是多种气象信息和气象工程技术的有机结合。

最后，公共气象服务供给的结果是有助于人们合理有效地利用气象资源和避免或减少气象灾害所带来的损失。从根本上来说，人类社会至今尚没有足够的能力改变自然，也未能完全控制气象环境。但是，人类可以依靠现代气象科学技术的力量，掌握气象规律，了解自然灾害发生发展的规律并预测其变化趋势，运用气象知识调节气象环境，在气象灾害发生时为人们采取有效的措施争取足够的时间和空间，从而避免或减少遭受损失。

公共气象服务是气象事业公益性的具体表现，是政府公共服务的重要组成部分，属基础性公共服务范畴，是建设服务型政府的重要内容，公益性是公共气象服务的本质属性和基本定位。另外，目前商业气象服务也在一定程度上得到了发展，但还处于发展的初期阶段，且不属于本书范围，因此未单辟章节进行论述。

第二节 公共气象服务特征

不同的公共气象服务体系，其特征存在较大差异，这是由当时所处的社会环境、科技力量、社会理论发展共同决定的。

一、传统气象服务特征

人类很早就对气象有所感知和认识，并将气候信息应用于实践中。起初，并没有气象观测、气象预报、气象服务之分，笼统地称作为气象。后来，随着社会、经济、军事等方面对气象服务的需求和科学技术的发展，逐步将气象细化为气象观测、气象预报、应用气象和气象服务等。

气象最早应用于建筑，如原始社会为了抗御风雨寒暑，创造了供休息的窟窝等。我国战国时《墨子》一书中讲述："为宫室之法曰：高，足以避润湿；边，足以圉风寒；止，足以待雪、霜、雨、露。"明确了人工建筑可创造适于居住的小气候。

约在公元前500年，古希腊就寻找到了有关航海与风、降水、雷暴的关系，并以文字形式刻于海岸人类居住的石板上。我国西汉时《淮南子》一书中提及"舶棹风云起"，意指东南季风开始，利于南洋船舶到来，古称之为"舶棹风"。这是古代在航海中运用气象知识的典型案例。

我国古代利用风生产盐多有记载。《天工开物》讲到风与制盐关系时说"盐见水即化，见风即卤”，并说“山西解盐，引水种盐，春间即为之，待秋夏之交，南风大作，则一宵结成”，具体说明了解盐的生产季节和如何利用南风。

军事与气象极为紧密。战争始于原始社会末期，人类为谋求生存而与大自然不断斗争，对气象现象由感知发展到认识，而且开始把气象运用于战争之中。春秋末年的《孙子兵法》一书中，就多处阐述了气象保障在战争中的地位、作用，以及运用气象条件克敌制胜的作战指导原则和方法。例如，孙子在《计篇》中写道：“经之以五，校之以计而索其情：一曰道，二曰天，三曰地，四曰将，五曰法。天者，阴阳、寒暑、时制也。凡此五者，将莫不闻，知之者胜，不知者不胜。故校之以计，而索其情。天地孰得？吾以此知胜负矣。”孙子把对气象条件了解与否，以及在战争中能否恰当运用，看作是决定战争胜负的因素之一。

从原始社会末期到 16 世纪末，无论是东方还是西方，人类在政治、军事、农业、航海、制盐、商贸等方面积累了比较丰富的应用气象知识的经验，而且已在实践中证明是有效的。然而，限于当时的生产力和科学技术水平，气象知识多属直觉性的经验，还没有上升为理论，气象服务尚处在萌芽时期。该阶段气象服务的特征为：根据实践经验总结；已经应用到战争领域；可以指导生产、生活。

二、现代气象服务形成特征

现代气象服务是指将现代科学、技术应用于气象服务领域的阶段。气象服务形成于 17 世纪至 20 世纪 40 年代。

（一）迅猛发展的军事战争加速了军事气象服务的形成

17—19 世纪，欧洲、北美洲处于资本主义上升时期，社会生产力发展迅速。进入 20 世纪以后，世界爆发了一系列战争，其中包括 1914—1918 年的第一次世界大战和 1939—1945 年的第二次世界大战。各国军备竞赛加剧，军队规模扩大，新式武器大量装备军队，出现了新的军种——空军。空军作战的成功与失败与天气条件密切相关，这为军事气象的发展提供了契机。与此同时，火炮（含火箭炮）、坦克、飞机、化学武器、生物武器、雷达和导弹等现代化武器先后被运用于战场，第二次世界大战末期还首次运用了原子弹。武器装备的发展和军事斗争新格局的出现，对气象保障提出了新的挑战，加速了气象服务特别是军事气象服务的形成。

（二）新技术革命为气象服务的形成奠定了基础

在 15 世纪开始的“文艺复兴”和后来 17、18 世纪的“工业革命”过程中，近代的物理学、化学和有关的数学发展起来了。19 世纪初，发生了由英国产业革命启动的、以蒸汽机发明和机器生产为标志的人类历史上的第三次科技革命，紧接着约在 100 年后，即19世纪末又出现了以重工业技术进步为特征的第四次技术革命，这两次科技革命极大地推动了社会生产力的发展，形成了科学技术与社会生产力相互驱动、相互耦合发展的崭新态势，科学技术因此获得了突飞猛进的发展。气象科学技术也取得了一系列的突破性发展，其中不乏具有里程碑意义的重大成就。

1. 气象观测

随着地面和高空气象测量仪器的陆续发明与投入业务使用，气象观测从定性进入定量。其标志是，气象观测手段从古代的物候观测或经验感觉转化为感应测量仪器。具体表现在，从19世纪初期开始使用仪器进行气象观测。气象探测技术的发明和使用，特别是气象观测网的建立，使天气预报和灾害性天气预报服务成为可能。

2. 气象通信

1854年和1877年，有线电报和有线电话分别开始用于气象通信，这些技术随即用于传输气象观测数据和其他气象信息。从19世纪末起，伴随军事无线电通信技术的出现和发展，军事气象通信增添了无线电通信手段。第一次世界大战后，由于军事活动对气象情报需求的增多和气象保障业务自身的需要，传输的气象情报种类逐渐增多，数量逐渐增大，速率逐渐加快，出现了专用气象通信设备。气象通信技术的广泛应用，使得气象预报服务的形成变成了现实。

3. 天气预报

气象观测网和通信网的建立，为天气预报业务的形成提供了条件。1820年，德国的H. W. 布兰德斯利用过去的气象资料绘制了世界上的第一张天气图。1851年英国的J. 格兰舍利利用电报传送的气象观测资料，绘制出了当日气象图，但这时天气预报业务尚未形成。启动天气预报业务形成的是1853年爆发的克里木战争。1854年11月4日，黑海出现了一场风暴，导致法舰“亨利四号”的沉没。事后，法国皇帝拿破仑三世命令巴黎天文台台长U. 勒威耶研究这场风暴。勒威耶通过对这个风暴的移动路径的分析发现，如能事先预报出风暴的移动情况，这次损失是可以避免的，进而提出为海军建立风暴预报和警报系统的建议。法国于1855年2月17日成为世界上第一个拥有天气预报服务的国家。两年后，法国的天气预报业务扩展到了整个欧洲。此后，其他国家随之陆续开展了天气分析预报工作。

（三）科学技术原理最终加快现代气象服务的形成

现代气象服务的形成体现在人类充分利用科学技术原理，利用气象知识来全面为人类发展服务，并最终形成了军事气象服务、公众气象服务和人工影响天气服务。

1. 军事气象服务

1870年2月，美国国会授权陆军部部长贝尔科内普负责组建天气服务，并于同年11月8日发布了第一份天气警报——格雷特湖区风暴预警。1915年12月，俄国成立军事气象总局，并在各军的司令部设立气象机构。同年，法国设立了军事气象局。英国于1916年成立了陆军气象机构——英国皇家陆军工程兵气象科，1920年在国防部设立陆军保障处，负责陆军气象保障工作。1917年8月，美国通信兵气象局成立。

为了航海和海上作战的需要，早在1805年，英国海军上将F.蒲福根据他10多年的航海经验，编成了著名的蒲福风力等级表。1848年，美国海军军官M.F.莫里绘制了全球风场分布图并运用于航海。在1854年法国建立第一个海上风暴预报和警报系统后，英国于1867年在印度孟加拉省创办了又一个海上风暴警报业务。1838年，英国皇家工程部兼管海军气象保障工作。1937年，英国海军气象管理局(即后来的皇家海军气象局)宣告成立。在中国，国民党海军在1929年建立了水文气象组织。

1910年，俄国成立了第一所军事航空学校，开始使用天气实况资料和天气预报对飞机实施保障。第一次世界大战爆发后，航空气象保障获得了发展。英国皇家飞行联队于1914年建立了第一个军事气象室。1919年，英国皇家气象局改属空军部建制，次年英国国防部成立航空保障处。第一次世界大战期间，俄国航空兵责成他的领航部门统一负责气象航空保障工作，并于1923年正式组建空中领航台，1926年更名为空军气象台。第二次世界大战期间，苏军在航空兵团司令部组建气象分队。其他国家在第一次世界大战期间根据军事气象保障的需要也先后成立空军气象保障机构。

2. 公众气象服务

美国气象学会(AMS)于1919年开始关注天气预报的应用，下设商业和贸易委员会。在1930年以前，报纸是主要的新闻媒体，各国都很重视在报纸上登载天气预报。1931年，无线电技术日趋完善，1934年已普遍应用到无线电接收机中，1955年第一批晶体管收音机问世，以后随着无线电技术的不断发展出现了各种各样的收音机，为广播天气预报服务提供了媒体。1939年4月30日，美国全国广播公司安装在帝国大厦顶上的发射机开始了正规的电视节目服务。从此，电视为气象信息的传播展现了广阔的前景。1940年以后，随着无线电广播事业的发展和电视转播媒介的建立，为建立有效的公众气象服务铺平了道路。除美国以外，其他国家也开始开展了以报纸、广播和电视为主要传播媒体的公众气象服务。

3. 人工影响天气服务

人工影响天气技术正式用于战场是从第一次世界大战开始的。最先使用的是施放烟雾，由于它最终产生的是降低能见度和增加大气粒子含量的效果，因此，实际上是一种人工影响天气手段。到了第二次世界大战，烟雾的运用有了较大发展，美、英、苏、德等国军队的烟雾使用已达战役规模。与烟雾的影响相类似的是人工造雾。1913年海军最早使用造雾剂在海洋上空造雾，后来陆军和空军也开始使用人工造雾掩护作战行动。人工消雾技术是在第二次世界大战期间出现的。但作为一个历史时期，这时的军用人工影响天气，无论在项目上还是在技术手段上都还有很大局限性。

三、公共气象服务特征

20世纪50年代以来，天气预报技术发展迅速，究其原因，一是气象观测网，特别是全球气象观测网的完善和以气象卫星为代表的新的气象信息获取手段的使用；二是计算机技术的应用和数值天气预报技术；三是统计学预报方法的发展和应用。20世纪80年代，全世界至少有33个国家和地区建立了数值天气预报业务。在数值预报兴起的同时，传统的天气预报方法也有所改进，数理统计预报方法和天气监测技术得到发展。天气预报进入了以数值预报方法为主，综合运用统计学方法、天气学方法和天气监测外推技术的阶段。

（一）公众气象服务日益完善

公众气象服务是气象服务的重要内容之一。现在，英、法、美、日等发达国家普遍综合采用高科技手段传播气象服务信息。目前，欧美国家电视天气预报节目具有以下特点：实时性高、信息量大、科学性强、图形图像生动、演播员具有信任感、开辟天气专用频道、24小时提供预报服务。我国公众气象服务学习借鉴发达国家的服务模式取得了长足进步，在某些方面已经居于领先位置。

（二）气象服务的内容更加全面

经过多年的发展，气象服务的内容更加全面。现在主要有两种划分气象服务的内容的方法。第一种是基于服务内容的纵向划分，另一种是横向划分。

1. 纵向划分

气象服务的纵向划分包含三方面的内容，即基础设施、基本服务和特殊服务。

基础设施包括了气象观测、数据交换、数据处理和在研究和分析的基础上的数值模拟。基础设施提供了气象服务的基本条件和可能。基本服务是指一般通过媒体向公众发布的气象预报和信息，如每天的天气预报和天气警报。特殊服务是指为某些特殊用户提供的有附加价值的气象服务。

2. 横向划分

横向划分主要是依照服务对象的不同，我国的气象服务具体划分为决策气象服务、公众气象服务和专业气象服务。

决策气象服务是指为各级政府防御和减轻气象及相关灾害、应对气候变化、重大工程建设、区域开发、气候资源开发利用等方面提供决策所需要的气象服务。服务的内容具有非常规性，服务方式灵活多样，如将决策气象服务信息通过传真、网络、影视、手机短信等专门渠道直接发送至政府决策部门，也可能与政府其他部门联合办公。

公众气象服务是指气象部门等组织利用电视、手机等传播媒介，面向社会公众发布天气预报、警报等信息，以防灾减灾、服务经济社会发展和人民生活等为主要目的的公益性服务。大部分公共气象服务的内容具有常规性。气象法明确规定了公众气象服务的主要发布渠道，包括电视、广播、报纸等。其中，2009年公众气象服务调查结果表明，电视是公众获取气象服务的重要渠道，有95.3%的城市公众和97.6%的农村公众通过电视获取气象服务信息。公众气象服务以大众传媒（电视台、广播电台、报刊、通信、互联网等）为载体，以天气预报、重大灾害性天气预警等公共气象信息为内容，为广大人民群众生产和生活活动提供服务。

专业气象服务是指气象服务组织为经济社会各行各业和用户提供的满足特定需求的专业化、精细化、个性化气象服务。专业气象服务包括行业气象服务和专项服务。行业气象服务是为各行各业提供的针对行业需要的气象服务，是公共气象服务中的链条延伸部分；专项服务指为政府部门的专项工作、重点工程建设和国民经济专门建设项目，以及重大社会政治活动等提供的气象保障服务。

专业气象服务产品与常规的公众服务产品不同，具有鲜明的行业特点，以需求决定供给，与生产、流通和营销等过程的结合可显著提高生产运营效率。同时，不同行业的专业特点和差异性决定了气象部门和行业用户之间是一种联合开发、相互依存、共同受益的密切关系，这种关系需有一定的运行机制和经费维系作保障。

（三）公共气象服务的性质是大众化、均等化

首先，公共气象服务的对象是大众化的。公共服务一般以一定区域为单位，向这个区域的公民普遍提供服务，而不是只为特定少数人提供服务；其次，公共服务强调基本的服务，一般是为满足人们日常生活中的基本需求提供服务；再次，公共服务突出非营利性和平等性，旨在提供一种低价位非价格歧视的服务，以保证人们能够持续、平等地消费。

公共气象服务本身属于公共服务，即是以服务形式存在的公共产品，是为社会公众提供的、满足其基本需要的非营利性服务。包含了以下三层含义：一是公众性，二是基本性，三是非营利性。公共服务与一般服务的不同点是“二高一低”：社会效益要求高，即向公共服务投入资金的首要目标是社会效益，而非经济效益；资金投入量高，即许多公共服务项目的资本投入量相当大，回收期漫长，一般个人或企业较难承受；经济回报率低，即公共服务领域的经济回报率较低。部分气象服务项目的经济回报是间接的，大部分服务项目不能以货币方式回报。

（四）公共气象服务以政府提供为主

公共服务可以通过政府提供、非政府提供、多元化提供和联合提供等方式实现。

在这些方式中，政府是公共服务的主要提供者，因为提供公共服务本身就是政府的职责。但这并不意味着政府直接提供大多数的公共产品和服务，而应该体现在政府对公共服务政策的制定和规划、公共产品提供标准和条件等方面，同时监督、评估公共服务的绩效。

公共气象服务的供给主体有政府，也有其他主体。我国大部分气象科技服务由有资质的公司提供，专业气象服务根据服务项目的不同，由政府或公司提供。决策气象服务和公众气象服务由政府提供。

（五）公共气象服务的模式多样

气象服务是基于人类社会的进步和发展的需要，特别是伴随战争和军队的出现、演变而产生和发展起来的。由于各国国情的差异，导致各国形成了不同特色的公共服务制度和公共服务模式。这些服务模式大体可划分为三类：以美国为代表的“最低保障与兼顾效率”模式、以瑞典为代表的“全面公平型”模式和以新加坡为代表的“效率主导型”模式。

近几十年，我国的公共气象服务模式正在从“全面公平型”向“全面公平与兼顾效率”模式转变。

第三节　公共气象服务要素

一、公共气象服务的行为规范

公共气象服务的行为规范包括各类观测规范、气象行业标准和世界气象组织公约。

气象观测是气象工作的基础，它对一定范围内的气象状况及其变化进行系统的、连续的观察和测定，为天气预报、气象情报、气候分析和科学研究提供重要依据。为了更加深入、科学地了解气象信息，气象工作者提出了各种规范、标准和公约规范气象观测行为，已获得准确的地面、高空、海洋数据，为气象预报或其他工作服务。下面分别介绍气象规范、标准和国际公约的主要内容。

（一）气象从业人员行为规范

气象从业人员行为规范是用来规范气象从业人员行为的。人工采集的气象数据只有达到相似的质量，气象部门才能进行科学研究和提供准确的气象预报等服务，所以需要使用气象从业人员行为规范来标准化气象数据采集行为。下面以《地面气象观测规范》为例进行说明。

地面气象观测是气象观测的重要组成部分，也是每个气象台站的基本任务之一。《地面气象观测规范》是气象台站从事地面气象观测工作的业务规则和技术规定，观测工作中必须严格遵守，以保证获取具有代表性、准确性、比较性的气象记录。

气象台站地面气象观测工作的任务是观测、发报和编制报表。国家基本站，每天进行 02、08、14、20 时四次定时观测，昼夜守班。

按国家统一规定的方法和要求开展的观测项目有：云、能见度、天气现象、气压、空气的温度和湿度、风、降水、雪深、日照、蒸发(小型)、地温(地面)。

《地面气象观测规范》对观测对象、观测时间、观测方法均做了详细的规定。如对云量的观测规范。

案例 1-1：云量

云量是指云遮蔽天空视野的成数。估计云量的地点必须能见全部天空，当天空部分地为障碍物如山、房屋等所遮蔽时，云量应从未被遮蔽的天空部分中估计；如果一部分天空为降水所遮蔽，这部分天空应作为被产生降水的云所遮蔽来看待。

云量观测包括总云量和低云量。总云量是指观测时天空被所有的云遮蔽的总成数，低云量是指天空被低云所遮蔽的成数，均计整数。

1. 总云量的观测

全天无云，总云量记 0；天空完全为云所遮蔽，记 10；天空完全为云所遮蔽，但只要从云隙中可见青天，则记 10－；云占全天十分之一，总云量记 1；云占全天十分之二，总云量记 2；其余依次类推。

天空有少许云，其量不到天空的十分之零点五时，总云量也记 0。

总云量记入观测簿相应档内，并作日合计、日平均(以下各章同)。

2. 低云量的观测

观测低云量的方法与总云量同。全天无低云或虽有少许低云但其量不到十分之零点五时，低云量记 0。天空被低云遮住一半时，低云量记 5；整个天空为低云遮蔽，低云量记 10，但如有云隙能见到青天或看到上层云时，低云量记 10－。例如：天空被 Fn(碎雨云)占满，其间有空隙，从空隙中看到高层云，但看不到青天，此时总云量记 10，低云量记 10－；又如，天空为 Sc(层积云)遮蔽，而其间有较小的空隙可见青天，此时总云量记 10－，低云量也记 10－。

气象从业人员行为规范描述清晰、详细，只要具备一定的文化素养，即可领会、理解规范内容。这充分保障了不同专业素养的气象从业人员，都可以按照标准采集、制作气象服务产品。

(二)气象行业标准

气象行业标准是由中国气象局发布,旨在规范气象服务行为,在一定的范围内获得最佳秩序的协定。下面以《爆炸和火灾危险环境雷电防护安全评价技术规范》为例说明气象行业标准。

该标准由全国雷电灾害防御行业标准化技术委员会提出,由福建省防雷中心、厦门防雷中心负责起草。爆炸和火灾危险环境雷电防护安全评价工作的目的是识别、分析、评价爆炸和火灾环境中雷电防护措施的安全性,减少和消除危险源遭受雷击事故的可能性等。

案例 1-2:对建筑物有影响的雷击

击中建筑物的雷电;

击中建筑物附近的雷电;

击中入户设施(如供电线路、通信线路或其他服务设施)的雷电;

击中入户设施附近的雷电。

案例 1-3:雷击引起的基本损害类型划分为三种

(1)人畜伤害;

(2)物理伤害;

(3)电气和电子系统故障。

气象行业标准大多是针对气象所服务行业的行业特点制定,用于指导防灾、减灾工作。除了针对农业制定的行业标准外,还有针对建筑业、交通运输业等的行业标准。现在气象行业标准正在制定过程中,还有很多需要逐步建设和完善的地方。

(三)世界气象组织公约

世界气象组织(World Meteorological Organization,WMO)是联合国的专门机构之一。1950 年 3 月 23 日《世界气象组织公约》(简称公约)正式生效,这标志着世界气象组织的成立。在公约正式生效 60 多年里,世界气象组织在 5 个方面取得了显著成就。

首先,统一了全球气象观测标准,结束了各国单独观测的局面。大气是无国界的,人类需要统一的全球观测,世界气象组织的成立正是出于这种科学需求。

其次,该组织制定了一系列计划,号召全球进一步增强气象和气候观测能力,其中标志性事件是 1960 年发射第一颗气象卫星。经过 50 年发展,构成全球气象卫星观测网络,加上各国的雷达观测、地面观测等,把气象观测能力提高到了支持全球实时气象业务的水平。

第三，通过《世界气象组织公约》及有关决议，实现了各国基本气象观测数据实时、无限制的全球自由交换，这是世界气象组织的一项重大贡献。目前，全球任何国家在任何时间完成观测之后，实时进行全球数据交换，任何国家都可以获得其他国家的观测数据，同时把本国数据发给别国，使世界上一些重要的气象预报中心可以汇集全球数据做出预报。

第四，促进了全球科学和技术的交流，包括气象预报技术、超大规模计算机技术、天气预报模式的发展。从60年前的1日天气预报能力，发展到现在准确率较高的7日甚至更长的预报，基本满足了世界各国对天气预报服务的需求。

第五，推动了气象服务手段的发展。通过电视、报纸及近年来日趋活跃的网络，民众可以根据自己不同的需求，获得相关气象服务。

世界气象大会是该组织的最高权力机构，由各会员派代表团与会。一般每4年召开一次大会，审议过去4年的工作，研究批准今后4年的业务、科研、技术合作等各项计划，以确定为实现组织宗旨而采取的总政策，通过有关国际气象与水文做法的技术条例，并确定下一个4年的气象组织方案和预算。目前世界气象组织关注的主题包括天气、气候、水、海洋、环境、自然灾害、社会经济效益、观测、研究、信息、能力建设、最不发达国家。

二、公共气象服务的硬件技术基础

公共气象服务的硬件技术基础主要包括探测、数据处理和信息传播三类。

（一）大气探测类

大气探测类包括地面气象观测仪器、高空气象探测器材装备、气象雷达、移动应急观测系统、气象卫星地面接收处理设备、气象仪器计量检定设备、人工影响天气作业设备。主要用于大气、高空、地面、海洋环境的信息的获取。

地面气象观测仪器包括辐射表、能见度仪、风速表、干湿球温度表、雨量器、蒸发器、气压表、自动气象站等。

高空气象探测器材装备包括气象气球、探空仪、二次测风雷达等。

气象雷达包括多普勒天气雷达等。

移动应急观测系统包括气象应急移动车、应急指挥通信系统、无人机系统、无人船系统等。

气象卫星地面接收处理设备包括接收系统、数据收集平台、记录和快视设备等。

气象仪器计量检定设备包括气压检定箱、温湿度检定箱、风洞等。

人工影响天气作业设备包括人雨弹（人工防雹增雨弹）、火箭弹、地面烟炉等。

（二）数据处理类

气象预报模式有着惊人的计算量，同时由于气象预报的特点决定了其极高的实时性，要求模式必须在指定的时间内完成运算。另一方面，人们对气象预报的精度提出了越来越高的要求，目前预报精度从几百千米、几十千米提高到几千米，而这大幅度提高了模式的计算量。数值气象预报对计算的这一需求，靠单个 CPU 或普通的计算机根本不可能完成，必须利用并行计算。一方面，将模式预报软件通过消息传递或者共享存储的方式并行化，另一方面需要高性能并行计算机。目前绝大部分气象预报模式都已经完成了并行化，如 MM5、WRF、Grapes 既支持 MPI 消息传递并行，又支持 OpenMP 共享存储并行。

由于模式都是并行软件，同时一般都采用有限差分格点模式并行计算，所以即使运行中尺度气象预报模式时，各个 CPU 之间的通信量也非常惊人，且模式对通信的性能要求非常之高。如 MM5 的通信既包括母域和嵌套域之间的域间通信，又有各个域内部不同数据划分之间的通信。所以这就要求高性能计算机有高性能的通信网络。

（三）气象服务信息传播类

公共气象服务主要依靠电视、广播等大众传媒设施进行传播。随着通信技术的发展还包括一些其他硬件设施，如手机电视、IPTV（以 IP 宽带网络为传输通道、以电视机为终端）、列车电视、手持电视、电子公告牌等。

三、公共气象服务的知识体系

理解公共气象服务的内容及服务产品的优缺点，需要具有相关的知识，了解相关术语。这些知识包括气象学、气候学、应用气象学、大气探测、气象灾害、人文社会科学等，下面介绍部分知识体系的理解方法及相关专业术语。

气象学的知识主要用于支持短期天气预报。气象学的主要内容包括：大气的基本组成，大气的分层，重力、地心引力、辐射、水汽对大气运动的影响，天气系统，大气长波等。大气的运动状态不易观察，所以，对于非气象学专业的人员，气象学的有些术语不容易理解，但是可以通过对水的观察和了解来理解大气的运动，它们都属于流体，只不过密度、形态和成分不同而已。

气候学的知识主要用于支持长、中、短期天气预报。气候学的主要内容包括：气温、降水的地理分布特征及其影响因子，海陆表面热力性质差异，沃克环流、南方涛动、El Nino 和 La Nina 对中国气候的影响，东亚季风的建立、维持和撤退的气候学日期及其相应的气候特征等。这里介绍了一些系统，通俗地讲，具有输入、输出和反馈功能的都可以称为系统。一个大系统中包含很多小系统，例如，地球系统中包括天气系统，生物系统等。这些小系统也可以称为要素，要素与要素之间能够互相影响，例如，人类社会系统会使气候变暖。气候学研究的是相关要素对某一区域气候的影响程度、方式、时间，进而构建模型，进行预测。

大气探测的知识主要用于提高大气信息的获取能力，支持短时天气预报。大气探测的主要内容包括：地面、高空探测数据的质量，气象卫星数据的应用，多普勒天气雷达原理与应用等。用于气象科学研究和预测及气象服务的基础数据来自于大气探测，如果基础数据出现偏差，会导致科学研究和气象服务质量的下降。随着卫星和多普勒天气雷达的广泛应用，基础数据量急剧增加，如何充分使用这些数据成了现在大气探测研究的一个领域。

气象灾害的知识主要用于防灾决策、天气预警、专业气象服务和气象科技服务。气象灾害的主要内容包括：气象灾害的定义，气象灾害等级划分原则；致灾气象条件，确定致灾临界气象条件的常用方法等。

人文社会科学的知识主要用于提高公共气象服务质量，满足不同用户的不同需求。人文社会科学的主要内容包括：根据用户提出的质量标准，通过过程管理方法保障质量等。

第四节 公共气象服务的现实体系

一、我国公共气象服务体系

我国的公共气象服务体系最初是仿照其他行政机构建立起来的。后来经过公务员改革、事业单位改革，形成行政机关、事业单位、企业单位共同组成的公共气象服务体系。了解我国的公共气象服务体系既可以获悉气象部门的内部分工，了解其产品的供给方式，也有助于用户快速获取气象相关信息。下面主要从国家层面上介绍我国公共气象服务体系的构成。

（一）行政机关

行政机关是国家机构的基本组成部分，是依法成立的行使国家行政职权的行政组织，包括政府及有关功能部门。中国气象局是管理全国气象工作的最高行政机关，在公共气象服务体系中，处于领导地位，其行政机关除了包括人事、财务等职能部门外，还包括应急减灾与公共服务司、预报与网络司、综合观测司、科技与气候变化司、政策法规司等机构。

应急减灾与公共服务司负责组织拟订和实施气象灾害防御规划，代表中国气象局参与政府气象防灾减灾决策；组织气象灾害防御及应急管理工作；负责突发公共事件气象保障工作；承担国家突发公共事件预警信息发布系统的管理工作；组织实施为党中央、国务院及有关部门的重大气象服务，为国家重大社会活动提供气象保障服务；组织对各行各业的专业气象服务及国家重点工程、重大区域性经济开发项目、城乡建设的气象服务；组织服务效益和满意度评估；拟订并实施农业气象、专业气象发展规划；管理人工影响局部天气工作。

预报与网络司负责拟订天气预报、气候预测业务发展规划；统一规划全国陆地及海上气象信息网络的发展和布局；管理全国陆地及海上气象情报预报警报、气候影响评价、短期气候预测和空间天气监测预警的发布；组织对重大灾害性天气跨地区、跨部门的气象联防；组织指导气候资源的开发利用和保护；管理并审查大气环境影响评价、气候可行性论证工作；规划、管理数值预报业务，负责入网后的气象资料管理及开发应用工作。

综合观测司负责统一规划全国陆地及海上气象观测、气象台站网、气象基础设施和大型气象技术装备的发展和布局；审订气象信息采集、加工的技术标准、规范和质量评价办法并监督实施；组织气象技术装备保障和质量监督、气象计量监督；负责气象仪器装备研究开发的管理工作；负责无线电频率管理。

科技与气候变化司负责拟订气象科技发展规划；组织指导气象部门的科技体制改革，组织气象领域重大科研攻关和成果的推广应用；协调气象科技开发、技术合作和技术推广；组织气候变化科学相关工作；组织宣传、普及气象科学知识；承担气象科研院所的管理工作。

政策法规司负责拟订气象法律、法规草案和规章并监督检查，承担有关行政复议工作；研究拟订气象工作的方针政策；对气象事业改革发展的重大问题进行调查研究、提出方案并组织实施；指导气象行政执法体系建设和气象法制教育宣传；组织协调气象行业管理工作；承担气象行业标准化工作；负责气象科技服务政策的研究、指导、咨询；负责气象社会管理工作。

（二）事业单位

事业单位（Institutional Organization），是指国家为了社会公益目的，国家机关举办或者其他组织利用国有资产举办的，从事教育、科技、文化、卫生等活动的社会服务组织。国家级公共气象服务体系中的事业单位主要包括气象中心、卫星气象中心、气候中心、气象信息中心、气象探测中心、公共气象服务中心。下面以国家级事业单位为例，说明各单位的职责。

国家气象中心（气象台）组织天气业务、生态与农业气象业务系统设计、业务科研项目的组织实施、业务规范和标准的制订；承担全国及世界主要区域范围的天气监测和预报，负责沙尘天气、雷电天气潜势预报；承担我国及所属责任海区的灾害性天气警报等。

国家卫星气象中心负责拟订我国气象卫星和卫星气象事业的近期计划和长远发展规划；研究和协调气象卫星用户需求，提出我国气象卫星的使用技术要求；负责国家级气象卫星应用系统的运行和管理；负责接收处理气象卫星资料，兼顾接收处理其他遥感卫星资料；负责我国在轨气象卫星的运行管理等。

国家气候中心负责月、季、年及更长时间尺度的气候与气候变化分析、诊断预测、气候影响评价和应用服务、气候资料分析评价和应用业务、全球气候变化及其影响评估，负责为党中央、国务院和政府部门提供气候决策服务产品，统一归口发布公众气候服务信息，为社会提供气候专项保障服务；建立并运行月、季、年际气候动力模式业务预测系统，为气候业务提供模式预测解释应用产品；开发并改进气候动力模式，建立多圈层耦合的气候系统模式和多模式超级集合预测系统，提高模式预测能力等。

国家气象信息中心负责拟定气象信息网络系统发展规划，制定气象信息网络业务技术标准、规范；负责全国气象信息网络及资料业务的技术指导；承担气象通信任务，负责国家级局域网、气象通信广域网（CMANet）、卫星广播系统（CMACast）、中国气象局互联网等业务系统建设、运行；负责全国应急通信系统建设、运行、应急通信协调与技术保障；负责全国天气预报电视会商系统及相关多媒体业务系统建设、运行和用户服务。

中国气象局气象探测中心负责全国气象综合观测系统的运行监控；负责新仪器、设备的业务入网考核、检验；承担气象仪器、设备量值传递、计量检定、试验考核，以及气象综合观测仪器设备的运行保障和技术支持；承担气象综合观测系统运行质量评估、观测环境评价、数据质量控制、观测产品研发与生成，提供气象综合观测数据质量分析报告等。

中国气象局公共气象服务中心主要负责制作国家级公众气象服务产品，承担国家级（全国性）公众气象服务业务系统的建设和运行；承担国家突发公共事件气象服务信息发布工作；承担国家级专业气象服务产品的制作和发布；承担风能、太阳能资源及其他可再生能源开发利用的决策服务；承担全国公众气象服务满意度调查、行业气象服务效益评估及其他专项气象服务调查评估，负责开展气象服务需求分析；承担中国气象局建设的国家级（全国性）服务信息发布手段的宣传和推广；承担气象服务基础信息的收集和共享；承担国家级公众气象服务的增值服务和专业有偿气象服务等。

（三）企业单位

企业是从事生产、流通、服务等经济活动，以生产或服务满足社会需要，实行自主经营、独立核算、依法设立的一种营利性的经济组织。中国气象服务行业的企业众多，据不完全统计，有3000多家，以小型企业为主，少部分为大型企业。主要从事探测设施研发、气象科技服务、气象影视等。如中国华云气象科技集团公司是国内从事气象探测、卫星遥感、雷达、雷电监测及防护系统等技术领域研发、生产、销售及技术服务的综合性国有企业，也是亚洲区域最大的气象探测产品和系统解决方案供应商。近年来通过技术引进、联合，拥有物联网技术、北斗通信技术、环境监测及风能太阳能等新能源开发利用技术。

(四)非营利机构

主要从事气象防灾、减灾教育，提供基本的公益性气象服务。例如，中国气象学会、全国省级气象学会等公益性社会组织及社团。这些组织的主要功能是学术交流和向公众普及气象防灾、减灾知识。在公众的知识结构中建立防灾、减灾知识可以在灾害来临时采取正确的措施，从而减少灾害损失，这是公共气象服务中不可或缺的一部分。但有的气象事业单位也承担了这些职能。

(五)高等院校和科研院所

高等院校和科研院所是中国的主要智库，负责气象服务的理论创新和人才培养。例如，南京信息工程大学、成都信息工程大学两所行业特色高校。以南京信息工程大学为例，其前身是有“中国气象人才摇篮”美誉的南京气象学院，是江苏省人民政府、教育部、中国气象局、中国海洋局共建的全国重点高校。具有完整的学士、硕士、博士教育培养体系，并设有博士后科研流动站。学校设置了气象、环境、遥感、信息科学和经济管理等专业，拥有气候与气象灾害协同创新中心、大气环境与装备技术协同创新中心、南京国际气象科学研究院、气候与环境变化教育部首批国际联合实验室、气象灾害教育部重点实验室等教学科研平台。大气科学学科在2012年教育部一级学科评估中排名全国第一，在国际上有一定影响。

研究院是气象服务准确度提高的关键机构之一，例如，中国气象科学研究院隶属于中国气象局，2001年起进入科技部支持的国家公益类研究院。中国气象科学研究院是我国大气科学领域学科种类最多、规模最大的业务型科研机构，是以研究大气探测、人工影响天气、灾害天气、气候研究、生态环境与农业气象、数值预报及大气成分化学观测与服务等为主攻方向的大气科学综合研究基地。

二、国外气象服务体系

国外公共气象服务体系主要有以下几种。

(1)气象服务的组织结构体系由国家气象服务机构和私营气象服务机构组成。

国家气象服务机构负责基本公益气象服务，商业性服务由私营气象服务机构开展，国家气象服务机构负责无偿给私营气象服务机构提供气象基本资料和为社会公众服务的产品，如美国、日本等。

(2)气象服务的组织机构体系也由国家气象服务机构和私营气象服务机构组成。国家气象服务机构在负责基本公益气象服务的同时还可充分利用自身的优势开展成本补偿性服务，甚至是商业性服务，与私营气象服务机构展开竞争，商业性服务实体都向国家气象机构交纳一定的基本气象信息费用，如英国、法国等欧洲国家。

(3)气象服务的组织结构完全由气象服务公司组成。国家气象服务机构也实行公司制，所有的气象服务都以合同或协议的方式进行，包括国家下达的服务任务，如新西兰等国家。

(一)日本气象服务体系

日本气象服务的特点是国家气象部门只从事公益无偿服务，商业性气象活动交由私营公司开展，日本的商业气象服务起步于1954年，1993年5月日本对气象业务法进行了重大修改，规定日本气象厅所收集保存的各种气象资料和信息必须向私营气象公司提供。为有效收集和分发气象资料，1994年6月成立了民间气象业务支援中心。该中心为独立的公益性财团法人，设立有理事会、监事会，实行总经理负责制，该中心主要承担向私营气象公司实时分发气象厅提供的气象资料和信息，私营气象公司根据用户需要对气象厅发布的气象预报进行深加工，从而使日本商业性气象服务出现了新的发展势头。日本民间气象公司的服务主要有三方面内容：一是为都道府县提供防灾气象信息；二是为社会用户提供富有特色的针对性气象服务；三是通过广播、电视、报纸、电话等媒体向公众提供天气实况分析和预报。到1999年底日本已有民间气象公司41家，年经营额达3亿美元，全部按公司机制运行，其中日本天气新闻公司已发展成为世界最大的民间气象信息服务公司之一。日本大气新闻公司业务涉及社会生活的各个领域，在占领国内市场的同时，把业务向国外延伸，服务内容包括航海、航空、建筑、交通、农业等24个行业和领域，还向50家电视台提供天气预报节目。日本天气新闻公司气象服务运行机制的突出特点就是集约化运作。该公司的对外宣传、服务内容、服务方式都以统一规范的形式进行，研究成果能很快转化为服务产品并在各地推广使用，如该公司根据气象与日常生活的关系，总结出与生活有关的气象服务指数多达50多种，并投入市场，再如该公司开发对各类专业用户服务的软件，供下属公司选择使用。

(二)澳大利亚气象服务体系

澳大利亚气象局是属于多种气象服务方式并存的国家气象部门，服务收费方式有三种,一是免费的,主要是基本气象资料及通过公众传媒发布的天气预报、天气警报;二是补偿性收费,只收取成本费,如对一些政府部门开展的服务;三是为各行各业提供的特殊气象服务,按商业利率标准收费。其中前两种服务是通过国家气象局业务部门实现的,而第三种服务则是由澳大利亚国家气象局的特殊服务体来进行。为了占领气象服务市场,经政府批准,澳大利亚气象局于 1990 年成立了特殊服务体,并将其推向市场,与私营公司和国外气象服务公司开展平等竞争。为了避免特殊服务体与私营气象公司之间的不平等竞争,澳大利亚气象局规定特殊服务体要以商业服务收费为用户提供服务,而不允许压低价格。

澳大利亚气象服务运行机制有如下特点:

第一,公益气象服务与商业性气象服务界面比较清楚,气象公益服务机构与提供商业性服务的特殊服务体在组织形式上严格分开。

第二,特殊服务体实行收支两条线,收入上缴财政,并严格进行成本核算。

第三,特殊服务体与私营气象公司之间是平等竞争的关系,除与私营气象公司一样可无偿从基本业务系统获得基本气象资料外,其他任何开支均要计入成本。

第四,特殊服务体采取集约化运作,只在本部设立服务实体,在用户集中的几个州设立办事处,这样服务体就能以网络化形式对外开展服务,人员得以精干,效益得以提高。

(三)新西兰气象服务体系

1992 年 7 月新西兰国家气象局开始实行商业化改革,成为世界上第一个全部商业化气象服务的国家。其做法是将主要从事天气预报业务的国家气象局改为国有企业,成立新西兰国家气象服务公司,财政部和交通部是其股东,并成立董事会。公司下设三个服务实体分别开展航空服务,向媒体工商部门和公众传送气象产品。国家天气气象业务系统供应培训及咨询服务,并给交通部门提供气象服务产品。

三、公共气象服务体系引出的现实问题

公共气象服务体系的探索源于人们对“气象经济”的重新认识。20 世纪 50 年代以来,我国正式建立了气象机构,向政府、社会发布气象信息,重点是为了防御气象灾害,自然也包括对经济的影响,这是基于最初人们对“气象经济”的理解。随着社会经济发展水平的提高,气象服务产品作为公共产品表现出其不足之处,因满足面宽造成产品缺乏个性化,缺少针对性。而有针对性的个性化产品则需要更多的劳动付出,成本也会提高。也正是这一矛盾的出现,对传统的服务方式提出了挑战。“气象经济”的话题不断,引起公众关注。

为了解决对气象业务发展投入不足的问题,国家曾对气象部门的服务政策做过

一些调整，允许气象部门在做好公益服务的同时，可以开展有针对性的有偿服务，同时也允许其他企业从事此类服务。经过20多年的发展，公共气象服务得到了长足发展，同时也出现了一些新的问题，如《法制日报》2006年4月11日载文“气象信息传播权之争直指垄断”和《中国青年报》2006年6月20日载文“华北某省短信运营商起诉11市气象局凸显利益之争”，反映了气象部门与短信运营商之间围绕气象信息资源发生的利益争夺系列官司，引发了对我国现行有偿气象服务涉嫌“高度垄断”的争议，这中间也体现了制度建设不够完善的地方。

案例1-4:短信之争

从事手机短信增值业务的A网络技术有限公司是华北某省气象短信增值业务市场最早的开拓者之一，该公司于2002年开始与该省气象科技服务中心(下称“省气象科技服务中心”)一下属机构——省专业气象台签订了一份《关于合作开展手机气象信息点播业务的协议》。根据协议，省专业气象台向A公司提供气象信息，A公司再将这些信息发送给手机定制用户并收取费用，双方按约定的比例分配所获收益。2004年底，在该省气象部门的下属企业取得了电信增值业务许可证并且掌握了相关短信发送技术的情况下，该部门依据中国气象局制定并于2004年2月1日开始施行的《气象预报发布与刊播管理办法》相关规定，终止省专业气象台与A公司的合作，不仅省局自己不再提供气象信息，而且严令省内各地市气象部门不得向A公司提供省内11个地市的气象预报信息。该省只保留了省气象科技服务中心一家气象短信运营商。与此同时，该气象部门收购了B科技有限公司在中国联通该省分公司的全部手机气象短信用户，以及C信息技术有限公司在中国网通的全部小灵通气象短信用户，并且试图收购A公司在移动公司平台上的所有气象短信订制用户。在此情形下，省内从事气象短信业务的其他两家运营商相继退出，但A公司却心有不甘，不同意将用户转让给省气象系统。为了保住自己经过几年艰辛努力取得的市场，A公司通过从网上转抄天气预报，继续向手机短信定制用户发送气象预报信息。该省气象局下辖的11个地市气象局也分别以A公司“非法发布气象信息，传播气象信息未经气象台站及气象主管机构同意以及传播的气象预报不是从台站直接获取”等理由，对A公司分别进行11次行政处罚。A公司对此表示不服，于2005年2月开始向各地市法院提起了行政诉讼。省专业气象台遂以A公司构成对其气象科技成果权的侵权为由，将A公司诉至法院。

公共气象服务发展过程中还面临一些其他问题。

1. 气象服务无限需求与有限能力的矛盾

由于社会的发展，对公共安全的追求，社会各界对气象部门提供公共服务都有迫切的期待和较高的要求。另一方面，各级气象部门的人力、财力资源及科技力量等并没有随着气象服务的发展而相应增加，气象服务队伍数量不足和人才缺乏的问题显得尤为突出，已成为制约气象服务发展的瓶颈。然而，作为公益性的事业单位，国家对人员队伍的编制和事业经费的投入都是有限的，因此，在发展公共气象服务中，出现了无限的气象服务需求与有限的服务能力和资源的矛盾，而且这个矛盾也会随着气象服务的不断发展而越发突出。

2. 气象服务需求领域拓宽与服务需求响应较慢的矛盾

随着经济社会的快速发展和用户素质的不断提高，专业用户对气象服务的需求在不断提高，电力、能源、交通、海洋、卫生等行业对气象服务提出了个性化、专业化和精细化的需求，如电力部门对风功率预测、雷电预报预警、电力调度气象服务需求强烈，交通部门对分路段的精细化能见度、路面状况等预报服务需求旺盛。而气象部门为适应用户提供的专业服务产品难以满足他们的需求，有些服务需求和任务甚至难以找到相应的机构和人员来承担，导致用户的气象服务需求难以得到响应，更谈不上对更多专业服务需求的培育和挖掘。令人忧虑的是，我国专业气象服务发展多年，至今还没有形成一支专业化的气象服务队伍，专业气象服务科技水平不高，服务技术和手段落后。

参考文献

晁刚令. 2010. 服务业分类统计核算研究. 科学发展(10):33-51.

陈继华，徐文莉. 2009. 气象经济中国生长的病理切片报告. 经济问题探索(9):16-22.

陈振明，2011. 公共服务导论. 北京:北京大学出版社:4.

方远平，毕斗斗. 2008. 国内外服务业分类探讨. 国际经贸探索，**24**(1):72-76.

冯永芳. 2009. 基层气象台站公共气象服务体系构建研究. 北京:中国农业科学院.

韩小威，尹栾玉. 2010. 基本公共服务概念辨析. 江汉论坛(9):42-44.

何亮亮，蒋洁. 2010. 国外气象服务的商业化趋势及其启示. 商业时代(3):124-125.

黄小彦. 2006. 商业气象服务模式研究. 武汉:华中科技大学.

娇梅燕. 2009. 探索公共气象服务发展的体制机制创新. 浙江气象，**30**(4):3-6.

李军鹏. 2007. 公共服务学. 北京:国家行政学院出版社:33.

刘尚希. 2007. 基本公共服务均等化:现实要求和政策路径. 浙江经济(13):24-27.

刘旭涛. 1999. 行政改革新理论:公共服务市场化. 中国改革(3):9-11.

罗文兵. 2001. 我国气象服务运行模式改革的探讨. 成都:西南财经大学.

骆月珍，吴利红. 2008. 关于公共气象服务的几点思考. 浙江气象，**29**(1):27-31.

马鹤年. 2000. 气象控制——气象服务的基本原理. 2000 气象服务学术研讨会论文集. 北京:气象出版社.

马鹤年. 2001. 气象服务学基础. 北京:气象出版社:18-23.

马克思,恩格斯.1972.马克思恩格斯全集:第26卷,第1分册.北京:人民出版社:160.
马克思,恩格斯.1979.马克思恩格斯全集:第46卷,上卷.北京:人民出版社:464.
马勇.2010.现代服务业管理原理、方法与案例.北京:北京大学出版社:4.
邱菲菲.2009.公众气象服务符号体系的设计研究.上海:华东师范大学.
任兴洲.2010.我国服务业发展的总体特征与制度障碍.科学发展(10):13-32.
孙晓莉.2007.中外公共服务体制比较.北京:国家行政学院出版社:22-27.
王锋,陶学荣.2005.政府公共服务职能的界定、问题分析及对策.甘肃社会科学(4):231-234.
王绍媛.2008.国际服务贸易自由化理论与规则.大连:大连理工大学出版社:11-19.
夏杰长,李勇坚,刘奕,等.2010.迎接服务时代来临:中国服务业发展趋势、动力与路径研究.北京:经济管理出版社:1-2.
徐小青.2002.中国农村公共服务.北京:中国发展出版社:47.
许小峰.2003."气象经济"概念辨析.江西气象科技(4):12-14.
许跃辉.2004.欧洲公共服务创新及其对我国的启示.安徽大学学报(哲学社会科学版)(9):149-152.
薛恒,等.2011.公共气象管理学基础.北京:气象出版社:194-195.
杨仕贤,张春红,杨丽琼.2009.公共气象服务和决策服务研究.经济研究刊导刊(28):171-172.
张洪广,马鹤年.2004a.我国气象服务产业化战略研究.中国软科学(1):28-31.
张洪广,马鹤年.2004b.新经济下我国气象服务产业化的思考.中国软科学(6):27-30.
张祥.2010.大力发展服务经济加快转变发展方式.宏观经济管理(11):8-9.
周振华.2010.服务经济的内涵、特征及发展趋势.科学发展(7):3-14.
Grönroos.1990.Service Management:A Management Focus for Service Competition.International Journal of Service Industry Management,**1**(1):6-14.
Hill T P.1977.On Goods and Services.Review of Income and Wealth,**23**(4):315-318.

第二章　公共气象服务行为主体

引入案例:气象信息服务在商业领域的应用①

在20世纪80年代,海湾国家的空调器市场基本上被欧美所占领,日本虽占有一席之地,但销售量非常低。在经过详细的调查研究后,日本突然发现了一个非常有价值的突破口:海湾地区受天气的影响,风沙较大,空调器经常出现停转的现象。经过简单的研发,日本企业推出了一种带有风沙过滤装置的空调器,从而很快占领了海湾市场;与日本空调器销售相类似情况还有,某公司曾从一本杂志上得到了一条信息:来年春季雨水多,雨季长,于是,决定将深圳某公司积压的20万把雨伞统统包揽,第二年春天果然春雨绵绵,20万把雨伞一售而空。

国家与各地政府部门为公共气象服务提供良好的政策支撑、财力支持。除此之外,公共气象服务整体效益的提升离不开公共气象服务行为主体的高效运作,本章讲述公共气象服务的提供者、接受者及两者的互动关系。

第一节　公共气象服务的提供者

公共气象服务提供者作为气象服务的"生产方"直接决定着气象服务的提供质量,不同类型的服务传播渠道与服务内容适合不同情境、不同服务对象。

一、服务提供者的特征与构成

公共气象服务提供者构成主要有两类:公共气象服务机构、气象有关非营利机构。

① 资料来源:吴凤霞,梁丽霞.2010.市场营销中的气象因素.商场现代化:41-42.

(一)公共气象服务机构的特征与构成

我国目前公共气象服务属于多元供给方式。气象主管机构所属的气象台站由国家、省、市、县等气象台站构成,主要从事公益性气象服务,同时按照国家有关政策法规进行以收取成本费为基础的专业有偿服务。公益性气象服务和有偿气象服务界线比较模糊。各级气象机构经费大部分来源于公共财政预算,不足部分通过有偿气象服务收费予以弥补。公共气象服务机构的特征是公益性和常规性。

公益性:公共气象服务机构虽然提供部分有偿气象服务,但其收入主要来源于政府公共预算,有偿收入占总体收入比例极低,且并未建立系统有效的商业服务机制,因而其本质上是公益性的。

常规性:目前,各地气象部门提供的气象基本服务主要包括决策气象服务、公众气象服务、专业气象服务等,例如,天气预报和台风、寒潮警报及一些气象指数预报。

(二)气象有关非营利机构的特征与构成

气象有关非营利机构指提供气象服务的非营利性行业协会。我国公共气象服务机构无偿提供常规性气象信息服务,而非营利性气象行业协会通过气象学术研究和交流推动气象事业的发展。例如,中国气象学会、美国气象学会、英国皇家气象学会。

非营利机构提供气象服务侧重学术交流、气象科普、人才培养决策咨询等方面。它的特征主要在于两个方面:非营利性和学术性。气象行业协会利用自身资源为行业提供公共服务具有非营利性特点,此外,气象行业机构的人员多为气象专业人员,气象知识结构层次较高,从事活动多为气象科学研究,气象服务学术性强。

此外,随着商业气象服务的发展,一些民营企业服务机构渐成规模。例如,墨迹风云(北京)软件科技发展有限公司成立于 2010 年 3 月,目前主推墨迹天气软件,兼容了 iOS(iPhone、iPad)、Android、WP 及几乎全系列手机。2014 年,墨迹天气主动适应智能硬件的研发风潮,研发了针对室内室外温湿度、空气质量、气压等监测功能的智能家居设备,以软硬结合将业务拓展到微观的个人家居环境。有一些国外气象服务企业经营得较好,国际上比较有实力的私营气象公司主要有美国的国际气象服务公司(WSI)、日本的天气新闻公司(WNT)也开始进入我国市场。它们取得了信息咨询服务的营业许可①,在我国开设了分支机构,从事远洋导航气象服务。如 WNT 公司分支机构上海海洋气象导航有限公司是最早进入中国气象服务市场的海外气象公司,由于其起步早、技术先进、资金雄厚、努力开拓市场,在商业竞争中占有明显的

① 根据《中华人民共和国气象法》,外国的组织和个人在中华人民共和国领域和中华人民共和国管辖的其他海域从事气象活动,必须经国务院气象主管机构会同有关部门批准。

优势，已经涵盖了上海、广州的大部分远洋航运公司的气象业务。

二、服务提供者的渠道与适用性

气象服务主要围绕气象信息展开，服务过程离不开信息的传播，现代科学技术的不断进步和发展，可作为气象服务的传播媒介逐渐增多，不同的气象服务传播媒介适用于不同的传播需求与传播内容。通常人们将传播媒介称为传播渠道。气象服务的提供者根据不同的传播需求与传播内容选择合适的传播渠道。

（一）气象服务提供者的渠道

气象服务提供者可选择进行气象服务的渠道通常有以下几种：印刷品、电话、广播、电视、气象警报器、网络。

1. 印刷品传播

气象服务信息通过印刷品传递到客户又称为气象服务信息书面渠道传播，是一种传统的气象传播渠道。常见的有报纸和专报。报纸是社会生活中重要的信息传播媒介。读报是很多人们生活中必不可少的内容。一般情况下，报纸的报头均会刊登地区简单的天气预报信息。《阳光报》提供西安地区未来 24 小时、48 小时天气预报。内容包括：天空状况、降水、最高气温、最低气温、风向、风速等预报。另外，许多报纸开辟了气象信息专栏。例如，《气象万千》《一周气象》《气象与生活》《气象万花筒》等，专版内容涉及区域预报类和科普类的气象信息。专报主要用于向政府机构提供各类防灾、减灾等信息。

2. 电话传播

电话是气象服务信息的声讯传播方式。96121 和 12121 电话气象信息服务发展迅速，它们提供全国统一的天气预报咨询服务电话号码，全天 24 小时提供自动应答服务。通过拨打电话就可获取最新的天气预报信息。省级预报内容主要有全省天气预报、全省路况信息、各市天气预报、天气实况、气象与健康等，可传播全国乃至世界各大城市的天气信息。

电话气象信息服务手段简便、迅捷，贴近群众生活。只要拥有手机或电话就可以接收电话气象信息。在 1998 年的抗洪抢险中，电话气象信息服务发挥了特有的作用。

3. 广播传播

广播是传统的气象服务传播渠道之一，目前，各级广播电台除发布重要天气警报外，一般还每天定时发布有关天气形势、城市天气预报。例如，中央人民广播电台第一套节目每天早、中、晚五次发布中央气象台的天气预报，节目深得听众好评，其收听率几乎和新闻联播后的电视天气预报节目并驾齐驱。

4. 电视传播

电视渠道传播气象信息最大的特点是兼顾了可视性和可听性的优点，能将国内外大事浓缩集中成影像，以最短的时间，吸引最多观众。1981 年 7 月 1 日，中央电视台新闻联播节目后开始播发中央气象台的天气预报，1993 年 3 月 1 日，经国务院批准，电视天气预报节目进行了改革，增加了“早、午、夜间”气象服务节目，新增城市天气预报并对景观实施有偿播出。

目前，除了中央电视台，各地方台也纷纷开办了气象节目专栏，节目内容在不断丰富和改进，主要有气象卫星云图显示及动画、天气形势分析、24 小时和 48 小时降水量预报、24 小时城市天气预报，还有一周天气回顾、年(月、旬)天气气候回顾和展望、卫星云图、气象指数等，大部分节目都是气象部门建立系统并制作的，创造了很好的社会效益和经济效益。

5. 气象警报器传播

为适应农业和农村经济发展对气象服务的需求，“七五”期间国家气象局组织有关力量，积极吸收和消化国外技术，研制成功了天气警报接收机，1991 年 10 月，国务院关于加强农业社会化服务体系建设的通知下达后，气象部门加强了农村气象服务网的建设，到 1995 年，已建立农村天气预报服务网 1314 个，超短波发射台 1283 个，接收用户达 97227 个。

1998 年 4 月，各地已经普遍采用气象警报接收、信函、电话、传真等各种类型的服务手段，其中气象警报接收机用户数达到 10 万多个，各地精心组织，大力发展天气警报服务系统，不断改善重点用户服务产品的传递手段，进一步拓宽了服务面。

北京市气象局把气象警报器扩建成气象警报服务系统，成为面向国民经济生产各部门的行业服务的重要手段。该系统可定时和不定时向用户发布专业天气预报与灾害性天气预报，且可进行跟踪服务，对有特殊要求的用户，通过气象警报服务系统或天气雷达终端，随时加发天气过程起止时间、强度、影响范围等情况的通报，由于开发了行业气象指标检测系统，针对不同行业要求，通过警报服务系统还可开展点名服务。

6. 网络传播

网络是未来气象服务信息传播渠道中最具潜力的传播方式。互联网技术与电子信息技术的快速发展，使得人们可以通过电脑或手机终端快速登录网络搜索和了解需要的气象服务信息，因此网络渠道也成为气象服务提供者未来重点发展的领域。中国气象局和地方各级气象部门纷纷建立了网站传播气象信息，例如，中国天气网、河北天气网。还有一些有针对性的行业气象服务信息网站，如中国旅游天气网、海洋气象网等。这些门户网站的建立为用户实时查询气象信息提供了有力的支撑，网络由于其实时性、开放性等优势成为最为流行的气象信息传播渠道。随着智能手机的普及，网络接收终端更加丰富，包括微机、手机、专用终端设备等。

（二）气象服务提供者的渠道的特点与适用性

各类渠道的特点使其适合提供不同的气象内容，印刷渠道特别是报纸是最早的公众气象信息传播媒介，该手段具有的特点是：能准确、全面地传播气象信息；读者选择余地大，可以依据个人的兴趣、专长，自由选择阅读内容、方式、时间及地点；若版面条件允许时，可附气象图表，撰写气象知识和宣传的文章，突出宣传效果，适合传递各种类型气象服务信息，但报纸也存在着信息传播时效不如广播、电视快，感染力差及读者受文化程度等条件限制等缺点。

电话渠道传递信息需要服务接受者主动获取，因此，是在对象明确自身需求之后通过手机或电话拨打方式获取语音信息，它同广播方式一样仅适合传递相对简单直观性强的气象服务信息。用户不受文化程度和网络等资源的限制。

广播与电视具有普及面广、影响力强、经济便捷等特点，观众（听众）不受文化程度和空间的限制，观众（听众）数量较大；其次以语言、音响、图像等作为传播信息的载体，感染力比印刷媒介强；但广播与电视手段的气象信息保存性差，信息稍纵即逝，收听节目受时间限制，接受者属于被动接收，且具有随意性。更适合宣传、引导与普及直观的气象服务信息。

警报器渠道方式仅适合于已经建立警报器网络地区的用户，且多通过语音、寻呼机方式传递一些气象预警信息，信息的接受普及程度有限。

网络方式传递气象信息有主动方式和被动方式两种，主动情况下客户有意识登录气象门户网站了解和获取气象信息满足需求，还有就是用户浏览其他类型网站看到有关气象信息从而被动获知气象信息，网络方式可以同时获取文字、图像、语音等信息。但受接受对象文化程度、网络条件和经济条件等限制。

三、服务提供者的服务与内容

公共气象服务提供者提供的气象服务内容可以概括为三个方面。

（一）气象信息服务

气象信息服务是向用户提供以气象信息为内容的服务，气象信息服务内容可进一步划分为气象情报信息服务和气象预报信息服务。

气象情报信息服务：指向用户提供观测、气候等气象信息服务。所谓观测气象信息，不仅包括直接用大气探测仪得到的大气状态信息，还包括在观测信息基础上经诊断分析推断得到的加工信息（不包括预测性信息），由于用户的需求时常会超出观测气象要素，这时就需要在观测气象资料基础上，根据信息的物理关系再加工，还有些时候用户需要过去时刻非常规观测气象要素信息，为满足用户这种需求，需要在观测资料的基础上，运用气象要素空间分布的规律，建立相应的诊断方程去推断用户需要的情报信息。例如，某工程建设需要提供某山顶的气候环境信息，这种信息只能根据附近几个气象观测站的实测资料来推断求得。推断出的情报信息需要通过必要的检验，以证明其可靠性。

气象预报信息服务：指向用户提供有关未来时刻的预测性气象信息服务。气象预报信息服务属于预测性的信息，气象预报信息是气象环境有效动态控制的依据。由于气象预测信息是对未来气象事件的预测，加工制作此类信息技术的难度较大。幸运的是，近代以数值预报为基础的气象预报技术已经取得了很大的发展，它为制作各种专业化的气象预报信息服务产品提供了坚实的基础。需要注意的是，各行各业对气象信息的需求有其特殊性，气象服务实体的气象信息预测需要制作出有针对性的气象预报产品，才能满足不同用户的需求。

（二）气象工程技术服务

气象工程技术服务可以概括为五种类型。

1. 气象环境调控型

利用一定的工程技术手段去直接控制被控系统所处的气象环境，使之处于尽可能有利于提高经济效益的状态，这种气象控制工程技术称为气象环境调控型工程技术。常见的气象环境调控型技术有：大气环境污染控制技术，人工气候室技术，防雷避雷技术。

（1）大气环境污染控制技术

大气环境污染控制技术是为了对付大气环境污染而采取的各种控制技术。包括各种有可能对城市造成污染的工程的论证审批；能源、燃烧和燃烧污染物的控制；各种除尘系统及其选择；气态污染物（硫氧化物、固定源氮氧化物、挥发性有机污染物和机动车排放）治理；净化系统（集气罩、管道系统、通风机和电动机）设计等。

（2）人工气候室技术

人工气候室技术指模拟自然界的各种气象条件，对小范围内的气象环境——温度、湿度、光照、二氧化碳及风向、风速等进行有效控制，使之适合生物的生长和发育。1949 年，美国著名的植物生理学家、园艺学家温特教授建造了世界上第一座植物人工气候室，20 年后，中国科学院上海植物生理研究所成功构建了大型植物人工气候室，有自然光照室和人工光照室。随着科学技术的进步，人工气候室的控制条件越来越多样化，自动化程度和精度也越来越高，应用于海洋、林业、生物、环境污染、农业和宇宙开发等领域的生命科学、最优化生产的研究。

(3)防雷避雷技术

防雷避雷技术指通过组成拦截、疏导最后泄放入地的一体化系统方式以防止由直击雷或雷电的电磁脉冲对建筑物本身或其内部设备造成损害的技术。在一个完整的防雷避雷技术体系中包含直击雷防护、接地、等电位连接、电磁屏蔽和过电压保护五个功能部分。目前,我国的防雷技术已经发展成熟,国内各大防雷企业都能够实现从设计、产品提供到施工及售后服务的防雷一体化体系解决方案(防雷体系)。

2. 气象环境影响型

这一类的技术和原理与上述第一类没有本质上的区别,只限于科学技术水平和能力,在一些场合难以做到严格意义上的气象控制,但可以做到一定程度的影响,这种影响能够满足特定生产和生活事件的需要,并产生效益。这类技术称之为气象环境影响技术。例如,采取人工影响局部天气工程技术措施使机场消雾或使局部地区增加降水量等。

3. 气象环境择优型

现阶段虽然人们不能大范围控制气象环境,但是对于活动的时间或地点有选择余地的系统,可以提供另外方式的简单而又有效的气象控制技术,为用户系统提高经济效益做贡献。这种简单有效的气象控制技术即气象环境择优技术。它的原理是:根据用户系统的特定要求,为之预选尽可能有利提高经济效益的气象环境,使系统实际上达到了优化气象环境条件的目的。它的优点是简单易行,因而付出的成本代价较低,却有很大的经济效益,是一种很有价值的技术。

4. 气象影响调控型

如果用户系统的时间和地点都没有选择余地,可考虑采用气象影响调控工程技术。这种技术着眼于改变系统的某些特点,以适应所处的气象环境,其目的是使气象环境的不利影响尽量减小,或使气象环境的有利条件尽可能地为系统所利用,从而提高用户的经济效益。例如,预报某流域未来有特大暴雨时,水库可以采取超常规提前大量放水的办法来减少洪水灾害;相反,当预测未来将进入干旱少雨期时,水库则应尽可能多蓄水,以适应干旱气象环境。又如,陕西关中地区的气候条件对棉花生产有利有弊:6—8 月光热资源非常丰富,但是 9 月以后常多低温阴雨,秋后棉铃质量明显受影响,陕西省农业气象专家经过多年实验研究探索出棉花“热量补偿,多头整枝”技术。其技术的要点是:采取特殊的剪枝技术,协调棉花主茎和营养枝的关系,增加群体光和叶面,使棉花的主茎和营养枝在光热高峰期(6—8 月)能充分利用光热资源,促进棉株的个体发育,增加伏桃棉铃数和棉铃重量,最终实现提高棉花的品质和产量的目的。

5. 综合型气象控制工程技术

实际生产生活中,常常需要综合采用上述各类技术或其中的某几类技术,例如,对需要露天作业而又对雷电十分敏感的野外工程,既需要根据特定的需求,为其预选尽可能好的天气环境条件，同时，为了确保工程的安全，还可以进一步采取必要的防雷避雷工程技术措施。又如，现代化的盐业生产时常常需要综合运用上述技术：当预测有2毫米以上降水时，需要将高、中级卤水集中到覆盖区；当预测盐场有10毫米以上降水时，要采取"排淡"措施；当预报温度低于-3℃时需要采取"水下抽咸"技术等。

(三)气象科技综合咨询服务

气象科技综合咨询服务是指向用户提供有关气象科技方面的综合性的咨询服务。和上述两类服务相比，气象科技综合咨询服务属咨询性的气象服务，具有明显的软科学技术的性质，对气象信息的加工程度更高。此外，这类服务的综合性更强，气象科技综合咨询服务一般是对重大工程设计提供气象趋利避害的综合咨询服务，需要全面结合气象信息和工程对象进行系统分析与谋划，提炼出有益的参考信息。它往往是多种气象信息服务技术和工程服务技术的有机结合。因此，此类服务的效益与附加值要高于前面的两类服务。

第二节 公共气象服务的接受者

公共气象服务需要关注服务对象的心理与需求，不同的服务对象呈现不同的需求特征，对公共气象服务需求满足和服务满意度调查，有助于提高气象部门服务意识，完善服务功能。

一、服务对象的分类与特征

气象和各行各业及人们的生活关系密切，一切和气象有关的系统都有可能成为气象服务对象，公共气象服务对象涉及行业众多，不同类型的对象需求不同，相关的服务机制也不相同，对公共气象服务对象进行分类，把握其特征，有助于服务机构有针对性提高服务质量和服务效率。总的来说，气象服务对象可分为三大类。

(一)公众气象服务

公众气象服务对象指那些为了满足生活需求获取公共气象服务的社会公众。常见的生活需求有：了解天气，提高生活质量，保障安全。为社会公众提供气象服务的渠道很多，有广播、电视、报纸、电话等。向公众气象提供气象服务是国家兴办气象事业，提高防灾减灾能力，保护人民，为人民谋福利的表现，也是气象公益服务的重要内容，在发展市场经济时，仍然不能把这一部分转化为商业盈利目的，且需要在国家财力允许下不断提高服务质量。

随着科技的发展，公共气象服务的传播手段也不断增多，从传统的广播、电视、报纸，拓展到现代的电话、网络、手机、卫星广播，目前公众可以通过多种方式获取气象信息。公众气象服务是体现我国气象事业是公益性事业的重要方面，公益性是其主要特征，公众气象服务对保护人民生命财产，提高人们生活质量等方面具有重要意义。

（二）决策气象服务

决策气象服务是指为政府机关提供的气象服务，主要是为政府各级部门在涉及国家安全、社会稳定、防御大型灾害性天气及经济发展等问题上，提供决策依据。所以决策气象服务是各项气象服务中的重中之重。

决策气象服务还有可能是提供专项服务，它的服务对象比较多样，包括有关职能部门机关和事业单位，也包括对各项工程的专项气象服务，随着改革深化和市场的发展，事业单位的性质发生了不少变化，不少事业单位已改制为企业，或按企业机制运行，工程的实施已不是政府行为。所以，专项服务的对象需要进行进一步的分类和重新归类。但是，其中对有关职能部门机关，公益事业单位的服务和对党政机关的服务有比较多的共性，即这一部分服务对象的性质并没有在国家经济体制改革中发生变化，对它们的气象服务仍是公益性服务，仍应把这一部分服务和对党政机关的服务归为同一类，由于气象事业在防御和减轻自然灾害，合理利用天气气候资源等方面对全社会的发展、人民生命和财产的保护、国防和经济建设具有基础性和公益性，国家要大力支持气象事业的基础建设，以保证气象事业不断发展决策服务，尤其是为各级政府防御和减轻自然灾害，保护气候资源、趋利避害的决策做好气象服务，是气象部门最基本的任务之一。不管市场经济发达到什么程度，无条件做好决策服务的思想，必须坚定不移，并据此继续大力争取各级政府对气象事业的支持，也只有决策服务不断提高水平和效益，气象事业才能不断得到各级政府的支持。

（三）专业气象服务

专业气象服务是对气象信息有特殊需求的用户提供专业用途的气象服务。上述两类服务对象以外的其他服务对象都称之为专业（专用）气象服务对象。

随着各行各业生产能力的不断提高，专业气象服务的对象将会越来越广泛，不同的对象将会提出各有特色的需求，要求气象服务实体为之提供有专业针对性的服务内容。利用市场机制可以促进气象资源有效地配置，高效地提供个性化的专用气象服务。随着经济体制改革的深化，企业必然越来越讲究经济效益，越来越迫切要求依靠科技进步，以求有针对性地趋利避害，提高其经济效益。另一方面，随着气象现代化的发展和通信条件的现代化，气象部门也有条件为各类用户及时提供有针对性的气象信息产品。国内外的实践表明，此类服务是将气象科技转化为现实生产力的极为重要的途径。

二、服务对象的心理与需求

公共气象服务对象心理是服务接受者在消费公共气象服务过程中的一切内心活动。服务对象是公共气象服务市场经济活动的主体，在选择购买和使用气象服务产品的全过程中，其心理现象可分为三个阶段：在购买前了解气象服务产品的心理；决定购买气象服务产品时决策心理；消费气象服务产品后实际体验或检验产品心理。它源于服务对象的消费需要，服务对象联想、服务对象态度是公共气象服务心理中较为重要的心理活动。它们影响并作用于服务对象的行为。

（一）服务对象的消费需要

公共气象服务对象即消费者[①]的消费需要，是推动消费者进行各种消费行为的最普遍的内在原因，是消费行为前的一种心理倾向。公共气象服务消费者的需要指推动消费者进行公共气象服务消费行为的各种内在原因。消费者需要与行为有着直接而紧密的联系，人的任何消费行为都是有目的的，这些目的或目标实质是为了满足人们的某种需要或欲望。当一种需要未得到满足时，人们会产生内心紧张；这种紧张状态激发人们争取实现目标的动力，在动机的驱使下，人们采取行动以实现目标；目标达到，需要得到满足，内心紧张状态消除，行为过程即告结束（图 2-1）。

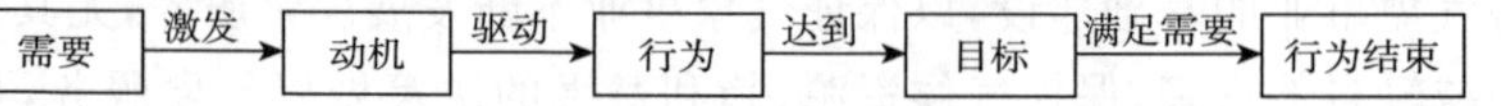

图 2-1　需要驱动行为关系图

消费者的需要离真正的行为阶段还有一定的距离，需要仍然是消费者内心的心理活动，并不是任何需要都能够直接激发行动，进而形成消费行为的。在公共气象服务中，有一些产品是由政府代表全体公众出资购买，另一些产品进入市场，由消费方根据需要购买。气象服务产品虽然具有减损和增益的作用，但当消费方不了解产品属性时，很难产生购买行为。当没有人购买该种气象服务产品，服务提供方将失去继续开发该种产品的动力，当气象灾害发生时，消费者由于得不到具有针对性的服务产品，将会承担由此带来的损失。消费需要必须给予明确的诱因和强烈的刺激，加以诱导、引发，才能达到驱动行为的足够强度。对消费者需要基本形态的了解，有助于对消费者需要加以区别，从而引导消费者消费行为。从消费者需要与市场购买行为关

① 这里的消费者指购买和使用公共气象服务的对象。

系的角度，消费者需要有以下几种基本存在形态。

1. 现实需要

指消费者已经具备对气象服务产品的实际需要，且具有足够的货币支付能力，而市场上也具备该种气象服务产品，因而消费者的需要随时可以转化为现实的购买行动。例如，现在风力资源分布相关产品已经比较成熟，由于对新能源开发的需求，消费者具有对该产品的实际需求，且有足够的货币支付能力，消费者的需要随时可以转化为现实的购买能力。

2. 潜在需要

指目前尚未显现或明确提出，但在未来可能形成的需要。潜在需要通常由于某种消费条件不具备所致。例如，市场上缺乏能满足需要的商品；消费者的货币支付能力不足；缺乏充分的商品信息；消费意识不明确；需求强度低弱等。然而，上述条件一旦具备，潜在需要可以立即转化为现实需要。例如，市场上具有专门针对食用菌生产的气象服务，但是很多农户缺乏充分的商品信息，使得这种潜在需求并没有转化为现实需求。

3. 退却需要

指消费者对某种商品的需要逐步减少，并趋向进一步衰退之中。导致需要衰退的原因，通常包括时尚变化，消费者兴趣转移；新产品上市，对老产品形成替代；消费者对新环境下产品的投资效益心理预期等引起。例如，在互联网和智能手机普及之前，气象部门开发的气象手机短信服务产品曾经在市场上占有重要地位，但现在已经成为退却需要。

4. 不规则需要，又称不均衡或波动性需要

指消费者对某类商品的需要在数量和时间上呈不均衡波动状态。例如，人工防雹的气象服务需求，就具有明显的不规则性，有时出现在夏季，有时出现在春季，而且地点具有随机性。

5. 否定需要

指消费者对某类商品持否定、拒绝的态度，因而抑制其需要。之所以如此，可能是商品本身不适合其需要，也可能由于消费者缺乏对商品性能的正确认识。或者因旧的消费观念束缚、错误信息误导所致。例如，消费者由于一次预报的误差，对气象服务产生不信任、误解从而产生否定需求。

6. 无需要

又称零需要，指消费者对某类商品缺乏兴趣或漠不关心，无所需求。无需要通常是由于商品不具备消费者所需要的效用，或消费者对商品效用缺乏认识，未与自身利益联系起来。

消费者需要尽管由于受到各种因素的影响千变万化，但它们是相互联系、相互作

用的有机结合体，存在着一定的趋向性和规律性，这些规律性体现于消费者需要的基本特征之中，具体表现为以下几种。

第一，消费者需要的多样性。由于各个消费者的收入水平、文化程度、职业、性别、年龄、民族和生活习惯不同，自然会有各种各样的爱好和兴趣，对气象服务产品的需要也是丰富多彩、千差万别的。

第二，消费者需要的发展性。随着生产力的发展和消费者人均收入的提高，人们对气象服务的需要也在不断地发展。过去未曾消费过的专业化、定制化的高端气象服务产品进入消费领域，一种需要满足了，就又产生新的需要，这就是消费者需要的发展性。

第三，消费者需要的层次性。随着生产的发展和消费水平的提高，以及社会活动的扩大，人们消费需要的层次必然逐渐向上移动，逐步从低层向高层发展，购买公共气象服务将越来越多的是为了满足个性化安全的需要，这就是消费者需要的层次性。

第四，消费者需要的时代性。消费者的需要常常受到时代精神、风尚、环境等因素的影响。时代不同，消费者需要和爱好也会不同。例如，随着一些极端灾害性自然灾害事件爆发频率的提高，以及人们对环境问题和可持续发展关注的增强，广大消费者对公共气象服务中气候变化和防灾减灾信息的需要也在不断增加，这就是消费者需要的时代性。

第五，消费者需要的伸缩性。消费者购买公共气象服务产品，在数量、等级等方面往往会随购买力水平的变化而变化，随商品价格的高低而转换。当然，消费者货币收入增多、购买力提高，或销售价格下降、服务产品更新时，消费者的需要会明显增多，否则就降低，这就是消费者需要的伸缩性。

第六，消费者需要的周期性。人的消费是一个无止境的活动过程，人的一生是一个不间断的消费过程。一些消费需要在获得满足后，在一定时间内不再产生，但随着时间的推移还会重新出现，并有周期性。消费者需要的周期性主要是由人的生理机制运行引起，并受到自然环境变化周期、商品生命周期和社会时尚变化周期的影响。例如，每到夏季，消费者对台风、暴雨等气象信息服务的需求最为强烈，而到秋冬季节，则相对转淡。

（二）服务对象的联想

联想是从一种事物想到另一种事物的心理活动过程，是非常重要的消费心理活动。消费者对手机短信气象预报服务产生兴趣，询问价格并了解了气象服务产品包含的服务内容，会联想到：如果购买了这项服务，能为自己带来哪些方面的便利与好处，这些收获与所支出的金额相比值得吗，其他还有哪些渠道可获取这项服务，它们的情况又会如何。

联想是心理学家较早研究的一种心理现象，迄今为止，已经总结出一般性的联想规律有四种，即接近联想、类似联想、对比联想、因果联想等。以下介绍这四种联想规律及其在商业中的一些应用。

1. 接近联想

由于两种事物在位置、空间距离、时间上等比较接近，所以认知到第一种事物时，很容易联想到另一种事物。例如，消费者在江苏获得了高速公路气象服务，很容易联想到与江苏相近的安徽也应该具有类似的服务，这样就产生了安徽对高速公路气象服务潜在消费需求。

2. 类似联想

两种事物在大小、形状、功能、背景、时间等方向存在类似之处，认知到一种事物的时候会联想到另一种事物。例如，某地方政府了解到辖区内的造砖场主动接受气象服务，受灾甚少，效益可观。这引起了政府领导的高度重视，会联想到气象服务除了对制砖行业，对采矿业、物流业等其他众多与天气有密切关系的行业会有什么样的影响，带来哪些方面的改善。

3. 对比联想

两种事物在性质、大小、外观等方面存在相反的特点，人们在认知到一种事物时会从反面想到另一种事物。例如，某个市民，在台风的前几天没关注天气预报，就去温州的南麂岛旅游了，结果一行人被困岛上很多天，最终被救援人员救了。此后，每当要出游，这位市民就会联想到天气预报服务，认为如果提前知道了天气信息，会避免以前的惨痛经历。

4. 因果联想

两种事物之间存在一定的因果关系，由一种原因会联想到另一种结果，或由事物的结果联想到它的原因等。例如，为什么此次台风伤亡人数相对较少？因为人们早已预测到台风灾害的发生，相应采取了一定的防护措施，正是因为相对精准的预报服务，使得广大群众有所准备，降低了损失。用创造性的因果联想直接说明使用气象服务产品的好处，这种方法在营销策略中经常使用。

除了上述四类联想规律之外，实际上还存在着大量的“特殊联想”，即由一种事物联想到另一种事物的时候，不是按以上的规律进行，事物之间不存在上述的关系，而是由消费者经历的特殊事件造成的，消费者遇见一种事物时会联想到另一种事物。例如，某驾驶员没有注意气象台播出的大雾警报，出行途中遭遇车祸给身体带来严重创伤以致于以后一看到大雾天气就联想到车祸。

（三）服务对象的态度

态度是人们对于事物所持有的肯定或否定、接近或回避、支持或反对的心理和行为倾向。态度与认知、情感和行为的联系十分密切,态度包含了情感因素,体现在人们对于事物的喜爱和厌恶的情感反应上。持肯定的态度时,人们会出现积极、愉快、喜悦的情绪,乐意去认识这一事物,并且极其情愿地为这一事物采取相应的行为;持否定的态度时,人们会出现消极、不愉快的情绪,在行为上会采取回避的方式。

消费者的态度是由认知、情感和行为倾向等三种要素构成的复合系统。各个要素在态度系统中处于不同的层次地位,担负不同的职能。

1. 认知

认知是构成消费者态度的基石。它表现为消费者对有关商品质量、服务与信誉等的印象、理解、观点、意见。消费者只有在对上述事物有所认知的基础上,才有可能形成对某类商品的具体态度。而认知是否正确,是否存在偏见或误解,将直接决定消费者态度的倾向或方向性。因此,保持公正准确的认知是端正消费者态度的前提。很多消费者认为气象预报是非常准确的,从统计上说,气象预报准确率确实很高,但由于科技发展水平的限制,对于一些极端天气,气象预报很难准确预报。由于一些消费者并没有对此产生正确的认知,在一些极端天气事件发生时,会对气象预报产生不满情绪。所以,需要向消费者正确传递预报准确率,以及准确预报条件的信息。

2. 情感

情感是构成消费者态度的动力。它表现为消费者对有关商品质量、信誉等喜欢或厌恶、欣赏或反感的各种情绪反应。如果说认知是以消费者的理性为前提,那么情感则带有非理性倾向,它往往更多地受消费者生理本能和气质、性格等心理素质的影响。情感对于消费者的态度形成具有特殊作用,在态度的基本倾向或方向已定的条件下,情感决定消费者态度的持久性和强度。

3. 行为倾向

行为倾向是构成消费者态度的准备状态。它表现为消费者对有关商品、劳务采取的反应倾向,其中包括表达态度的语言和非语言的行动表现。例如,消费者向他人宣传某商品的优越性,实际从事购买等。行为倾向是消费者态度的外在显示,同时也是态度的最终体现,只有通过行为倾向,态度才能成为具有完整功能的有机系统。此外,行为倾向还是态度系统与外部环境进行交流和沟通的媒介。通过语言和非语言行为倾向,消费者可以向外界表明自己的态度,其他社会成员、群体、气象服务提供部门也可以从行为倾向中充分了解消费者的真实态度。

一般情况下,认知、情感、行为倾向的作用方向是相互协调一致的,消费者态度表现为三者的统一。但是,在特殊的情境中,上述三种要素亦有可能发生背离,呈反向作用，以致使消费者的态度呈现矛盾状态。例如，消费者认同气象产品的效用，并对气象服务部门的工作持肯定意见，但是由于一些原因(例如，“搭便车”心理)购买此类服务却一再拖延。由此可见，在态度的诸构成要素中，任何一项要素发生偏离，都会导致消费者态度的失调和作用的不完整。而其中尤以情感定势和行为习惯对完整态度的形成具有特殊作用。纠正或改善消费者对待气象服务产品的一些错误认识与态度，是气象服务部门发展良好公共关系，获取公众舆论的支持和理解的首要任务。

(四)影响气象服务消费行为的因素

尽管一些气象服务产品是公共产品，在提高公共服务效率和质量的环境下，其也具有部分商品属性，所以影响商品消费行为的因素同样作用于气象服务的消费行为，但是气象服务产品作为商品范畴中的特殊一类，对其消费又表现出相应的特性。

影响消费行为的因素可以从消费个体内在系统和外部环境系统两个方面来衡量(图 2-2)：其中生理和心理是个体内在系统影响消费行为的两大因素。生理上，消费者的感官敏感性、生理爱好、生理健康状况、生理残疾等这些情况会影响消费者对气象服务产品的偏好。例如，患有风湿性关节炎的消费者会较为偏好温湿度，相对忽略紫外线指数、花粉浓度等气象信息。心理上，消费者的认识、情感、意志活动和个性心理特征会指导消费行为。例如，在对待气象服务产品的认识上，有些人认为气象服务就是天气预报，并且觉得气象服务应属于政府公益事业，普通消费者不应为之支付费用。而另外一些人认为，气象服务不仅包含面向大众的天气预报服务，还有决策气象服务及定制化、专业化的气象信息服务。这些气象服务消费者的心理活动影响其消费行为的发生及消费选择。

外部环境因素可以分为自然环境和社会环境因素，自然环境主要包含地理区域、气候条件、资源状况和地理环境四个方面影响因素；社会环境则包含了人口环境、社会群体环境、政治环境、经济环境和文化环境。地理区域、气候、资源等自然环境通过主要影响人们对气象服务的需求进而影响消费行为，政治、经济、文化等社会环境除了影响人们对气象服务产品的需求，还影响消费者的习惯、爱好、情绪等心理活动，导致对消费行为的影响。总的来说，从形成作用上看，个人内在因素是影响消费行为的直接作用因素，而外部环境则通过作用于人的内在系统间接作用于消费行为(图 2-3)。

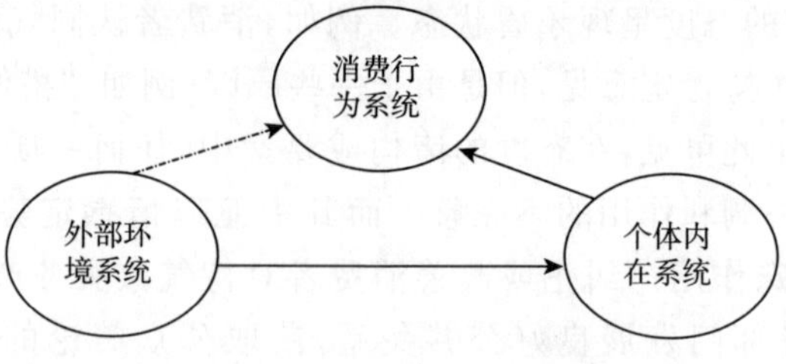

图 2-2 消费行为作用系统

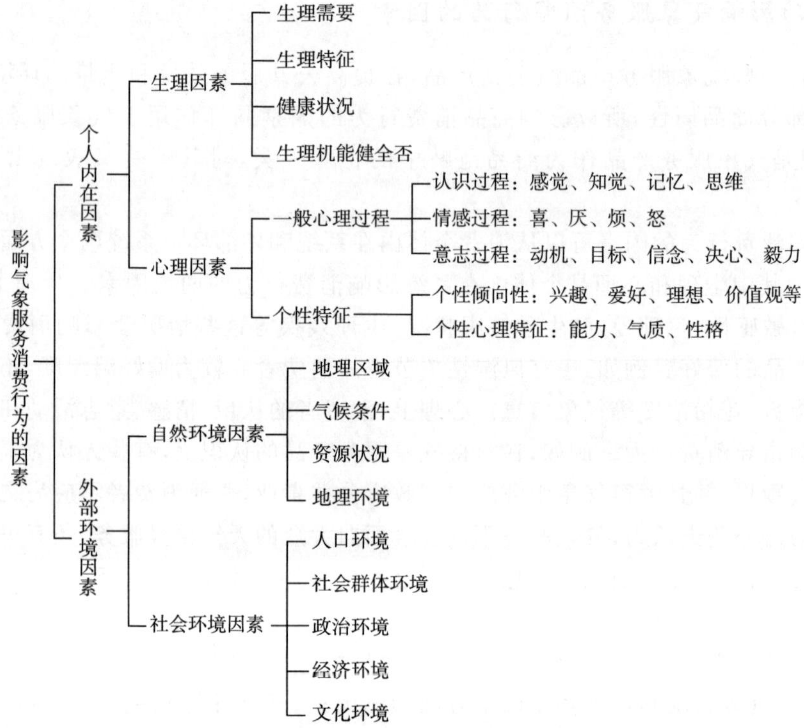

图 2-3 影响气象服务消费行为的因素

做好公共气象服务工作首先需要了解消费者的需求与消费习惯等消费心理。消费者的需求是复杂多变的，不同的人有不同的需求，相同的人往往表现出多方面的需求，需求会随着时间的推移产生变化。在满足消费者需求的基础上，还要充分考虑消费者的消费习惯及消费者的爱好、观念、情感等心理活动过程和规律。这样有助于把握消费趋势，促进和指导气象服务消费行为。

气象服务产品既可作为生产要素在生产过程中消费，又可作为人们的生活消费，它具有完全意义上的社会普遍的有用性，同时，大多数气象信息产品，是一种以销定产，且销售在前生产在后的产品，对其消费又具有一定的特殊性。

1. 消费的社会性

气象产品消费，具有广泛的社会性，具体表现在消费对象、消费功能和消费行为等方面。

消费对象涉及社会不同的群体，由于大气的性质，某地区的天气、气候及气象要素的变化总是覆盖该地区，使气象产品的作用范围和对象都十分广泛。

消费功能的社会性。气象产品的消费能带来社会效益、生态效益和经济效益，尽管气象产品中两类不同性质的产品消费的主要功能有所差异，但是，产品的消费归根到底是利用气象条件趋利避害并不断提高人类认识大气环境的能力。

消费行为的社会性表现在气象环境的利用和改造，以及减灾防灾活动都要动员社会的力量和广大社会群众参加；天气、气候变化总会引起社会消费行为的变化，因而气象产品功能的发挥依赖于社会的消费行为。

2. 消费的骤变性

天气情况变化莫测，这种气象条件和环境变化突变性的特点，是形成消费量骤变性的原因。当天气突变或气候反常时，关注天气预报的人会随之增多，对气象产品的消费需求随之增大，当然，消费强度和消费量也会随着大气环境的突发性而增强和扩大。实践证明，消费量的骤变性是气象产品消费的重要特征，把握这一特征，适时组织产品生产是气象工作者面临的挑战。

3. 消费的风险性

引起大气环境变化的因素异常复杂，由于现阶段大气科学水平、人们的认识手段和方法的有限性，尚不能完全揭示其内在联系而掌握其变化规律，因此，有时气象产品的准确性、真实性、及时性还不能完全体现出来。例如，还会存在一定的错误率。这种气象产品的不确定性会带来一定程度的无效消费或者说消费效用的不确定性，这就带来了消费的风险。

4. 消费的乘数效应

物质产品的消费是产品的物质形式的消耗，消费行为的完成标志着某些物质客体的不复存在，而气象产品的消费是信息产品性质的消费，不是消耗自身的物质形态，相反，却被保存下来，并产生消费的乘数效应(信息的累计量同认识和运用信息的能力成正比例的变化)。这就是说，气象产品的消费行为对于某些行业要连续地、累计地作为生产消费进行下去，会产生更多的效益。

因为任何信息的使用都需要用户投入一定人力、财力和物力，根据信息的要求，改变自身的行为，从而信息的功能才能被发挥，信息才能被消费。但获取了信息并不等于使用了信息，使用信息还需要进行投入，从而创造出更大的价值和效益。

三、服务对象的满足与评估

获得公共气象服务后服务对象需求的满足会通过系列心理状态即服务对象满意度反映，公共气象服务满意度受一定因素的影响，并且是可以测度的。

（一）什么是气象服务满意度

用户满意被认为是企业的重要战略要素，全球许多著名公司都采用用户满意度作为用户保持的基本工具，并作为测量企业良性发展的实施标准。由于用户满意能够直接创造价值，用户满意被认为是重要的有效的营销工具（罗慧等，2009）。用户满意度作为一种心理感受，同时定义为对获得的服务的净价值的全面的正或负的情感。Woodruff(1997)认为，用户价值代表了用户对供应商关系更换的认知，而满意度反映了用户对此感知价值的全面的情感。

因此，气象服务满意度主要指气象服务用户群或社会公众通过对所感受到的气象产品及服务所产生和带来的效益或者效果，与他们所期望的气象服务质量相比较之后，所形成的满意、愉悦、信任或失望、不信任、不理解的感觉状态，并随着时间的推移而变化。

（二）客户满意度的影响因素

客户满意度更多是一种逻辑上的理性概念，难以用一个确定的数学公式来表示客户满意度，但依然可以找出影响客户满意度的主要因素。

首先来看一下是什么使客户产生了客户满意度。对于这一问题，当前存在两种理论模型。

模型一："理想产品"

这种理论认为：客户满意程度取决于客户对其购买的产品或服务的预期与其使用这种产品或服务后的实际感受的吻合程度。"理想产品"是用户心目中的概念性产品，即客户通过自己以往的经验，根据自己对企业的了解和企业在公众中的形象，并结合自己的需求和对价格的期望，预期应当购买到的具有一定功能和质量的产品。"实际产品"则是指用户在使用产品或享受服务的过程中，实际体会到的产品的功能、质量等特性。有了这两个概念，可以将客户满意度简单表述为：

客户满意度＝实际产品－理想产品

当理想产品高于实际产品，也就是说，产品实际提供的功能不能满足客户的需求时，客户就会产生不满情绪，此时客户满意度表现为负值；当两者近似相等时，用户就会感到基本满意；而当实际产品高于理想产品时，用户感到的不仅仅是满意，而且还将是欣喜。

从这个模型中不难看出，影响客户满意度的因素分为两个大类：产品本身和用户对产品的期望。提高产品和服务的质量固然是不可缺少的，但同时改善用户的心理因素——他们对产品或服务的期望也许更为重要。这里涉及企业该怎样宣传自己，因为企业在用户心目中的形象基本上是通过企业自己的广告、产品宣传建立起来的，对于那些新兴的企业更是如此。有的企业喜欢夸大其词，将自己吹得很高，但其实际产品和服务却难以达到自己所说的水平，这样的做法虽然短时间内可能会吸引来一定的客户，但是长远来看，企业不仅会失去这些客户，而且还会影响自己的形象和进一步的发展。但是，过度的“谦虚”也是不行的，这样往往会让用户感到你的产品和服务不行，同样也不能够吸引来客户。重要的是能够找到一个合适的结合点，既能够让自己的产品或服务对客户产生一定的吸引力，又能够不夸大其词。人们曾经对欧洲14家成功的公司进行过一个调查，结果惊讶地发现，他们无一例外地严格限制自己的广告宣传，同时又全力提高自己的产品质量。通过这种一反一正的做法，这些公司力图让他们的客户在使用产品时，感到实际产品远远超过了他们心目中的理想产品标准。

模型二：客户附加价值

这种理论认为，客户都是理性的经济人，他们总是追求“客户附加价值”最大的产品和服务，并由此而产生了客户满意度。客户附加价值越大，客户的满意度也就越高。

所谓的客户附加价值指客户在购买某项产品或服务后所获得的总价值与客户为此而花费的总成本之差，可以用公式表示如下：

产品（服务）的客户附加价值＝产品（服务）的客户总价值－产品（服务）的客户总成本＝（产品价值＋服务价值＋个人价值＋形象价值）－（货币成本＋时间成本＋精力成本＋心理成本）

市场上交易的过程实际上就是一个交换的过程，交易双方通过交换获得自己所需的价值，并通过所得的价值评价交易的过程形成相互间的认识。客户附加价值理论也正是基于此的，客户通过这种价值的交换形成自己的附加价值，并进而形成对企业产品的满意度。

从这个模型也可以看出，要提高客户的满意度就要提高客户的附加价值，而要提供客户的附加价值，可以从以下的思路去进行：第一，增加客户的总价值，即增加产品价值、服务价值、个人价值和形象价值；第二，降低客户的总成本，即降低客户的货币成本、时间成本、精力成本和心理成本。

最后，观察一下客户满意度模型。在这个模型中可以看到，客户满意度与客户对产品的感知价值呈正相关，感知价值越高，产品带给客户的满意度也就越高。两者又都产生于客户对产品的感知质量和期望质量。感知质量与感知价值和客户满意度是正相关的，而产品的期望价值则与这两者呈负相关。所以，企业如果想提高客户满意度，最直接的手段就是提高产品带给客户的感知价值，具体来讲，就是要将其感知质量提高，而相应的客户的期望质量降低。

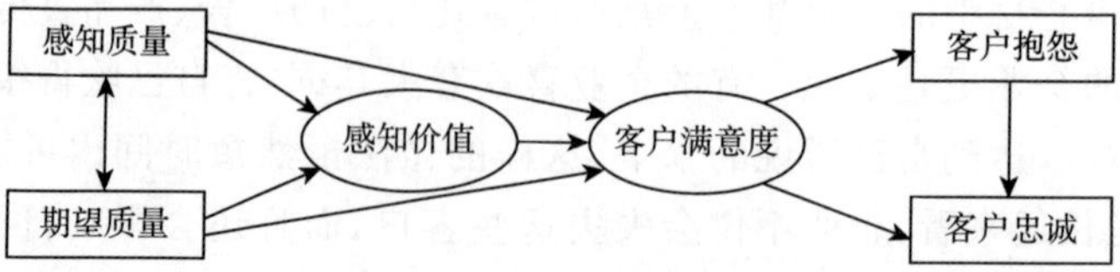

图 2-4 客户满意度模型

值得注意的是，客户满意度模型中更强调客户满意度是一种心理感受，它的影响因素，无论是感知质量还是期望质量，更多的是心理作用。因而企业为了提高客户满意度就需要更多的调动客户的心理感受，与客户建立“心与心”交流和关怀，建立在这种心理感受基础上的客户关系是最为牢固的。从中还可以看到，客户满意度将直接导致客户抱怨或是客户忠诚，而客户忠诚是企业最终最追逐的目标。

（三）构建公共气象服务满意度测评指标体系

建立公共气象服务满意度测评指标有助于测度用户对提供的气象服务的满意度。满意度测评中的公众期望、对预报产品质量的感知、对服务质量的感知等均为隐变量，都不是可以直接测评的。因此，也就需要对隐变量进行逐级展开，直到形成一系列可以直接测评的指标。这些逐级展开的测评指标就构成了满意度测评指标体系。

公共气象服务满意度测评指标体系是一个多指标的结构，运用层次化结构设定测评指标能够由表及里、深入清晰地表述公共气象服务满意度测评指标体系的内涵。理论上认为将测评指标体系划分为三个以上层次较为合理，每一层次的测评指标都是由上一层次的测评指标展开的，而上一层次的测评指标则是通过下一层次的测评指标的测评结果反映出来的。

以往的研究表明，公众对气象服务的关注集中体现在气象服务的“用途性”“准确性”“时效性”和“便易性”方面，而“公共气象服务满意度”是总的测评目标，如表 2-1 所示，列出了公共气象服务满意度测评的指标体系。

表 2-1　公共气象服务满意度测评指标体系

1 级指标	2 级指标	3 级指标
公共气象服务满意度	气象服务的用途性	用于生活安排
		用于生产安排
		用于减少灾害性天气影响
	气象服务的准确性	预报产品的准确性
		服务用语的准确性
		公众理解的准确性
	气象服务的时效性	气象信息内容的时效长度
		气象预报的提前量
		气象信息送达用户的时效长度
	气象服务的便易性	气象服务的覆盖面
		气象服务的获取渠道
		气象服务的表现形式

第三节　公共气象服务的提供者与接受者的互动

公共气象服务的提供者、管理方想要提高服务效益，增强服务绩效，为广大用户对象提供更为满意的气象服务，需要加强与服务对象的互动过程和互动接触面的有效管理。公共气象服务不同于有形产品，因为生产与消费的同时性，客户参与到服务生产中，与服务提供者发生多层次和多方面的交互作用。就客户而言，与服务企业的互动过程是客户服务体验的重要部分，服务互动质量会影响客户的服务满意度。对于服务提供者而言，与客户的互动过程是企业展示服务能力、获取客户信息、培养顾客关系的关键时刻，服务提供者与客户的良性互动会提高客户的服务感知质量进而影响客户未来购买决策。

一、公共气象服务的互动型制度

在公共气象服务的互动制度中有三种角色：政策制定者，它控制和分配根本的国家权利，国家是气象服务的政策制定者；气象服务的接受者即气象服务消费者，它可以是公众或企业；气象服务的提供者，它可以是气象公共机构（如各级气象台站等），可以是私人机构（如私人气象公司）或外国气象公司，也可以是非营利组织（与气象有关的学会或协会等）。就气象服务而言，上述结构属“多中心”结构，“多中心”结构意味着政府（政策制定者）、市场力量（公共机构、私人机构、NGO 等）和公民社会共同参与气象服务的治理，从而避免“单中心”(政府治理)结构的种种弊端和不足，同时分解了政府职能(即决策、执行、监督相分离)，减轻了政府的财政负担，从而实现气象服务的有效供给，使气象资源配置向帕雷托最优靠近。

二、公共气象服务提供者—接受者的互动维度

Bonner(2010)通过对顾客互动性与新产品绩效的实证研究，提出了企业—顾客互动包括三个维度：双向信息沟通、客户参与和联合问题解决，具体包括10个测量项目。该方法应用到公共气象服务，见表2-2，其中，从“双向信息沟通”和“联合问题解决”两个维度可以反映出双方的互动意愿，对于衡量客户对服务企业互动意愿的感知提供了参考。

表2-2 公共气象服务提供者—接受者互动维度

维度	测量项
双向信息沟通	气象服务提供者为客户提供信息交流渠道
	气象服务提供者与客户之间经常相互沟通和交流
	气象服务提供者与客户公开地交换信息
客户参与	气象服务提供者与客户有着广泛的面对面交流
	客户常常以小组讨论的方式与气象服务提供者进行互动
	客户常常参加气象服务提供方的一些工作会议
	客户高度参与到服务活动中来
联合问题解决	气象服务提供者与客户一同解决出现的问题
	相关问题在客户和气象服务提供者之间得到了认真的讨论
	问题的解决方案由客户和气象服务提供者共同开发

表2-2提供了公共气象服务过程中双向信息沟通、客户参与和联合解决问题三个维度的互动表现，反映出不同的互动程度、互动机制及互动方式。公共气象服务不同的对象和服务内容，其互动意愿与客户感知也会不同。

三、气象服务的互动平台

气象服务提供者与服务对象的互动离不开气象服务的互动平台，气象服务互动平台有助于服务提供方及时发布气象信息，了解服务对象需求与服务反馈信息，加强双方的互动交流。传统的气象服务互动方式采取面对面访谈或手机电话通信方式，互联网技术的发展，使得气象服务互动可以通过更为迅速、有效与便捷的平台实现。

以微博和微信为代表的新兴交流平台正在兴起，微博是微博客的简称，是一个基于用户关系信息分享、传播及获取平台，用户可以通过组建个人社区的方式向一定的群体传播信息，也可以通过关注某一账号的方式获取信息，实现信息互动。近两年

来，全国各地的官方气象微博如雨后春笋般纷纷在新浪、腾讯两大网站上注册开通。据不完全统计，目前在新浪、腾讯两大主流网络媒体的微博平台上通过官方认证的气象微博已达120多家，粉丝人数超过800万。在新浪微博平台上，截至2012年3月22日，全国31个省、自治区、直辖市气象部门全部开通了官方气象微博，形成了全国一体化的气象信息微博发布体系，这是全国首个全系统微博群组，也是唯一的系统化行业微博群组。此前广东、广西等省(自治区)还在新浪上形成了省级的气象微博矩阵。根据2012年6月1日统计，在新浪的官方气象微博，平均粉丝为6.3万，其中“粉丝”不足1万的有4家，1万～3万的有3家，3万～10万的最多，共22家，占将近70%，10万以上的有3家，其中有1家超过了50万，即“广东天气”。在腾讯微博平台上，截至2012年6月1日，中国气象、中国天气网、广东天气3家官方气象微博的“粉丝”分别达140万、110万和120万。

而微信则是一种免费、即时通信服务的聊天软件。用户可以通过手机、平板、网页快速发送语音、视频、图片和文字，通过公众平台、朋友圈等方式进行信息交流，从而实现了双向信息交流。中国气象局微信于2013年7月正式开通，微信用户只需用微信的“扫一扫”功能扫描二维码，或在微信公众账号中搜索“中国气象局”，就能方便、快捷地订阅中国气象局官方微信。微信以图文并茂的形式每天向用户群发一条消息，内容为天气信息、气象科普等内容。此外，将推出特别策划，以长微信、微视的形式，通过图片、影视和原创文字，以生动幽默的形式探讨某一话题。广东省启动了“广东天气”微信作为广东省突发事件预警信息发布系统的新渠道，并将其作为政府发布各类自然灾害预警和其他突发事件应急信息的权威传播平台，重点突出“应急”和“气象”。利用微信独特的功能，一旦发生突发事件，“广东天气”微信将第一时间以400条/秒的速度主动向公众点对点推送应急预警信息，为应急预警信息发布“提速扩面”开辟了新路子，对增强全社会防灾减灾意识和自救互救能力将发挥积极作用。

作为时下较流行的社交平台和移动应用，微信因其即时性、便捷性、自主性、互动性，在气象服务中赢得无数用户的青睐。

参考文献

毕秀华.1988.气象产品的商品性及有偿服务.兰州大学学报(社会科学版)(4):19-21.

韩佳芮，叶谦，田青.2007.公众对气象信息需求的规律与公共气象服务.干旱气象(2):82-89.

黄小彦.2006.商业气象服务模式研究.武汉:华中科技大学.

贾天清，黄光明.2010.基于需求为导向的公共气象服务层次和发展重点.广东气象，**32**(5):34-41.

江林.1997.消费者心理与行为.北京:中国人民大学出版社.

晋燕燕.2013.服务情境下顾客互动感知的内容结构与测量.广州:暨南大学.

吕廷杰. 2002. 客户关系管理与主题分析. 北京：人民邮电出版社.

罗慧，李良. 2009. 气象服务效益评估方法与应用. 北京：气象出版社.

罗于明. 2002. 消费者心理学. 北京：清华大学出版社.

马鹤年. 2001. 气象服务学基础. 北京：气象出版社.

秦祥士，张绍棣. 2000. 气象服务的若干心理学问题. 中国气象学会 2000 年气象服务学术研讨会：128-134.

王仕星，雷俊，方英，等. 2013. 公共气象服务满意度调查评估体系初探. 浙江气象，**30**(4)：20-37.

韦克难. 1995. 消费心理学. 成都：四川大学出版社.

辛源，彭莹辉. 2013. 从有效供给角度看公共气象服务分类. 阅江学刊(6)：67-71.

俞宙，林江. 2013. 基于微信开展应急气象服务. 第 30 届中国气象学会年会.

赵勇，王晖，赵淑芳. 1988. 基于 3G 技术的手机气象服务设想与构建. 山东气象，**30**(4)：44-47.

朱定真，董丽丽. 2010. 公众气象服务信息有效传播方式研究. 经济发展方式转变与自主创新——第十二届中国科学技术协会年会(第四卷).

Bonner J M. 2010. Customer interactivity and new product performance：Moderating effects of product newness and product embeddedness. Industrial Marketing Management，**39** (3)：485-492.

Woodruff R B. 1997. Customer value：The next source for competitive advantage. Journal of the academy of marketing science，**25**(2)：139-153.

第三章　公共气象服务客观环境

公共气象服务的客观环境决定了我国公共气象服务的供给方式、供给内容和特点，所以，本章专门对公共气象服务的客观环境展开论述。

第一节　公共气象服务体制环境

公共气象服务属于公共服务，所以其必须按照相关的法律、法规开展服务，其运行必须符合公共服务机构的运行特点。

一、公共气象服务体制概念

公共气象服务体制从管理学角度来说是指公共气象服务相关机构设置、管理权限划分及其相应关系的制度，是国家基本制度的重要体现形式之一，也是生产力、生产关系和上层建筑三者之间相互联系、相互作用的桥梁和纽带，可具体通过提供防灾减灾气象服务、决策气象服务、公众气象服务、专业专项气象服务等内容满足各行各业对气象服务的多样性和灵活性要求。

二、体制环境对公共气象服务的影响

体制环境本身具有一定复杂性，涉及面广，受到上下各个层面包括宪法、基本经济制度及相关部门行业规范和管理制度的影响，同时体制环境也会影响、促进或者阻碍到其他相关领域发展。公共气象服务作为公共服务之一，自然受到其体制环境的影响，因此，不断改革公共气象服务体制环境成为提升公共气象服务质量和范围的重要途径。

(1)从传统体制经改革开放后到以市场价值取向的体制，公立公共气象服务机构不再是唯一主体，但依然是提供公共气象服务的主体，而私营与非营利社会组织逐渐发展起来，但其作用还很有限，组织与制度建设还不成熟，在发展过渡时期，公共气象服务体制面临效率不高，相关机构定位与责任、机构人员、资金及资源投入等不到位，建立和改革完善基于中国特色社会主义的公共气象服务体制对扩大公共气象服务覆

盖范围和效益等方面具有至关重要的作用。

(2)国家层面体制环境支撑了公共气象服务改革发展。国家政治决策与立法机构、行政机构、公立公共服务机构、国家财政机构及中央与地方关系等方面对公共气象服务都具有重要的影响,主要在于对有关公共气象服务立法、监督及执行等方面的权力、法律、资金及人事的资源分配具有重大决策影响力,因此,平衡好这些关系对公共气象服务的完善发展具有决定性的作用。

(3)社会层面体制环境丰富活跃了公共气象服务。非营利社会组织作为社会部门的主体,自改革开放特别是20世纪90年代以来其整体实力和作用有了很大发展,包括了以民间组织名义登记的社会团体、民办非企业单位及基金会等,在有关法律、法规和政策下已参与到了社会公共气象服务,是国家层面体制环境下的有益补充。

(4)市场层面体制环境提高了公共气象服务效率和质量。私人企业已经成为中国经济重要力量,以"政府购买服务"或者"特许经营"等方式参与到了公共气象服务,但也可能以公益名义从事实际上的营利活动或者在改制过程中"化公为私",侵占公共财产和公共品牌,给公共气象服务带来混乱和危害,有待出台配套的体制予以约束和规范(赵黎青,2008)。

三、发展公共气象服务体制环境

发展公共气象服务需要有相应的政策环境和体制环境,而这种政策、体制环境又是与国家改革发展的大环境紧密联系的(矫梅燕,2009)。因此,从总体发展来看,公共气象服务体制改革需要总体设计、统筹协调、整体推进和督促落实,并确定出全面深化改革的重大原则、方针政策和总体方案(顾燕杰,2014);要从长远发展的角度,明确公共气象服务的目标体制模式;就近期可操作性来说,要明确与国家的事业单位改革进程相适应的公共气象服务过渡体制模式,在继续深化气象业务体制和管理体制改革的基础上,完善气象服务体制。

(1)关于目标体制模式,就是要按照公共服务的属性和基本要求,界定公共气象服务的职责、任务和政策,明确公益性的气象服务是公共气象服务的主要任务,是气象部门的主要责任。目标体制模式要以国家关于公共服务的基本政策要求为基础,以国家关于事业单位改革逐步到位为环境条件,即事业单位的工资制度、财政投入制度及人事制度的改革到位,气象事业发展所需要的财力纳入政府公共预算体系,职工队伍的人员经费实行全额预算管理,气象部门的运行和发展没有了"后顾之忧"。

因此,公共气象服务目标体制模式的建立需要以国家行政事业体制改革为基础,应该与国家的改革同步,仅仅依靠气象部门自身的改革是难以实现的。

(2)深化气象业务体制改革。继续推进已经部署的现代天气、气候、公共气象服务、综合观测、基础资料等业务体制改革;深化科技体制改革,引导高等院校、科研机构力量集中研发气象业务服务核心技术。

(3)深化气象管理体制改革。创新气象管理方式,强化职能转变;深化气象行政审批制度改革;优化各级气象机构,依法履行气象社会管理职能;按照中央部署,推进事业单位改革,逐步建立国家编制、地方编制、聘用人员、公益岗位相结合的多元化用人机制;深化综合预算改革,建立规范化、科学化和制度化的预算编制和执行机制。

最后,发展公共气象服务体制,完善开放的气象服务体系,须更好地发挥政府在基本公共气象服务方面的气象职能,提高公共气象服务供给能力,发挥市场在气象服务资源配置中的重要作用,培育气象服务市场,激发社会组织在提供公共气象服务中的活力,建立政府、社会、市场共同提供气象服务的机制。

第二节 公共气象服务政治和法律环境

公共气象服务是政府社会服务职能的体现。而政府社会服务职能的行使,离不开同时代的政治和法律环境。

一、公共气象服务的政治和法律环境概念

所谓的公共气象服务的政治和法律环境,是指对公共服务组织发生作用的诸种政治和法律因素之总和。政治环境主要包括政治制度、政治结构、政治关系等因素,法律环境主要指同一国家或社会中的立法机关、司法机关等制定的相关系列法律法规。

公共气象服务的政治和法律环境与公共气象服务主体是一种互相影响和制约的关系,互相作用和适应,以求得动态平衡和稳定协调发展的关系。一方面,政治和法律环境影响公共气象服务主体系统的结构、功能和运行;另一方面,公共气象服务主体系统也有可能通过自身积极的活动改变和利用其政治和法律环境,影响与气象相关的政治和法律环境的结构和功能。

二、政治和法律环境对公共气象服务的影响

公共气象服务政治和法律环境构成因素影响公共气象服务的方式和作用的大小各不相同。

对于公共气象服务来说,政治制度和政治结构主要提供一种外部的政治组织环境,即它通过组织体系的合理化和有效的权力分配状态与机制而对公共气象服务产生影响。具体而言,政治和法律制度及政治和法律结构主要规定了哪些服务属于公共气象服务的范畴,公共气象服务主体有多大的服务权限,哪些政策需要由立法机关去制定再由政府执行等。显然,由政治和法律制度和政治法律结构所形成的公共气

象服务的外部组织环境，对公共气象服务来说是基础性的，因而也是关键的。此外，为了实现公共气象服务目标，公共气象服务机构和人员通常需要立法机构等的支持与协作，这些机构能否协作支持及在多大程度上协作支持，直接关系到公共气象服务目标的实现程度。这种支持与协作的要求有时并不一定直接属于政治制度等本身，但却是政治组织环境质量的一个表现。所以政治和法律制度及政治和法律结构所构成的政治组织环境的好坏，往往可以通过公共气象服务机构的调动能力反映出来。

三、政治和法律环境的具体表现

公共气象服务是国家公共服务的一项主要内容。国家气象相关法律体系构成了公共气象服务具体的政治法律环境，是开展公共气象服务的最直接依据，可规范和管理公共气象服务行业行为，加强国际合作，科学地引导全社会用好气象资源，趋利避害，促进中国公共气象服务事业全面协调发展。党的十七大就提出，要加快行政管理体制改革，建设服务型政府。公共气象服务属于基础性公共服务，关系经济社会的发展，关系千家万户的福祉，关系社会和谐稳定，是重大民生问题，人民群众十分关心，党和政府高度十分重视，发挥气象服务在全面建设小康社会中的重要作用是政府履行公共服务职能的重要组成部分。

（一）国内法律、法规和规章

公共气象服务政策，是指政府和气象主管机构制定的公共气象服务行动准则，包括指导思想、发展目标、行动原则、重点任务、工作方式、具体措施等。如《中华人民共和国气象法》（简称《气象法》）、各省（区、市）《气象条例》、《国务院关于加快气象事业发展的若干意见》（国发〔2006〕3 号）、国家《气象事业发展十一五规划（2006—2010年）》、《通用航空飞行管制条例》、《人工影响天气管理条例》、《气象预报发布与刊播管理办法》《气象探测环境和设施保护办法》、《防雷减灾管理办法》等。同时还有涉及这些义务和责任得以履行的程序法内容的气象行政法规、规章，如《气象行政复议办法》《气象行政处罚办法》及地方气象行政执法的具体程序规定等，有关法律法规和国务院、省（区、市）政府有关文件等构成了公共气象服务政策基本体系。这些法律法规强调，要把公共气象服务系统纳入政府公共服务体系建设的范畴，进一步强化气象公共服务职能，健全公共气象服务体系，坚持公共气象发展方向，树立公共气象理念，充分发挥气象事业对经济社会发展的基础性、前瞻性和现实性作用。

（二）国际合作

我国是最早加入世界气象组织（WMO）国家之一，目前我国参与缔结和加入了大量气象国际公约，如《保护臭氧层维也纳公约》《气候变化框架公约》《京都议定书》

《巴厘岛路线图》等。我国已与147个国家和地区开展气象科技合作与交流，与32个国家签订了气象科技业务合作协议。另外，中国应对气候变化国家方案和国家气象事业发展十一五规划中都明确提到加强国际气象合作，在气候变化方面还特别强调了应遵循《联合国气候变化框架公约》规定的“共同但有区别的责任”的原则，今后气象业务加强国际合作已是必然趋势(焦冶，2008)。这些国际公约、协议等都构成了公共气象服务的国际合作的政治法律环境。

公共气象服务涉及的社会领域范围较大。公共气象服务不仅仅面对单纯的气象工作问题，还包含能源、地质、大气、环境及清洁生产等方面的问题。现行公共气象服务法律体系目前还较为单一，因此，应在多方面加强立法，以此构建和完善气象法律法规体系，构建和谐的公共气象服务的政治和法律环境，为公共气象服务的顺利进行提供保障。

第三节　公共气象服务经济环境

公共气象服务大部分是建立在公共预算和公共财政开支上的，经济支持构成公共气象服务的基础和前提，是影响公共气象服务最基本的因素。

一、公共气象服务的经济环境概念

所谓公共气象服务的经济环境，就是公共气象服务所处的经济背景，是制约和影响公共气象服务一切经济因素的总和。一般来说，作为公共气象服务经济环境的构成因素是极为广泛的，可以大致分为生产力发展水平、经济成分和经济体制三个方面因素。

生产力发展水平是一个国家经济水平的根本标志，它反映了社会的总体生产能力和社会占有物质财富的水平。物质资源历来是公共服务可利用的资源之一，因此，社会生产力发展水平和公共气象服务可控物质资源的多少，影响着公共气象服务的能力。

经济成分是构成国家总体经济的各部分的统称。一个国家经济成分有多种划分依据和标准。依据经济结构的不同，可以划分出畜牧业经济、农业经济和工业经济等成分。每种经济成分在整个国民经济中所占的比重不同，反映了社会整体对公共气象服务的需求差异，意味着政府经济职能、经济服务方式和经济政策的不同。

经济体制是在特定地域内进行决策并执行有关生产生活、收入和消费决策的一组机制和制度。在不同的经济体制中，公共气象服务组织可承担着不同的职能，扮演着不同的角色。

二、经济环境对公共气象服务的影响

经济环境中生产力发展水平、经济成分和经济体制因素，从不同的方面对公共气

象服务产生着各自特定的影响和作用。

（一）生产力发展水平

生产力发展水平决定公共气象服务的完备程度、市场条件、资源供需条件、科学技术水平、劳动力素质及供应条件等方面。综合起来，生产力发展水平对公共气象服务的影响，表现在三个方面。

一是影响着公共气象服务的范围。随着生产力发展水平的提高，社会生产生活所需产品越来越丰富，公众能够享有的利益也越来越多，从而，以协调公众利益，提高公众整体生活水平和质量为目标的公共气象服务的范围也就随之扩大。在我国，各类气象指数从无到有，到逐步丰富和完善，与生产力发展水平密不可分。

二是影响着公共气象服务的能力。生产力发展水平反映了社会的总体生产能力和社会占有物质财富的水平，也即一定的经济实力。公共气象服务总体上是靠经济财力开支来维持的，而一定的经济实力决定了公共气象服务的能力，也就决定了能把多少人力和物力投入到所确定的公共气象服务项目中，以提高人们的生活质量。

三是影响着公共气象服务的水平和效率。经济实力对公共气象服务的运行效率有重大影响。因为公共气象服务中许多要以公共项目的形式存在，而公共项目的实施必然要以现有的航天航空、通信及人民的基本生活条件和生活方式为基础。此外，生产力发展水平中的技术能力也直接影响着公共气象的服务水平和效率。随着现代科学技术的发展，各种现代化的手段对生活的渗透，已日益对公共气象服务提出了新的要求，而实际上，现代科学技术的发展也同时为公共气象服务完成新的服务任务提供了必须的条件，如航空航天、电子政务、电子商务、高速铁路公路等不仅成为新的公共气象服务对象，而且通过办公自动化、完善的信息网络也直接推动公共气象服务活动的有效进行，同步提高了公共气象服务的水平。因此，生产力发展水平既给公共气象服务提供坚实的物质基础，也赋予了公共气象服务与生产力水平同步的科学化和技术化的内涵，从而大大提高了公共气象服务的水平和效率。

（二）经济成分

各种经济成分在整个国民经济中所占的比重形成了特定的社会利益结构。公共气象服务以增进社会公共利益为目标，社会利益结构会影响到公共气象服务的基本方向和决策。同时，一定的经济成分构成，也就必然决定着政府要有相应的经济职能、经济服务方式和经济政策，这也就不可避免地对公共气象服务产生影响。一般来说，不同的经济成分条件下，公共气象服务的有关服务职能、方式和政策是不相同的。相应地，政府有关部门对这些企业的服务职能、方式的要求和政策也不相同。

（三）经济体制

经济体制包括所有制结构、经济决策体系、经济利益关系、经济调节体系和经济组织体系等。这些因素对公共气象服务的影响和制约是多角度的。

首先，它决定着公共气象服务的形态特征和制度特征。其次，它影响着公共气象服务的行为特征。其三，它影响着公共气象服务的运行。在经济体制中影响公共气象服务运行的最直接的因素是经济利益关系。经济利益是人们对于经济生活和经济条件的需求，由于职业、身份、收入、财产、居住区域的差异，人们的经济利益是不同的，从而形成一个个的利益个体或经济利益群体，表达着不同的利益要求。公共气象服务是以保障绝大多数或整个区域利益为出发点的，必须寻求社会经济利益的相对平衡，即不仅要满足大多数群体的利益，还要尽量少损害某些人的经济利益，因此，在这一过程中，既有的这些利益关系必然会影响和制约着公共气象服务活动。当然，相对于众多的利益群体来说，公共气象服务决策都不可能是绝对公平的，而不同的利益群体或个体对公共气象服务行为的反应也就不会完全相同。不同的反应从不同的角度影响着公共气象服务的实施。

三、发展公共气象服务经济环境

美国经济学家科斯指出了公共服务的资源浪费和效率低下问题，提出政府供给公共产品并不是最好的解决方案，政府应当提供制度安排并对制度的实施进行监督。根据科斯的理论，除了国防、外交、行政管理、社会稳定等基本型公共产品必须由政府提供外，基础设施、教育、卫生等都是混合型公共产品，公共财政和市场机制都可以采用，关键是政策的制定和监管。现在我国在教育、卫生、气象领域采用了公共财政和市场机制。所以，为了更好地发展我国的公共气象服务需要关注经济环境。

（一）经济部门需要公共气象服务

世界气象组织（WMO）《公共气象服务能力建设战略指南》指出，当前一个特别重要的趋势是，公共气象服务正日益成为一系列不断变化的环境服务的基础核心，除传统的天气服务用户外，还需满足多种社会经济部门的需求，如农业、交通、渔业、建筑、能源、金融等。

（二）公共气象服务发展需要一定经济支持

公共气象服务体系应当与当地经济发展水平相适应，可分为“基本公共服务”和“特殊公共服务”。基本公共服务按照均等化要求由公共财政全部负担，纳入国家和地方财政预算，依据经济发展程度和水平逐步建设、不断壮大；特殊公共服务可以通过服务成本补偿、附加收益提成、消费者购买等形式实现(黎健,2009)。我国公众气象服务的多年实践也证明,通过电视气象节目的广告收益可以有效补偿公共财政对电视气象服务投入的不足,通过气象短信、声讯电话的用户付费可以使有限的通信资源满足最需要的消费者,这样可以避免或减少"搭便车"等资源浪费和效率低下现象。这种"有偿服务"不是以赢利为目的,而是以政策为依据,以公共财政为主体,以市场收益为补充,以提高公共气象服务能力和资源效率为目标,体现了"一般公共气象服务"的效率与公平。

第四节 公共气象服务文化环境

社会文化环境包括人口的数量、年龄构成、知识和文化程度、生理状况、社会科学、技术状况等。社会文化环境在不断变化发展。因此,社会文化环境更直接地影响着公共气象服务的性质和方向。

一、公共气象服务社会文化环境概念

所谓公共气象服务的社会文化环境,是指公共气象服务机构置身于其中的一定的社会思想意识、文化形态和观念形态的总和,它是一定区域内社会成员在社会化过程中长期积淀而形成的一种较为稳定的意识形态。公共气象服务机构和服务者是处于一定社会文化环境之中的,社会文化环境是公共气象服务的重要环境因素。

这种社会文化环境更直接地影响着处于其中的公共气象服务机构。在这种情况下,当地的公共气象服务机构在从事气象服务中,除了要考虑满足社会文化系统的共性之外,还必须考虑本地区社会文化的独特性如生活习惯等,满足不同特性的公共气象需求。

二、文化环境对公共气象服务的影响

一般来说,作为公共气象服务机构和服务者的社会文化环境,对公共气象服务的影响主要表现为下述方面。

(1)影响着公共气象服务机构和公共气象服务人员对周围环境的认识和解释。这种影响产生的原因在于,公共气象服务人员的社会化过程是在这一社会文化环境中完成的,即他们的思想、观念和认识方法等本身是一定社会文化背景的产物,从而他们在认识和解释周围环境时不能不带上特定的社会文化烙印。

(2)决定着公共气象服务机构的服务价值取向。公共气象服务的目标是增进社会公共利益,但是什么或达到什么程度是增进了公共利益,实际上并不取决于公共气象服务主体自身的自我感觉,而是取决于据以评价的标准,决定于一定社会的思想、

价值、习俗和心理。例如,如果公共气象服务机构所提供的气象服务内容在公众看来没有意义,那么公共气象服务机构所进行的公共气象服务就谈不上增进公共利益。

(3)规定着公共气象服务方式和方法的选择。公共气象服务目标确定后,如何实现这一目标,以及能在多大程度上实现目标,相当程度上取决于适宜的服务方式和方法的获得,而这一服务方式和方法的取得在很大程度上又依赖于一定的社会文化环境,即实现目标的手段和方法的选择也离不开社会文化。气象服务方式和方法关键是要适合当地服务对象的需求和特点,其中一个基本内容就是对象的思想、习俗和心理习惯等,因而引进非本地文化既有的气象服务方式和方法,也需要进行适合本地文化习惯的或形式或内容上的改革和创新。

三、发展公共气象服务社会文化环境

(一)与其他社会管理形成合作机制

公共气象服务的目标是有效履行社会职能,增进社会公共利益。而社会管理是其一个相互联系又相互制约的有机整体,没有其他部门(农业、水利、林业、卫生、交通、国土、海事等多个部门)的合作,公共气象服务社会职能就无法实现,服务也难以到位。另一方面,公共气象服务主体的公共气象服务社会文化的形成,在一定程度上也离不开其他公共文化环境,如政治文化。

因此,公共气象服务部门要主动与其他有关部门形成合作的常态机制,共同履行公共服务社会职能(崔讲学,2008);而在公共气象服务过程中,公共服务文化一旦形成,对公共气象服务主体也会有更为直接的影响作用。如在重大灾害性、转折性、关键性天气服务方面,公共气象服务部门与政府及其机构、其他社会管理机构只有共同构建应急决策机制,才能有效组织防灾减灾、抗灾自救。

(二)鼓励公众积极参与

无论是具体服务目标的确定,还是服务方式和方法的选择,乃至整个服务活动的推进及最终服务结果的评判,都离不开公众。因此,公众对公共气象服务活动的积极参与对公共气象组织完成服务具有十分重要的作用,可以说,没有公众的参与,公共气象服务活动就难以顺利进行,也难以真正满足公众的需要。例如,由于公众的工作、文化、生活对公共气象信息的需求,以及对气象信息的获取方式的认可等存在偏好,这使电视、报纸、声讯电话、手机短信、网络等多种手段在内的信息发布平台的开发,气象灾害预警信息的发布与传播机制的有效运行,气象服务“最后一公里”等问题更加容易解决,公众参与和响应是公共气象服务实现和扩大社会效益的重要内容。

第五节　公共气象服务自然环境

公共气象服务自然环境主要包括土壤、气候、地理位置等生态环境。如地理位置对公共气象服务产生着直接的影响。这种影响主要表现在处在不同的地理位置中的公共气象服务机构，面临着由不同的地理位置所产生的各不相同的公共气象服务问题需要解决，需要公共气象服务机构去分析、协调和服务。一般来说，地理位置的因素不仅要求公共气象服务机构做出相应的反应，而且要求在制定社会发展规划和其他公共项目计划时也要从实际出发予以特别考虑。

与自然环境密切相关的还有自然灾害，这也影响到公共气象服务。譬如，在沿江、沿河地区或河流、湖泊众多的地区，为了防止洪水这一自然灾害，就需要公共气象服务机构出面提供公共气象情报资料和分析报告；如果是在地震活动频繁地区，为提高防地震灾害的能力，通常需要政府制订提出避免气象衍生灾害的措施和技术标准并通过监管予以实施等。

影响公共气象服务的自然环境是极为广泛和复杂的，一般很难将它们逐一列举分析，要求公共气象服务机构在对所在地区的生态环境全面了解的基础上，形成一个生态环境对公共气象服务的影响和制约的基本认识或总体认识，然后制定出合理的公共气象服务对策实施服务。对于公共气象服务生态环境对公共气象服务的影响，总体上必须注意以下几点。

(1)大多数生态因素都是不断变化的，因而公共气象服务者必须以发展变化的思想和观念去对生态环境的变化状况加以把握，才能主动发现和提供公共气象信息，最大化满足公众需求。但这些信息的搜集、整理仅仅依靠某一部门是很难实现的，它需要相关部门积极配合，共同完成。

(2)生态环境对不同层次的公共气象服务机构的影响是不同的。例如，三峡工程对某一具体的县级气象台站影响不大，但对国家级或区域级气象机构将产生影响。因为县级气象台站大多关心县级区域气象变化，而区域级或国家级气象机构大多关心灾害对某区域的影响。三峡工程改变了某一区域的生态环境，这一改变有可能产生降水分布的变化，从而影响灾害的级别与作用区域。

(3)自然环境和社会文化(人为)环境性质不同，因而对公共气象服务机构有着不同的影响和意义。相对而言，自然方面的生态环境难于甚至不可能改变，公共气象服务主要是应付性的服务。而人为方面的生态环境一般是可以通过努力加以改变的，一定程度上是创造性服务。这样，公共气象服务机构对生态环境中对象的服务，也就既有应付性服务，又有创造性服务。例如，在沿海地区修建圩堤可以抵御风暴潮灾害的影响，同时，修建圩堤将改变自然环境，那么如何修建圩堤，以及圩堤修建的长度和高度将是一个创造性的服务。

上述公共气象服务环境主要以内容为标准，划分出体制、政法、经济、文化、自然等环境来研究影响公共气象服务。实际上在公共气象服务中，从公共关系环境和国际环境方面展开公共气象服务的研究也具有十分重要的意义。因此，只有综合分析各类环境因素，才能适时制订出正确的公共气象服务政策，选择科学的服务手段和方法，提高公共气象服务的绩效，增进社会公共利益。为了实现这样的目的，需要社会各个部门通力合作。

第六节　基于环境分析的公共气象服务策略选择

就公共气象服务部门及其相关产品而言，策略选择是其发展目标的表现形式，属于发展战略的选择问题，它通过谋划与对策研究，决定着该部门在一定时期内服务的方向和所要达到的目标，涉及组织政策的制定、组织结构的调整、资源的配置等。公共气象服务的策略选择，涉及公共气象服务组织的计划、组织、协调和控制等各项职能，是一项重要的服务技术或工具。

一、公共气象服务策略选择的价值

由于环境的变化、政府社会服务角色的改变，以及公众需求的变化所引起的公共利益的要求特定背景下，策略选择作为一项服务工具，受到公共服务部门的重视并逐步进入包括公共气象服务在内的整个公共服务领域。具体而言，这一服务工具的使用对整个公共气象服务部门具有以下价值。

（一）使公共气象服务部门适应复杂变化的环境

公共气象服务受到由政治、经济、文化、生态等因素所构成的公共气象服务环境的影响，而在现代社会，不仅政治、经济、技术、文化和社会都发生了巨大的变化，而且各个因素间的相互作用也更为频繁和复杂，从而使公共气象服务面临的环境更加动态化和不确定，对公共气象服务提出了新的要求。

（二）降低或减少环境的不确定性

在相对平衡的环境中，服务更多地体现为一种日常服务，即不必太多的关注环境，只要考虑组织内部的条件和要求，通过制定具体的政策、规章、条例等，按部就班地实施日常服务就能完成服务任务。但在更为动态化和不确定的环境中，这种注重内部的以处理日常事务为形式的服务难以达成服务的目标，服务部门必须具备一个更有适应性的反应系统，通过相应的服务工具予以应对。显然，策略选择的基本特性能使公共气象服务部门与其环境之间有一个良好的适应，能根据环境的要求制定出合理的规划，发挥出组织的最大能力，同时对组织内部结构与工作程序根据战略进行整合，随着战略管理的实施发展出新的符合未来挑战的能力。

（三）促进政府公共气象服务深入改革

自20世纪80年代以来，随着人们对政府与社会关系的重新认识，政府社会服务改革职能进行了重新定位并深入进行了政府职能输出方式的改革，相应地也明确了公共气象服务的服务内容及其方式。因此，对更主要的承担宏观公共气象服务事务的政府部门来说，策略选择作为一种新的服务工具，对提出公共气象长期的发展规划，具有重要的作用。

（四）使政府更好地维护和代表公共利益

现代公共气象服务社会环境更加动态和复杂，其中一个重要的构成因素就是公众公共需求在总体上的增长与质量和规格上的多元化要求。政府进行公共气象服务的基本目标，是在公共气象领域代表和维护公共利益，而社会的公共利益是由若干区域内或若干社会阶层和团体在基本方面具有共同利益构成的，这就决定了在整个公共利益的构成中，存在不同区域和团体的局部性的或质量要求不同的共同利益。可以说，正是策略选择的引入，使政府能通过这一服务工具的使用，在公共气象服务领域内最大限度地接近维护和代表公众利益的基本目标。例如，“5·12”四川汶川大地震中，中国气象局第一时间启动应急预案，将精准的气象服务信息报送各级政府，为抗震救灾提供了科学决策依据。并面向地震灾区和地震部门开展专项服务，将震区卫星影像图及时送达国务院抗震救灾委，还调派气象专家赴一线指导气象服务，调拨气象应急设备紧急送往灾区。“风云二号”卫星启动加密监测，移动气象车开赴灾区，高空气象站加密监测，救援队根据天气预报制定援救方案，直升机部队在降雨来临前加大空投、空运力度。水利专家根据雨量预报制定堰塞湖的抢险对策，防疫部门在高温来临前加紧消毒防疫等。各类气象服务部门或机构根据具体情况，制定了应对策略，使公共气象服务在保护人民生命和财产安全方面发挥了重要作用，可见，构建公共气象服务体系，公共气象服务策略的正确选择和实施，对百姓的日常生活和工作、防御和减轻气象灾害、适应和减缓气候变化、开发和利用气候资源具有重要的现实意义。

二、公共气象服务策略选择的特点

策略选择是作为一项服务技术或服务工具进入公共气象服务部门的，公共气象服务部门的策略选择与其他经营性服务部门的策略选择在程序或步骤上基本相同，具有导向性、长期性、外向性、从外向内的运作及理性与直觉的结合等。但是,公共气象服务部门毕竟是与其他经营性服务部门在基本的组织目标上完全不同的两种组织,因而在运用策略选择过程中也有其特定的要求,即在整个服务过程中体现出公共性。

总体上看,公共气象服务部门在运用策略选择时,会受到一些其他经营性服务部门不必考虑或不必直接考虑的因素的影响和制约。这些因素主要是宪法的规定、立法和司法的规定、政府法规、管辖权限、稀缺资源等,因此,公共气象服务部门在运用策略选择时,必须注意以下几点:

第一,在开始制定策略的过程中必须取得一致意见。这里的“取得一致意见”,主要是指公共气象服务部门在形成发展规划时,由于规划涉及公共利益,因而必须最大限度地注意公众的要求,力求使规划能得到公众的普遍认同。

第二,考虑公共气象服务部门的权限,或是关于公共组织立法的具体规定。这是公共气象服务与其他经营性服务部门在进行策略选择时的一个重要区别。一般来说,其他经营性服务部门的授权没有限定。但在公共气象服务中却不能如此。因为公共气象服务部门所拥有的权限是法律所赋予的,这就决定了它的服务和服务范围。而在制定规划时,权限是最重要的。公共气象服务部门只能在法律规定的范围内,根据法律的授权进行决策。

第三,努力追求组织任务的明确性。由于公共气象服务部门服务内容是提供公共气象信息,目标是增进公共利益,但在现实中,公共利益通常是一个较为抽象的概念,因而公共气象服务部门要明确自己去干什么,尤其是达到一个什么样的指标。因此,较之其他经营性服务部门的策略选择,公共气象服务部门必须更加注意对任务和目标加以说明和分析,并将任务和目标分解到较低的层次。

第四,注意绩效评估中的社会效益指标。绩效的评估无论是在其他经营性服务部门还是公共气象服务部门都是策略选择中的一个重要环节,但两者的绩效评估指标体系不完全相同。对公共气象服务部门来说,由于其组织的基本目标和法律的规定,在考虑战略是否与外部环境相一致时,首先必须注意公共需求的满足,也就是对公共利益的维护和促进。

总之,公共气象服务的策略选择在技术程序或步骤上与其他经营性服务部门是基本相同的,因而公共气象服务中策略选择也具有策略选择的一般特性,但由于公共气象服务部门的基本性质,决定了公共气象服务在运用策略选择这一工具时,有自己公共性的特点,即必须从公共利益出发对策略选择的程序或步骤提出特定的规定和要求。

三、公共气象服务策略选择过程和原则

从服务过程来看,公共气象服务部门的策略选择是一个客观的、逻辑和系统的过程或步骤,是有规律可循的,也是有基本的原则可依的。

(一)公共气象服务部门策略选择过程

这里,将公共气象服务部门的策略选择参照公共管理战略过程分为环境分析、规划、实施和评估四个主要环节进行分析(张成福等,2001)。

1. 环境分析

对所处的环境进行分析,这是公共气象服务部门策略选择的第一步。正如前面阐述的,公共气象服务环境是一个由多种交互作用的因素构成的系统,包括自然生态、社会文化、政治、经济等方面。这些环境因素根据对公共气象服务部门决策的影响程度,又可以分为一般环境和具体环境。一般环境指作为整个公共气象服务部门决策背景的环境因素,如社会文化心理、公共服务文化观等;而具体环境则指对公共气象服务部门的决策、服务发生直接影响的因素,包括组织内部的环境。

环境分析的基本任务是运用系统思考和特定的分析模式或工具,分析影响组织的外部系统及组织在这一特定外部系统背景下的优势与不足,了解外部的机会和威胁,从而奠定战略规划的基础。这一依靠特定工具所进行的环境分析通常被称为SWOT分析。

2. 规划

规划是在环境分析的基础上形成的过程,也是将意图转化为决策的过程。从策略选择的角度看,公共气象服务部门的战略规划主要有以下几个方面的活动:(1)确认重要的环境变化及趋势的议题。(2)提出问题和确认目标、任务。主要内容是明确本身是什么组织并且组织将如何发展,组织的服务对象是什么,服务对象需要什么,我们应当进入什么样的领域进行服务,等等。(3)决定组织在一定时期内所注重或强调的主要价值。(4)通过分析,选择组织应当进入的领域,并设定基本的、明确的策略方向。(5)通过策略选择,确定组织应当采取的策略类型。(6)设定执行所选择策略的行动方案,即将策略选择的结果进一步体现在公共服务的品种规格、功能和资源分配等方面。

3. 实施

所谓实施,是通过建立和发展行动的能力和机制,将规划转化为现实绩效的过程。实施是规划的延伸,两者之间有密切的关系,且都涉及公共气象服务的一些基本职能,但两者不仅涉及的职能各有偏重,而且有根本的不同。一般来说,规划是一个思维过程,是在行动之间部署力量,整个规划重在目的有效性,且在规划制定的过程中需要协调的是少数人,涉及计划、组织、协调等,但偏重计划职能;而实施是行动过程,是在行动中服务和运用力量,整个行动实施关注效率,且在实施过程中需要更广泛的行动者之间的协调,总体上偏重于组织和协调职能的发挥。

实施的首要问题是组织保证。组织是实现规划的手段,不同的策略要求不同的组织运行结构与之相适应。一般来说,涉及的问题和环境很多,包括组织在内,主要有以下几个方面的活动:(1)确定实际目标与实施的具体指标。(2)进行功能的选择。

所谓功能就是针对所确定的策略中的关键因素，强化组织提供公共产品和服务中的关键环节。(3)进行有效的资源配置。(4)根据规划的要求，建立有效的组织运行结构，使组织结构与策略相匹配。(5)建立和发展有效的沟通与协调机制。(6)促进变革，克服变革的阻力。(7)通过政府及社会营销，促进策略实施。

4. 评估

公共气象服务部门的策略选择，是公共气象服务部门为应付其外部及内部环境的急剧变化而产生的。实际上，环境的快速而剧烈的变化是贯穿于整个策略选择过程中的，即不但在规划制定过程中，也在规划的实施过程中。正如一般的计划执行必须要有必要的反馈控制一样，策略选择过程也需要建立一种反馈机制，这就要依靠评估。因此，所谓评估，就是对实施进行监控，并对实施的绩效进行系统评估的过程。从策略选择的整体来看，评估主要是建立一种反馈机制，是整个策略选择的一个重要组成部分和环节。评估活动主要包括：(1)检查策略基础。为了把握策略基础的状况，可以通过这样一些关键问题进行了解：优势是否是优势，优势是否得到加强；内部弱点是否还是弱点，在实施过程中又出现了哪些新的弱点；内部机会是否变化，是否有新的机会；外部威胁是否存在，是否有新的威胁等。总之，要通过弄清上述关键性问题，以了解构成现行策略的机会与威胁、优势与弱点等是否发生了变化，发生了什么变化，以及发生这种变化的原因，从而为进行策略适时调整奠定基础。(2)衡量绩效。就是将规划中的目标与实际结果进行比较，找出实施规划过程中已取得的成绩。通常，科学地衡量绩效，有赖于确立明确的并尽可能量化的绩效评价指标。同时，绩效衡量还要通过对成绩的评估，进一步深入并回答这样一些重要的问题：组织的结构是否与策略的要求相一致，策略是否与外部环境要求相一致，规划的制定及实施是否达到了资源的最佳配置，策略涉及的风险程度是否合适，策略实施的时间表是否恰当，等等。(3)策略的修正与调整。这是一个对已有策略进行重新决策的过程，即通过策略基础检查和策略绩效评估，决定是否继续实施策略，或是调整策略，或是重组策略甚至终止策略。

公共气象服务部门的策略选择是一个主要包含了环境分析、规划、实施和评估四大环节的完整的服务过程。但是，这一过程不是形式主义的，即在实际中并不是所有策略选择都必须遵循四个环节中的所有步骤。应该说，公共气象服务部门运用策略选择的重要作用主要表现在两个方面：一方面，使公共气象服务部门的服务能适应环境的需要和变化，提高服务的针对性和效率；另一方面，对公共气象服务部门来说，则在于促进组织本身不断地变革和学习，保证公共气象服务部门长期和稳定的发展。

（二）公共气象服务部门策略选择的基本原则

策略选择是面向未来的工作安排，是一个由一定步骤或环节组成的客观过程，其基本原则主要包括以下几点。

1. 以社会公众的共同需要为出发点

制定策略必须有一个基本的出发点或立足点，而这个立足点不能建立在主观上，应当建立在客观的社会需要之上。对于公共气象服务部门来说，这个客观需要就是社会公众的共同需要，而公共气象服务部门也只有不断地满足社会公众的共同需要，促进社会公共利益的增长，才可能存在和发展。具体到一个中低层的提供公共产品和服务的公共气象服务机构而言，满足社会公众的共同需要，也就是满足一定区域内公众的需要、公共产品市场的需要(现代公共气象所提供的产品基本上应不是全免费的，且由于政府在公共气象服务方式的发展趋势将通常不直接生产或提供这些产品和服务，因而客观上存一个公共产品和服务的市场)。

根据这一原则制定公共气象服务部门的策略，要求避免只把眼光局限于现有的产品和服务上，应该认识到特定时期的公共产品和服务只是满足这一时期公众需要的一种形式，而公众的共同需要是永存的，也是发展的，因而这些产品和服务形式是可以改变的且是必须改变的。因此，要根据科学技术的发展、社会的变迁，以及公众偏好的变化，采用不同形式满足公众的需要。

根据这一原则制定公共气象服务部门的策略，必须真正认识公众的需求到底是什么，以及公众的价值准则是什么。公共气象的内容是一定时期内公众基本生活的共同需要。虽然现代社会公众的需求已呈多样化的趋势，但纳入公共气象服务范围的不是少数人特殊的需求，而是多数人的且与他们基本生活密切相关的需求。

2. 使策略选择过程尽可能简单化和非程式化

有正确的出发点，制定成功的规划和形成一定的服务步骤是策略选择取得成功的前提，但这并不能保证成功的实施。因为环境是变化的，并不是仅仅靠预先设定的环节按部就班的执行就能达到目标。一般来说，制定计划是要防备可能发生的变化，而制定策略则是要利用可能发生的变化，因为变化意味着机会，一个组织正是要随时把握机会以获得成功。实际上，策略选择正是一种促进组织学习和行动的过程，是让组织在学习和行动中不断把握机会取得发展的过程。因此，进行策略选择时虽然必须设定服务环节，但不能仅仅将这一服务视为一个正式的控制系统，必须尽量避免程式化行为。

为此，公共气象服务部门在进行策略选择时，更应该将其视为一个在进行服务过程中可以不断使用的分析工具、服务工具。通常，为了尽可能简单化，应消除过于专业和神秘的计划术语。为了避免程式化行为，可以对任务分配、团队成员、会议形式及计划日期进行适当变动，同时，过程也不应是完全可预期的，环境也要有所变化，从而激发服务者和组织的创造性。要强调以数字支持但以文字叙述为主的计划。要建立一种可以使策略选择的作用和基本目的得到理解的文化，要注意到心理社会和政治因素，等等。

3. 公共气象服务部门策略选择应展开 SWOT 分析

SWOT 分析是目前策略选择与规划领域中广泛使用的分析工具，其中的 S 是指优势(strength)、W 是指弱点(weakness)、O 是指机会或机遇(opportunity)、T 是指威胁(trends)。SWOT 分析就是指通过了解自己组织的优势与弱势,将组织内部的资源因素与外部因素造成的机会与风险进行合理的、有效的匹配,从而制定良好的策略,以掌握外部机会,规避威胁的一种方法。其目的是通过给出一个有关组织内外环境、问题的有效信息,清晰地展示出现有情况下组织的优势与不足,并激励组织调动其优势,从而最大限度地利用机会,规避风险。

在进行策略选择与规划中,通常可以通过编制 SWOT 矩阵图来进行 SWOT 分析。具体来说,SWOT 矩阵由九个格子组成,构建 SWOT 矩阵进行 SWOT 分析的过程一般有如下八个步骤:(1)列出组织的关键外部机会;(2)列出组织的关键外部威胁;(3)列出组织的关键内部优势;(4)列出组织的关键内部弱点;(5)将内部优势与外部机会相匹配,形成 SO 策略选择模式;(6)将内部弱点与外部机会相匹配,形成 WO 策略选择模式;(7)将内部优势与外部威胁相匹配,形成 ST 策略选择模式;(8)将内部弱点与外部威胁相匹配,形成 WT 策略选择模式。

在 SWOT 分析过程中,最重要的就是确定什么是关键的内部因素和外部因素,因为所谓内部优势和弱点、外部机会和威胁,是由关键问题构成的或由以关键问题为形式表现的。对关键问题的确定,要求战略规划制定者要有良好的判断力。良好的判断不仅来自知识、经验,也要靠理性思维能力和非理性的直觉能力。因此,这也是整个 SWOT 分析中最为困难的部分。

经过 SWOT 分析,一个公共气象服务部门可以有如下不同的策略匹配和选择。

第一种是优势—机会(SO)策略选择模式。SO 策略选择模式是一种将组织内部的优势与外部环境的机会相匹配,发挥组织内部优势面利用外部机会以达到组织目标的策略选择模式。从制定策略来说,这是任何组织追求的目标,从进行策略选择的过程看,任何一个组织及服务者都希望充分利用自己的优势并避免自己的弱点,抓住外部环境所提供的机遇以求得发展。但是,要充分发挥自己的优势实际上与其他因素的控制和转化有关,因而这一策略的采用往往需要以其他策略选择模式如 WO、ST 或 WT 策略选择模式来奠定基础。

第二种是弱点—机会(WO)策略选择模式。WO 策略选择模式的含义,是指利用外部机会来弥补内部的弱点。通常,是在这样一种情况下使用这一策略选择模式,即组织存在着外部的机会,但内部却存在着弱点,妨碍着外部机会的实现。实际上,这是当外部环境中具有组织发展的机会时,以利用这一机会达到发展目标指向和契机,来进行组织内部的更新。

第三种是优势—威胁(ST)策略选择模式。ST 策略选择模式是利用优势回避或减轻外部威胁影响的战略。

第四种是弱点—威胁(WT)策略选择模式。WT 策略选择模式是在减少内部弱点的同时规避外部环境威胁的策略选择模式。与上述三种策略选择模式比较，这是一种防御性策略选择模式。一个处于内部有许多弱点而外部又面临大量威胁境地的组织，往往对外界机会的利用效率是很低的。

上述对SWOT的分析，主要是从一种一般性的技术的角度展开的，即是从包括公共组织和非私营组织在内的所有组织的角度的策略选择一般性的角度进行的。对于这一服务工具在包括公共气象服务部门在内的整个公共部门中的应用，目前人们大致有两种观点。一种观点认为，当公共部门评价外界环境或者认为有必要进行SWOT分析时，公共部门和其他经营性服务部门对SWOT的运用没有区别。另一种观点则认为，“SWOT(优势、弱点、机遇、威胁)内容的重要性因部门的不同而存在显著差异。首先，企业具有严格的市场，政治联系淡化。与此相反的是公共部门关于市场的定义松弛，并通过权威系统加以强制……其次，企业寻求机遇，而公共部门在遭遇威胁的情况下才有所作为”。这就是说，其他经营性服务部门在运用SWOT时，由于市场的明确化和较少受到政治的直接影响，因而更能单纯和直接地从利润出发，主动地寻找外部机会，而公共组织由于不存在与其他经营性服务部门一样的市场或其市场的特殊化，更由于受到政治的直接影响和制约，且较之其他经营性服务部门少有生存压力，因此，更可能是被动的而非主动的，更常见的是很容易对威胁有所反应。这种由于SWOT分析运用时的倾向不同，进而导致规划基本态势不同，决定了策略选择过程在公共部门的运用所产生的结果与其他经营性服务部门的不同。

四、环境变化与公共气象服务互动态势分析

随着国民经济的发展和改革开放的不断深化，尤其以计算机技术为代表的信息类产品的发展，人们的消费方式和消费观念发生了巨大的变化，国家对气象消费也加大了财政投入的力度，气象产品的消费和气象产品的效益都呈现出不断上升、不断提高的趋势，表现为以下几个方面。

(一)气象服务的针对性、主动性、及时性和准确性的要求不断提高

政府部门是气象灾害防御的主要机构，政府部门机构庞大，分别有着各自的分工与专业范畴，这就要求气象服务部门加强气象决策信息服务的针对性与主动性，紧急情况下政府决策的及时和有效性与气象决策信息提供的及时和准确程度密切相关。

随着社会主义市场经济的不断发展，国民经济各行各业及一些用户对气象服务提出了许多新的特殊需求，尤其是农业、水文、海洋、交通、航空等与气象关系密切的专业领域，它们要求气象部门提供针对性更强、更加专业化，为自身决策提供直接支持的定制化气象服务。例如，针对物流仓储运输行业及时、连续的温度、湿度预报服务可以提高这些行业的运作效率，降低运营成本。商场空调销售的气象预测，有助于

为商家赢得当地的空调市场，在竞争中主动抓住机遇，处于有利地位。农业方面，人工增雨作业能有效缓解旱情，人工防雹作业能驱除冰雹，保护农作物不受损。

专业用户是专业气象服务产品的消费主体，他们包括各个行业和关系国计民生的各企、事业单位，以及从事经营活动的各社会团体、单位和个体等。他们消费气象产品除了作为决策信息被消费外，更重要的是作为生产要素被消费，其动机和目的不仅要提高社会效益、生产效益，而且首要是为了自身的经济效益。气象服务产品有提高经济效益的功能，这是产生消费行为的关键。这种气象服务产品要求具有针对性强、科技含量高和实时性强的特点。

概括而言，专业用户由于其需求的特殊性及具有提升自身经济效益动机需求，提高气象服务消费的专业化、实时化、准确化及定制化是此类用户未来消费的趋势。

（二）对防御和减轻气象灾害需求的增强

近年来，环境问题日益突出，气象灾害频发，当重大灾害来临时，根据气象服务部门提供的信息，迅速展开救治工作，可以从一定程度上降低危害。当然，这是一种事后管理，是事态无法挽救情况下的补救措施，如果能事先获取灾害信息，做好预警和防御工作，会增强政府部门工作的主动性和工作效率，同时有助于提升政府在百姓心中的形象。这就要求气象服务部门强化气象灾害普查、调查、研究、预测工作，把防御和减轻气象灾害放在决策气象服务的突出位置。

（三）对重大气象灾害风险评估和灾后评估服务需求的继续强化

对重大气象灾害的风险评估和灾后评估工作，是加强国家安全、可持续发展及重点工程建设、重大社会活动等决策服务的需要，也是政府决策部门关注的重点。可是气象灾害风险因素众多，不确定性较大，这些增加了评估工作的难度，气象服务部门在今后工作中应加强对此方面的研究，系统地分析灾害因素，完善和规范自身工作，为相关部门提供更准确的决策建议。

（四）满足公众用户消费多样性的需求

社会公众消费气象服务产品不仅作为一种生产要素，而更主要的是为提高生活质量。随着国家经济的发展，我国社会模式开始由温饱型向小康型过渡，消费模式由追求数量上的充裕逐渐地转变为质量上的满足。

社会公众作为消费主体对公共气象产品消费观念的演变仍以改革开放为界。改革开放以前，公众气象信息产品少而单调，一般只有台风、寒潮等重大灾害性天气的预报警报及少量短期天气形势预报、城市天气、气温和风的预报等项目。改革开放以后，随着科技的进步，气象部门装备的充实和更新，以及科技攻关和现代化建设各重点工程的完成，公共气象服务产品在数量上逐渐增加，在质量上逐渐提高(表3-1)。

表3-1　公众多样化气象信息需求

	气象信息	发布情况
健身类	登山指数	一次/天
	晨练指数	一次/天
	钓鱼指数	一次/天
	游泳指数	一次/天
健康类	紫外线强度指数	一次/天
	花粉浓度实况及趋势	一次/天
	哮喘疾病发病趋势预测	一次/周
	脑血管疾病发病趋势预测	一次/周
	呼吸系统疾病发病预测	一次/周
	感冒、发热症发病预测	一次/周
	泌尿系统感染发病预测	一次/周
	消化道疾病发病趋势预测	一次/周
	中暑指数预报	一次/2～3天
饮食类	啤酒气象指数	一次/日(周、旬)
	冷饮气象指数	一次/日(周、旬)
	雪糕冰激凌气象指数	一次/日(周、旬)
生活类	穿衣气象指数	一次/天
	防火气象指数	一次/天
	霉变气象指数	一次/天
	划船气象指数	一次/天
	洗车气象指数	一次/天
	晒衣气象指数	一次/天
	舒适度气象指数	一次/天

广播、报纸、电视是以往公众获取气象信息的常见手段，伴随科技进步与网络信息技术的发展，网络、手机短信等渠道在居民获取气象服务信息中发挥着重要作用，各种不同的渠道为气象部门产品信息的发布提供广阔平台，也为紧急气象信息在第一时间发布提供了便利。

案例3-1：湖南省探索气象精细化服务农村建设新路径①

据统计，我国每年因各类自然灾害造成的人员伤亡事故80%以上发生在农村，农、林、牧、渔业是受天气气候影响最大的行业。2000年以来，我国每年因自然灾害

① 资料来源：红网.湖南气象灾害预警短信免费发送.(2012-7-26)[2015-01-01].
http://www.cma.gov.cn/2011xwzx/2011xmtjj/201207/t20120727_179874.html.

造成的农业损失占整个农业 GDP 的 15%～20%，远高于自然灾害损失占全国 GDP 的比重。

中国气象局认为，气象事业是科技型、基础型的社会公益事业。随着现代农业的发展，农业生产力布局和结构调整及农村能源开发利用、农村基础设施建设、农业信息化建设、新型农民培养等，都离不开强有力的气象科技支持。

湖南省气象局认为，为农服务是气象部门的天职。长期以来，气象工作坚持把为“三农”服务放在重要位置，对促进粮食增产、农业增效、农民增收发挥了积极作用。

湖南省是一个农业大省，粮食产量、品质和种植结构与天气、气候条件密切相关。同时，湖南省也是气象灾害发生最频繁、影响最严重的省份之一，气象灾害种类多、强度大、频率高，气象灾害占到自然灾害的 70%以上，而且逐年上升。1988—2003 年的 16 年里，全省气象灾害年均损失达 153 亿元以上，相当于 2005 年 GDP 总量的 2.4%。而气象灾害给湖南省造成的人员伤亡 80%以上集中在农村。1980—2000 年年均农作物受灾面积约 297 万公顷，严重威胁广大农民生命财产安全，制约农业和农村经济发展。

——新农村建设急需气象服务走精细化之路

新农村建设及农业防灾减灾、趋利避害等对气象服务的需求相当旺盛，对气象服务的质量要求也逐渐提高。各地新农村建设为气象服务提供了新的发展空间，归纳起来有八个方面。

第一，气象信息服务要解决好“最后一公里”问题。湖南省充分利用各种手段，将气象科技信息直接传送到农村基层干部和广大农民手中，便于及时调整生产生活方式，采取有效手段防范和减轻各种气象灾害。

第二，强化农村地区的山洪、地质灾害预警和防雷减灾工作。

第三，气象科技服务紧密结合当地农业产业化建设和乡镇企业生产的实际需要，有针对性地开展产前、产中、产后配套的系列化气象科技服务。

第四，气象服务产品要精细，气象预报要准确及时、定时定点定量。

第五，人工增雨抗旱和防雹工作要经常化、制度化。

第六，为村庄和小城镇合理规划和建设提供气象科学依据。

第七，利用气象资源，为农村生产生活解决用电问题提供新途径。

第八，组织农民进行气象科技知识培训。

——湖南省精细化气象服务的做法

近年来，湖南省气象部门坚持以提高预测预报准确率为重点，开展了富有特色和成效的决策气象服务、公众气象服务和专业气象服务，如构建新型气象预警短信服务平台，让气象预警信息走进千家万户；开展农业气候区划成果和农业气象旬(月)报等情报服务，积极参与农业产业结构调整；推广农业气象适用技术，为发展高产、优质、高效农业提供优质气象科技服务。

其一，大力提升气象灾害监测预报预警能力。加强气象现代化建设，充分利用气象卫星遥感、天气雷达监测、自动气象观测站网等现代气象技术装备手段；加大相应的科技开发力度，研发相关软件和技术；加强中小尺度灾害天气自动气象监测站网建设，近两年将把2058个中小尺度灾害天气自动气象监测站尽快布设到乡镇、水库，并将监测点与警报点结合起来；把多普勒天气雷达的监测和灾害性天气预报预警服务延伸到乡村、水库。

其二，拓展气象服务领域和丰富气象为农服务产品。针对农业生产安排的需要提供中长期天气气候预测预报服务；针对特色农业、设施农业、生态农业等现代农业的需要开展配套农业气象服务；针对湖南省水稻种植、超级稻制种、烟草、中药材、特色蔬菜，以及畜牧乳业等优势产业开展专题气象情报预报服务；为农业生产提供乡村一级的精细化气象服务。

其三，大力开发利用气象资源。湖南省有大中小型水库13000多座，占全国的1/7。加强与大中型水库调度相关性的科学研究，加大对雨洪资源的科学调控力度。

其四，要着力扩大气象信息覆盖面。拓展气象科技信息的发布渠道，综合运用气象警报器、广播、电话、手机短信等形式，将气象信息及时传送到农村基层干部和农户手中。目前，湖南省手机预警短信的防汛责任用户已在去年2万余户的基础上，扩大到了4万多户。

其五，要强化气象科普宣传和对农村干部、群众开展气象科技知识培训，把气象科技知识普及纳入各级政府的农民培训计划。

——精细化气象服务效果明显

大力提升了气象监测能力和防灾减灾服务的能力。截至2006年10月31日，湖南省已建设中小尺度灾害天气自动气象监测站539个。据统计，2005年12月1日—2006年10月31日，湖南省共准确预报出重大灾害性天气和重大气象灾害16次，共发布灾害性天气预警信息991次，接收灾害性天气预警信息用户91万人次。年内，建立了气象灾害落区预报、临近预报业务和短时预报业务、利用雷达资料开展定量降水估测业务，雷达覆盖区利用新一代天气雷达对暴雨、强对流天气监测率为95%。

对粮食作物产量预报准确率高。湖南省气象部门每年制作6期粮食产量预报服务产品，有早稻、晚稻、全年粮食作物产量趋势预报和定量预报，其预报准确率在98%以上。

病虫害气象条件预测预报及时预防虫害。2006年夏季以来，湖南省气象局针对未来高温高湿及降雨偏多等有利于农作物病虫害发生和蔓延的气候特点，制作了《近期高温高湿、加强病虫害防治》《未来降雨偏多，及时防治病虫害》《抓住有利天气及时防治稻飞虱等水稻病虫害》等3期服务产品，及时提醒了各地加强水稻病虫害的防治。

特色气象服务为农业带发展提供有力保障。针对湖南省烟草生产情况，结合“湖南烟草种植品质气候区划研究”项目，气象局开展烟草气象服务，每旬制作《烟草与气象》服务产品，今年已制作31期服务产品。

预警手机短信让气象信息在新农村建设中发挥独特作用。湖南省自2003年9月正式开展手机短信气象服务以来，经过三年的发展，全省手机气象短信定制用户规模日益壮大，气象短信覆盖面不断拓宽。截至今年10月31日，全省手机气象短信定制有效用户数为201万个，其中防汛责任人用户（预警短信）51418个，每日气象短信点播达3000～4000人次。

手机短信气象服务直接面向社会和广大公众，成为公众气象服务的重要手段和气象预警的重要途径，在防灾减灾中发挥出日益突出的作用。2005年6月，湘东南连降暴雨，其中郴州市桂阳县飞仙镇因暴雨导致山洪暴发。由于通过手机短信准确及时发布气象灾害预警消息，飞仙镇村镇干部连夜组织2000多村民紧急转移，结果山洪冲垮了数十栋民房，但人员无一伤亡。

参考文献

崔讲学. 2008. 积极推进公共气象服务社会职能建设的思考与对策//改革开放与湖北气象事业发展论坛优秀论文汇编：5-7.

崔运武. 2006. 公共事业管理概论. 北京：高等教育出版社.

顾燕杰. 2014. 中国气象局党组全面深化气象改革领导小组研究部署改革工作. 中国气象报，2014-01-22.

韩佳芮，叶谦，田青. 2007. 公众对气象信息需求的规律与公共气象服务. 干旱气象(2)：82-89.

焦冶. 2008. 公共气象服务体系法律保障的建构. 求索(7)：153-155.

矫梅燕. 2009. 探索公共气象服务发展的体制机制创新. 中国气象报，2009-09-25.

黎健，苗长明，谢慷. 2009. 发展公共气象服务需要建立政策保障. 浙江气象，**4**(4)：14-19.

李汉彬，于平，钟伟雄，等. 2007. 决策气象服务的策略与技巧初探. 气象研究与应用增刊Ⅱ，**9**(28)：151-186.

刘国宁，曾向红. 2009. 现代气象服务策略的若干思考//第26届中国气象学会年会气象灾害与社会和谐分会场论文集：349-350.

杨仕贤，张春红，杨丽琼. 2009. 公共气象服务和决策服务研究. 经济研究导刊(28)：171-172.

张成福，党秀云. 2001. 公共管理学. 北京：中国人民大学出版社：78-80.

赵黎青. 2008. 中国社会公共服务体制的现状与问题. 社会学(2)：1-8.

郑文清. 2009. 气象服务产品营销策略研究. 价格月刊(2)：76-78.

朱定真，董丽丽. 2010. 公众气象服务信息有效传播方式研究//经济发展方式转变与自主创新——第十二届中国科学技术协会年会(第四卷).

第四章　决策气象服务

引入案例[①]**：**

1998年，我国长江流域发生了全流域特大洪水。在洪峰通过的关键时刻，中央气象台和各级气象部门做出了准确及时的预报，为党和相关政府部门科学决策发挥了重要作用，为保障人民生命财产安全提供了重要保障，为我国决策气象史添上浓墨重彩的一笔。

7月中旬，长江江水陡涨，水位持续偏高，严重威胁长江三峡二期围堰工程的安全。是否撤离施工人员和设备？如果撤退会发生各种撤退成本；如果不撤退又有可能造成人民生命安全威胁和相关经济损失。面对如此棘手的两难境地，工程指挥部需要准确决策。中央气象台准确预报7月16—17日三峡地区降雨量为30～40 mm，依据气象、水文部门报告，工程指挥部做出了不撤离施工人员和设备的决策，避免直接经济损失过亿元，并为抵御第6次洪峰的到来赢得了宝贵时间。

8月6日沙市水位超过警戒水位1.48 m，荆江大堤面临分洪的严峻局面。如果不分洪，下游3.3万居民的生命财产受到严重威胁；如果分洪，下游3.3万居民紧急转移将会产生巨大的转移成本。在这个千钧一发的时刻，中央气象台及时准确地做出8月7—8日三峡库区面降雨量为15～20 mm，不会出现强降水过程的预报，党和相关政府部门据此做出了不分洪的科学决策，成功避免了分洪而导致的巨大经济损失。

2008年5月12日，中国汶川发生了震惊世界的特大地震。地震发生后，震区天气情况复杂，对于下一步的生命救援搜索影响很大。比如，持续降雨有可能导致地质灾害的发生，并严重影响道路交通，震区的堰塞湖也对人民生命财产造成重大威胁，雷电不利于航空飞行，等等。

针对这些问题，中国气象局抗震救灾指挥部密切跟踪灾区天气变化及救灾工作

---

① 资料来源：薛建军，王维国，王秀荣，等. 2010. 决策气象服务回顾与展望. 气象，**36**(7)：69-74.

进展，加强与各级抗震救灾指挥部的协调和联系，及时、准确、充分了解相关各部门对气象服务需求信息。为开辟人民群众生命安全通道、对唐家山等堰塞湖下游城镇的大规模人员安全转移起到了决定性作用。提供了以下相关决策气象服务：

针对航空飞行保障、病险水库区除险、救灾人员物资运输、次生灾害防范、灾民安置点气象灾害防御、卫生防疫和灾后重建的专题服务；

为抗震救灾指挥部及工作组在堰塞湖抢险、灾区空运气象安全保障、防雷电方面提供及时有针对性的气象服务；

关注灾区道路交通气象条件、地质灾害气象条件预报；

有针对性地滚动制作唐家山等高危堰塞湖流域的面雨量预报。

伴随知识经济和信息化时代的到来，气象服务对国家安全、国民经济、社会发展和人民生活的影响也越来越大。气象灾害对我国的经济建设具有重要影响，气象灾害不仅影响传统的农业、畜牧业、林业等，对工业、服务业、商业等也可能造成重大损失。

正是由于自然灾害给全社会带来日趋上升的负面影响，引起了公众和政府及社会各界的广泛关注。1999 年 12 月 3 日，时任国务院副总理温家宝视察中国气象局时强调："气象工作要把服务放在首位。气象事业是服务于经济、国防建设、社会发展和人民生活的基础性公益性事业(孙晓礼，2009)。"中国政府一贯重视气象事业的发展，中国气象局党组特别把决策气象服务放在各项服务工作的首位。中国气象局在气象事业的"十五"计划的指导方针中，明确指出要把气象服务作为气象事业的发展宗旨。发展决策气象服务既是国家经济社会发展需要、是党和政府的要求，又是气象事业自身发展需求和气象部门的职责所在。决策气象服务为保证我国经济朝着"十二五"规划的既定方向发展具有重要作用。

气象事业的公益性决定了气象服务的首位方针，我国各级气象部门一贯坚持"在气象工作中，以气象服务为首位；在气象服务中，以公益性服务为首位；在公益气象服务中，以决策气象服务为首位"的方针，做好决策气象服务是各种气象服务的首要任务，在社会实践活动中，决策气象服务的重要作用早已被证实。

第一节　决策气象服务分类

随着社会经济的发展，气象灾害对经济发展的影响日趋显著。社会、经济发展对决策气象服务无论在服务领域、服务内容还是服务方法上都提出了更多、更高、更新的要求。现在的决策服务产品已不仅仅是单纯预报，更是情报信息的筛选、综合分析和建议等。气象服务为政府决策服务的领域越来越广，为政府决策服务的精度也越来越高。

决策气象服务是公共气象服务最重要的服务内容。它关系到国家安全和人民福祉。中国气象事业发展战略研究，确立了“公共气象、安全气象、资源气象”的事业发展新理念，特别明确了要坚持公共气象发展方向（秦大河等，2004）。

决策气象服务是气象部门为各级党委、政府及相关部门决策层防灾减灾、应对气候变化等科学决策所提供的气象信息和咨询服务，是一项涉及社会稳定、经济发展和人民生命财产安全全局性、综合性、前瞻性和高层次的气象服务。从决策气象服务内容来看，决策气象服务分为三类。

一、应对气候变化、防灾减灾、气候资源开发与利用

决策气象服务是气象基本业务的基础内容，更是气象基本业务的重要组成部分，中国气象局和各省地级气象局都在“十五”计划中将决策气象服务作为非常重要的工作，同时各级气象部门也加强与党政领导沟通，充分了解党和政府领导的决策需求，积极主动地为党政领导决策服务。

我国气象部门多年来始终把决策气象服务放在首位，以应对气候变化防灾减灾和为农业服务为重点，为各级政府抗灾减灾、指挥农业生产等各项活动的决策中发挥重要的参谋和助手作用。

关注气象灾害对经济社会的影响，提高重大气象灾害决策气象服务的敏感性、针对性。根据气候变化，研究极端天气发生频次、强度、分布特征，研究气象灾害发生规律及其变化规律，提供应急预警情报并做好预防与建议工作，为决策部门防范应对极端天气事件提供分析建议等服务，最大限度做好防灾减灾，将气象灾害损失降到最低。如 2011 年 2 月 10 日，中国气象局首次举行抗旱气象服务全国会商，分析各地抗旱气象服务重点，会商预警信息等情况（孔岩，2011）。

对全国气候资源综合调查、区划工作，组织进行气候监测、分析、评价，并对可能引起气候恶化的大气成分进行监测；发布全国气候状况公报；根据地区气候资源的特点，对气候资源开发利用的方向和保护的重点做出规划；提出利用、保护气候资源和推广应用气候资源区划等成果的建议；对城市规划、国家重点建设工程、重大区域性经济开发项目和大型太阳能、风能等气候资源开发利用项目进行气候可行性论证。

二、气象灾害、突发公共事件和重大事件活动等应急决策气象服务

对气象灾害、突发公共事件和重大事件、活动等应急提供决策气象服务，面向党中央、国务院和相关部门决策气象服务材料报送。针对可能产生的气象灾害，气象部门明确相关部门职责，成立气象灾害应急指挥部，提前制定气象灾害应急预案，加强

对重大灾害性天气的监测预警，如台风、暴雨、暴雪、寒潮、大风、沙尘暴、强对流天气等，对气象灾害可能导致的人员伤亡和财产损失尽可能地降到最低。

气象部门成立突发公共事件应急机构，制定突发公共事件应急预案，构建突发性公共事件应急气象保障服务系统。当发生突发性公共事件时，气象部门能高效、快捷、准确地提供决策气象服务信息，为各级政府、部门处置突发事件和防御重大气象灾害的决策提供科学依据。如 2011 年 4 月 18 山东济南长清发生火灾。火灾发生当日，省气象局局长任组长的气象服务领导小组赴泰安、长清现场指挥灭火气象保障，指挥部为政府各部门领导做决策气象服务。同时，济南、泰安市气象局两部移动气象台现场监视天气变化，开展灭火气象服务；随着火情的发展，山东省气象台由每 3 小时服务加密到逐小时服务，期间，共制作发布 25 期灭火天气快报(马高飞等，2011)。

针对国家或地区将要发生的重大社会活动，气象部门成立专门的气象服务小组，制定工作流程与计划，细化各项工作分工，明确完成时间、责任单位和责任人，全面部署各项气象服务工作。精准预报、拓宽服务渠道，为领导决策提供了科学依据。2011 年 4 月 14—16 日金砖国家领导人第三次会晤和博鳌亚洲论坛 2011 年年会分别在海南省三亚市亚龙湾和琼海市博鳌召开。海南省气象部门上下联动，积极做好各项气象服务保障工作。据统计，海南省、市级气象部门共向组委会提供专题预报等决策材料 66 期，发送服务短信 42 次，8800 多条，为活动的顺利进行保驾护航(熊瑛，2011)。

三、维护国家安全和可持续发展、新农村建设、生态文明建设的决策气象服务

近年来，我国决策气象服务拓展视野，上升服务层次，深化决策气象服务。开展粮食安全、水资源安全、能源安全、生态与环境安全、应对气候变化等决策气象服务，为维护国家安全积极探索新途径。围绕社会主义新农村建设，加强对农业需求的调研，积极开展农业生产模式研究。充分认识气候规律，坚持因地制宜、分类指导，做好国内重点产粮区农业气象条件的监测、预测预警和病虫害发作预测预防，增强保障国家粮食安全的气象服务能力。加强农业年景气候预测，提高农业生产能力，为农业生产部门科学规划全年农业生产活动提供有效的决策服务。

开展保护生态文明服务，为实现环境、资源和社会、经济的和谐发展提供决策气象服务。加强生态环境建设，对重大建设项目从生态平衡、气候变异等方面进行决策咨询服务，并对环境的综合治理开展大气环境监测、影响评价和保护工作。

决策气象服务的具体内容包括：短期气候预测、定时定点定量预报服务、气象卫星遥感信息、人工影响天气作业气象服务信息、重点工程气象保障服务信息、防汛抗旱、防台风、生态环境监测和预警、森林防火、防虫害、防雪灾、城市空气质量、农业产量预测、重大政治(经济、军事)活动保障等。

值得注意的是，不同级别、不同地理条件地域，气象部门提供的气象决策服务的

重点关注内容很可能不同。例如，内陆省份和沿海省份决策气象服务所关注的重点不同。以北京市和深圳市为例。

北京市气象局气象决策服务所关注的重点为：阶段性干旱对首都农业、城市运行和生态环境的影响；春季森林草原防火形势；汛期旱涝、冬季降雪趋势预测和影响；汛期极端天气气候事件（如短时集中降水）及山洪、泥石流、滑坡等衍生灾害对城市运行、人民生命财产的影响；全球变暖和城市热岛效应可能导致的高温、少雨及局部突发性灾害；重大社会、体育活动的气象保障；其他热点、敏感点①。

深圳市气象局气象决策服务所关注的重点为：重大灾害性、关键性、转折性天气服务，如台风、暴雨、寒潮、雷雨大风、大雾、冰（霜）冻和久晴（旱）转雨（涝）、久雨转晴等预报和信息的服务；本市及海区范围内可能出现的与气象有关的其他重大灾害，如地质灾害、山体滑坡、泥石流、病虫害暴发流行、传染性疾病暴发流行、森林火灾、雷电灾害等的服务；地铁及防洪建设等重点在建工程、地质灾害易发区、渍涝点、低洼地等重要场所预报服务；本市及海区范围内可能出现的气象灾害的风险预评估产品；已经出现的气象或气象诱发的灾害、影响与成因分析情报，或者局部地区出现特别重大气象或气象诱发的灾害、影响与成因分析情报；重要时期预测预报气象服务，包括全年、今冬明春、春运、汛期、洪涝、干旱、高温热害、低温冷害及重大社会活动、重要节假日等预测预报服务；重大社会活动、重要节假日的气象保障服务，政府及有关领导交办的专项、专题预测预报服务；提供与深圳市社会经济密切相关、领导和有关部门关注的重大气象事件信息及重要分析报告②。

第二节　决策气象服务产品

目前，中国气象局和各省（区、市）气象局都设立了决策气象服务机构，并规范决策气象服务流程，开展决策气象服务，提供决策服务产品③。

一、决策气象服务产品形式

目前，我国国家级决策气象服务产品主要形式有：《重大气象信息专报》《中国气象局值班快报》《直通中南海》《气象信息快报》《中长期天气预测》《专题天气预报》《专

① 资料来源：北京市气象局.

② 资料来源：深圳市气象局. 2009 年深圳市气象局决策气象服务周年方案.

③ 资料来源：中国气象局. 中华人民共和国气象行业标准：决策气象服务质量评估方法（QX/T 112—2010）.

题报告》《重大突发事件报告》《气候影响评价》等。相关决策气象信息通过以上形式上报党和政府及各相关部门。

《重大气象信息专报》：重大天气气候事件、灾害性、关键性、转折性天气的预报预测、影响预评估、重大天气实况、灾情信息及相应的防御建议等。

案例 4-1：甘肃省气象局 2011 年第五期重大气象信息专报部分内容①

25—28 日我省普降小雪（雨），局部中到大雪，河东大部旱情得到明显缓和

一、降雪实况及未来天气预报

受南支槽东移和西北冷空气共同影响，25—28 日，我省自西向东出现一次明显降水天气，大部分地方降小雪（雨），张掖、武威、临夏、庆阳等市州局部地方出现中到大雪；最大降水量出现在正宁，累积降水量达 14.2 毫米。

二、人工影响天气作业情况

针对这次降水过程，气象部门在武威、白银、兰州、定西、天水、平凉、庆阳、陇南等市及时组织实施了大范围人工增（雨）雪作业，作业区普遍出现小到中雪。26—28 日，共进行飞机增雨作业 2 架次，累计作业时间 7 小时 41 分钟，航程 2900 多千米；共进行地面人工增（雨）雪作业 24 点次，发射炮弹 177 枚，火箭 74 枚，焰弹 400 枚。

三、降雪天气影响评估

此次降水使河东大部地方的旱情得到明显缓和，特别有利于越冬作物的生长，其中，庆阳市大部和平凉市东部降水量达到 6～11 毫米，旱情得到明显缓解；河东其余地方也普遍出现 1～3 毫米的降水量，干旱有所缓和；前期旱情较重的天水市西北部降水量达到了 3～5 毫米，旱情明显缓和；祁连山区降水量也较大，达到了 3～5 毫米，增加了土壤水分，但也影响牧区牲畜防寒和采食。值得注意的是，前期重旱区还有一些地方基本无降水或降水量不到 1 毫米，旱情仍在持续或发展。目前，陇南市南部、陇中北部及平凉市西部旱情仍然较重。

四、未来天气预报

预计未来七天：5—6 日，我省河东将有一次小雪（雨）天气，其余时段天气以晴或多云为主，降水偏少。

《气象信息快报》：灾害性、关键性、转折性天气的预报、影响预评估、重要天气实况、灾情信息、相应的防御建议等；重大社会政治经济活动、重要节日的气象服务保障服务。

案例 4-2：青海省气象局 2010 年 3 月 18 日发布的气象信息快报②

近期我省吹风天气分析

---

① 资料来源：甘肃省气象局.

② 资料来源：青海气象局. 气象信息快报. (2010-03-18)[2014-5-12]. http://www.weather.com.cn/qinghai/tqzx/03/281456.shtml.

一、大风天气实况

进入3月以来，我省气温偏高，有效降水少，吹风天气频繁，全省各地大风日数和同期相比明显增多，部分地区伴有沙尘天气。其中，7—8日的吹风天气范围广、强度强、影响大，影响地区涉及海西、海北、海南、果洛大部、黄南南部、西宁、海东大部及格尔木的部分地区，全省共有34个气象测站出现了大风，海晏、湟源最大风速达27米/秒(风力9级)。大风天气造成西宁、大通、湟源等地的设施农业、公共设施等受到较大影响，出现不同程度的灾害。

二、未来天气展望

根据最新气象资料分析，预计近期我省仍无明显的降水天气过程，全省各地气温仍偏高，海西、海北、海南、青海湖、西宁、海东多吹风天气，大部地区风力为6～7级，个别地区可达8～9级。

三、建议

根据省气象台和省气候中心预报，3月中旬后期到4月全省大部地区降水偏少，气温偏高。目前，由于我省前期降水偏少，气温偏高，吹风天气频繁，地表蒸发加快，土壤解冻后失墒快，加之近期又无明显的降水天气过程，吹风天气较多，局部地区还可能出现沙尘天气，已出现旱象的地区旱情将加剧，森林、草原火险等级居高不下。因此，相关部门应加强农田保墒工作，做好春播工作。同时，做好防火工作。

《中长期天气预测》：定期的每周、月、季天气预报预测及相关的建议提示等。

案例4-3：深圳市气象局2010年3月18日发布的气象信息快报①

深圳市中长期天气预测(周报，3月14—20日)信息复核时间：2011-03-17

一、3月14—20日天气预报

今天受暖湿气流控制，晴天到多云，气温继续上升，早晚有轻雾或雾；15—16日受较强冷空气影响，偏北风加大，有小雨，气温显著下降，过程最低气温11～12℃；17日白天起冷空气减弱东移，气温缓慢回升；展望18—20日受高空槽影响，有一次较明显的降水过程。

具体预报如下：

3月14日(周一)多云，有轻雾，19～27℃；

3月15日(周二)阴天，有零星小雨，15～23℃；

3月16日(周三)阴天转多云，12～16℃；

3月17日(周四)多云间阴天，11～17℃；

3月18日(周五)阴天，有小雨，13～19℃；

---

① 资料来源：深圳气象台.深圳市中长期天气预测(周报，3月14—20日).

3月19日(周六)阴天,有中雨,14～20℃;

3月20日(周日)阴天,有小到中雨,15～21℃。

二、提示与建议

1. 本次冷空气影响气温变化较大,建议继续加强呼吸道、心血管、流行性感冒等疾病的防治。

2. 冷空气影响期间,海上风浪较大,建议做好海上交通安全提示和管理,加强港口、码头作业安全管理。

《专题天气预报》:根据党和政府及政府各部门的工作、活动安排,提供的专题气象服务保障。

案例4-4:海南省气象台制作的2014年春运专题天气预报(2月20日)[①]

预计未来三天,2月20日夜间到23日,冷空气势力减弱,全省多云天气为主,温度逐日回升,其中22日白天,本岛东南部和中部的局部地区有阵雨。

主要路段、琼州海峡交通气象预报

2月20日夜间到23日,冷空气势力减弱,全省多云天气为主,温度逐日回升,其中22日白天,本岛东南部和中部的局部地区有阵雨,东线海口到万宁路段,中线海口到琼中路段,有雨时能见度较差,路段道路湿滑,对交通有一定的影响,其余交通路段无明显影响;琼州海峡,2月20日夜间到23日白天,阴天间多云,东到东北风5～6级,通航条件一般。

未来4～7天趋势预报

23日夜间到27日,全省多云天气为主,气温逐日回升。

琼州海峡,23日夜间到25日,多云,偏东风5级,通航条件良好。26—27日,多云,东到东南风5级,早晨有雾,有雾时段,通航条件较差。

《重大突发事件报告》:重大突发事件的基本情况、原因分析、气象服务情况、建议措施等。

《气候影响评价》:每月及年度气候概况、主要天气气候事件、气象对各行业影响、下月(年)气候展望等。

案例4-5:河北省2014年度冬小麦越冬期气象条件影响评价与建议[②]

河北省2014年度冬小麦越冬期(2013年12月中旬至2014年2月下旬)气温以偏高为主,冬小麦带绿或半带绿安全越冬;降水时空分布不均,大部偏少,但越冬前土

---

① 资料来源:海南省气象台. 2014年春运专题天气预报. 2014-02-20.

② 资料来源:河北省气象局. 河北省2014年度冬小麦越冬期气象条件影响评价与建议. (2014-03-11)[2014-05-12]. http://www.hebqx.com/col/1370677948390/2014/03/11/1394507777412.html.

壤墒情较好，未发生冬旱。目前冬小麦已进入返青阶段，长势较好，局部群体偏大。建议：各地应根据苗情、墒情和未来天气变化加强麦田管理，合理运筹肥水，促控结合，预防小麦后期倒伏及病虫害的发生。

一、越冬期农业气象条件分析

1. 越冬期气温总体偏高，波动较小，冬小麦带绿或半带绿安全越冬，利于冬小麦提早恢复生长

河北省冬小麦于2013年12月中旬全部停止生长，进入越冬阶段，大部地区比常年偏晚8～13天，是历史上进入越冬期较晚的一年。冬小麦冬前抗寒锻炼时间大部在10天以上，抗寒锻炼比较充分，为冬小麦安全越冬奠定了基础。

进入越冬后，气温总体偏高，其变化特点是前中期(2013年12月中旬至2014年1月)显著偏高，后期接近常年，且低温时段较常年明显推迟。麦区2013年12月中下旬平均气温为－6.4～0.6℃，接近常年略偏高，2014年1月月平均气温为－2～2℃，较常年偏高2～4℃，2月月平均气温大部为－2.5～1.9℃，接近常年。越冬期低温时期常年一般出现在1月份，而今年最低气温大部出现在2月9—11日，局部出现在1月上旬，北部和中部麦区极端最低气温为－20～－10℃，南部为－13～－9℃。温度条件适宜冬小麦安全越冬，未出现冻害、干旱死苗现象，枯叶率较低，大部为带绿或半带绿越冬。

2. 越冬期虽降水少，但越冬前土壤墒情较好，未发生明显冬旱

冬小麦越冬前中期，全省麦区没有出现明显降水，直到2月份(2月4—8日、14—18日)出现两次降水过程。越冬期降雪总量：中、北部麦区一般1～10毫米，比历年同期大部偏少1～7成，该地土壤表墒有所增加，南部麦区一般10～20毫米，比历年同期大部偏多1～6成，该地土壤墒情明显改善。从整个越冬期来看，虽降水大部偏少，但越冬前土壤水分条件较好，未发生明显冬旱，同时越冬后期(2月份)的降水有效补充了土壤水分，增加了土壤墒情，对冬小麦安全越冬和返青十分有利。从目前墒情来看，大部麦区尚能满足返青起身生长。

总体来看，冬小麦越冬期间，气温以偏高为主，利于冬小麦安全带绿越冬；越冬前中期降水稀少，但越冬前土壤水分较好，越冬期未发生冬旱。

二、未来天气及麦田管理建议

据省气候中心预测，预计3月份，河北省南部地区降水量比常年偏多1～3成，其他地区比常年偏少1～2成；月平均气温南部地区比常年偏低0.5℃左右，其他地区接近常年。

目前大部分冬小麦已进入返青期，根据今年冬小麦苗情、墒情及未来天气，建议：

(1)推迟浇灌春水。由于目前土壤墒情较好，水分条件能满足冬小麦返青起身需求，春水的浇灌可适当推迟到拔节前后。

(2)及时划锄，保墒增温。随着温度回升，土壤蒸发量加大，麦田失墒将加重，因此，

对各类麦田要进行划锄，以保持土壤墒情，提高地表温度，促进冬小麦快速恢复生长。

(3)今年部分小麦存在群体偏大、生长过旺现象，应及早进行镇压，控制过旺生长，预防后期发生倒伏和病害的流行。

(4)时刻关注春季天气变化，预防早春冻害发生。

二、决策气象服务产品分类

(一)根据决策气象服务是否需要定期上报

1. 定期上报决策气象服务产品(许小峰等，2010)

定期性上报决策服务产品是指定期、定时向政府或有关部门报送的决策气象服务信息，一般情况下，内容、格式和形式比较固定，通常包括天气信息类、气候评价类和农业气象类等产品。

2. 不定期上报决策气象服务产品

不定期上报决策气象服务产品的种类较多，为了向决策者快速传递信息，一般要求具有统一的固定格式，并根据需要因时、因事、因地提供决策气象服务。

在国家级不定期上报决策气象服务产品中，《重大气象信息专报》是党中央、国务院或相关部门最具有决策参考意义的决策气象服务产品，同时也是最主要的一种服务形式。这类产品内容可以针对某件事一事一议，具有专题性质。如四川汶川地震发生后，两小时之内，四川省气象局就制作了《四川汶川地震灾区气象服务专报》，提供了准确、及时的决策气象服务，为防灾减灾提供了科学依据，保证了进一步救援工作的顺利开展。还有另外一种也比较多的决策气象服务产品是中国气象局领导参加国务院或有关部委的会议时所提供的决策服务材料。由于中国气象局领导亲自出席会议，并能与相关领导直接沟通和交流，这种汇总服务形式能起到相对更好的服务效果。

各省(区、市)级气象局非常注重不定期上报决策服务产品。以前这些服务产品存在形式不一、名称不同等问题，但服务内容相似。随着中国气象局《决策气象服务产品规范》、《决策气象服务质量评估方法》(QX/T 112—2010)等的修订，各省(区、市)级气象局均按照这些规范制作规范产品，结合本地实际情况开展决策气象服务。

(二)根据决策气象服务产品方式及气象服务特点

1. 重大气象事件过程服务产品

当有灾害性或转折性天气过程、持续性致灾天气过程、重要气候事件等将要发生或正在发生时，为党政部门提供的决策气象服务产品。

2. 重大活动气象保障服务产品

为重大政治、社会、经济活动及大型会议提供的决策气象服务产品。例如，奥运会、金砖四国会议、博鳌论坛、陕西世园会等提供重要气象决策服务信息。

3. 专题气象服务产品

为防汛抗旱指挥部、发改委、公安、民政、环保、国土资源、交通运输、铁道、水利、农业、卫生、安全监管、林业、电力监管、海洋等相关部门提供的决策气象服务产品。

4. 气象灾情服务产品

当有气象因素产生或引发的自然灾害事件时，如台风、暴雨(雪)、寒潮、大风(沙尘暴)、低温、高温、干旱、雷电、冰雹、霜冻、冰冻、大雾、霾等气象灾害事件，因气象因素引发的水旱灾害、地质灾害、海洋灾害、森林草原火灾等其他灾害，为党政部门提供的气象灾情信息和灾情评估服务产品。

第三节　决策气象服务产品制作

一、决策气象服务产品要求

决策气象服务产品需要实现迅速、准确传递气象信息的功能，全国各级气象部门制作和发布决策气象服务产品时，须符合一定的标准规定。按照规定制作的决策气象服务产品可以增加信息的传递效率。在发生重大气象灾害时，政府多个部门联合抗灾，不同部门关注决策气象服务产品的重点不同，标准的决策气象服务产品可以使阅读者迅速、准确地找到所需要的信息。

服务产品内容需要做到:(1)结构严谨，层次分明，逻辑性强，服务产品应包括标题、正文和报送单位等要素;(2)中心主题明确、重点突出、针对性强、标题醒目;(3)叙述条理性强，深浅恰当，文字精练流畅，通俗易懂;(4)对于已出现的天气过程次数，必须明确，不能使用“多次”等不确定的量词，同样不能使用类似于“许多地区”等词;(5)描述气象要素(如降雨量)变化中使用的等级须与现有气象标准、中国气象局文件保持一致。

服务产品需要统一的格式。例如，材料名称字体采用方正小标宋简体，材料摘要字体采用楷体，材料正文一级标题字体采用黑体，材料正文字体采用仿宋体，图示字体为仿宋体。降水量距平图按降水量距平百分率分 6 级，图例颜色有 6 种，图例单位为%。

二、决策气象服务流程

在《牛津词典》里，流程是指一个或一系列连续有规律的行动，这些行动以确定的方式发生或执行，导致特定结果的实现。虽然决策气象服务产品包含专题气象服务、重大活动气象保障服务、重大事件过程服务和气象灾情服务等多种类型，但它们可以遵循相对一致的服务流程。从业务流程来看，可按照级别将其划分为国家级、省级和县级三种决策气象服务流程。

（一）国家级决策气象服务流程

国家级决策气象服务流程主要包括七个环节，即任务启动→任务分解→前端产品提供→产品制作、审核、签发→产品署名和分发→考核反馈→研究改进。

1．任务启动

一般有以下五种形式：

——每天上午组织相关单位人员参加决策气象服务会商。根据会商结果决定是否制作决策服务材料，如需制作则启动决策气象服务流程。此种材料通常以“重大气象信息专报”形式上报，少数材料也以“局领导信函”或“中国气象局文件”的形式上报；

——接到党中央、国务院及相关部门向中国气象局提出的具体任务时，根据任务单的要求启动决策气象服务流程。此种形式的服务材料通常以“国务院或部委约稿”等方式上报；

——有关领导认为有必要报送专题决策服务材料时，启动决策气象服务流程；

——决策气象服务首席认为有必要报送专题决策服务材料时，向决策气象服务分管领导提出建议，并经同意后，启动决策气象服务流程；

——决策气象服务参与单位认为有必要报送专题决策服务材料时，由该单位业务主管领导经与决策气象服务承担单位分管领导沟通后，启动决策气象服务流程。

2．任务分解

一般有两种形式：

——利用每天上午决策气象服务会商时，将任务分解到有关决策气象服务参与单位，同时明确规定提供的材料内容和材料上报时间、上报地址；

——根据要求向有关决策气象服务参与单位下发决策气象服务任务单，任务单中明确任务内容、任务分工和材料上报时间、上报地址。

3．前端产品提供

根据任务要求，决策气象服务参与单位及时完成决策气象服务材料，并经过本单位分管领导审核、签发后，上报决策气象服务承担单位。对于不能如期提供材料的单位，或提供材料有困难的单位，要及时向下发任务的单位说明情况。

4．产品制作、审核、签发

决策气象服务承担单位根据服务对象和服务要求，对将报给党政领导和党政部门决策参考的材料，经过精心组织、分析后，形成决策气象服务产品。

决策气象服务产品经过决策气象服务首席（值班负责人）审核、修改后，报送决策气象服务承担单位分管领导审核，分管领导审核后再将材料上报上一级部门，并经上一级部门审核通过后再上报中国气象局领导审核。

中国气象局领导如果认为此材料对党政领导和党政部门决策有重要意义，局领导对此材料要签发上报，上报的形式是“重大气象信息专报”“局长信函”或“中国气象局文件”。如一般性材料，则不需要局领导的签发。

5. 产品署名和分发

以“重大气象信息专报”“局长信函”和“中国气象局文件”上报的决策气象服务材料，统一以中国气象局名义报送到党中央、国务院和相关部委领导。

决策气象服务材料要专送国务院和有关部委领导，同时通过文件交换到相关部委。另外，还需要将电子产品分发到相关部委、气象系统决策服务单位，并上载国务院专网和气象部门内网。

6. 考核反馈

各决策服务单位的决策气象服务材料的提供时效和质量等信息都要被记录在案。决策气象服务材料的领导批示信息和各单位决策气象服务考核情况通常在每季度末通报。

7. 研究改进

决策气象服务承担单位及时分析反馈信息，每半年提供一次《决策气象服务总结报告》，分析存在的问题并提出决策气象服务建议。

（二）省级决策气象服务流程

各省（区、市）气象局决策气象服务业务流程在组织与运作上与国家级决策气象服务业务流程基本一致。各省（区、市）气象局的决策气象服务产品以各业务单位为依托，由省（区、市）气象局决策气象服务机构负责决策气象服务材料的制作和上报工作。决策气象服务产品主要流程包括：

任务启动→任务分解→素材提供→产品制作→产品签发→产品署名和分发→考核反馈→研究改进。

1. 任务启动

当各地党委、政府及有关部门提出具体任务或需求时，当各省（区、市）气象局的领导和有关职能部门根据需要部署服务任务时，当各省（区、市）气象台、气候中心、人工影响天气办公室等相关单位根据当前气象服务的需求认为有必要报送决策气象服务材料时，启动决策气象服务流程。

2. 任务分解

任务启动后，各省（区、市）气象局决策气象服务机构负责制作任务单，将提供前端产品的内容、时间、要求通知各相关单位，并将任务分解情况记录在案。

3. 素材提供

各相关单位按照任务单要求制作前端产品，前端产品提供单位要严格执行领导把关审签制度，确保产品质量。各省(区、市)气象局决策气象服务机构认为前端产品出现问题时，要及时向相关单位反馈并进行核实；发现前端产品出现问题严重的，要及时将前端产品退回并要求重做，同时将前端产品质量问题记录在案。

4. 产品制作

最终的决策气象服务产品由各省(区、市)气象局决策气象服务机构从决策气象服务需求入手，对前端产品进行适当的修改和完善，保证信息准确无误、语言简洁通俗和篇幅短小精悍。

5. 产品签发

重大决策气象服务信息分别由各省(区、市)气象局局长、分管副局长签发。类似于《灾情快报》《雨(雪)情》等决策气象服务信息一般由各省(区、市)气象台分管台长签发。专题气象服务信息及向当地党委、政府领导呈送和提交的专题材料由各省(区、市)气象局分管局领导签发。

6. 产品署名和分发

决策气象服务产品经签发后，统一以各省(区、市)气象局名义报送到当地党委、政府及有关部门领导。

7. 考核反馈

各省(区、市)气象局决策气象服务机构负责将相关单位提供的决策气象服务前端产品的时效和质量记录在案，每月5日前将上月记录情况报各省(区、市)气象局相关业务管理单位，业务管理单位定期汇总通报。

8. 研究改进

各省(区、市)气象局决策气象服务机构负责分析研究反馈信息，每年1月5日前向各省(区、市)气象局相关业务管理单位报送《决策气象服务总结报告》，分析存在的问题并提出改进决策气象服务的建议。业务管理单位组织相关单位参加全国决策气象服务讨论会，并组织本省(区、市)决策气象服务经验交流，研究改进本省(区、市)决策气象服务工作(许小峰等，2010)。

第四节　决策气象服务产品发布

一、决策气象服务产品发布渠道

决策气象服务产品的使用对象主要是党和政府等决策部门，主要给他们提供决策服务。决策气象服务信息由于其服务对象的特殊性,主要发布渠道包含网络传输(包括远程用户终端、视频等)、文字材料、呈报(包括传真)、口头直接汇报(包括电话和在办公室、会议室等)和手机短信等。

二、决策气象服务产品发布载体

决策气象服务产品发布载体有:电子、纸质、视频、手机短信等。

三、决策气象服务产品发布方式

决策气象服务产品的使用对象主要是党和政府等决策部门,主要给他们提供决策服务。决策气象服务产品的发布方式除了电话汇报外,采用其他服务手段和方式都需要编写决策气象服务材料,制作决策气象服务产品。

1.《重大气象信息快报》《气象信息快报》《中长期天气预测》

主要通过传真、气象信息决策服务网提供给用户。

2.《专题天气预报》

根据不同需求,通过传真、短信、电话方式提供服务。

3.《专题报告》

主要通过党和政府部门下属相关期刊刊发。

4.《重大突发事件报告》

以公文或《气象信息快报》格式通过传真方式发送。

5.《气候影响评价》

通过气象信息决策服务网供需要的部门查阅。

中国气象局决策气象服务产品及其服务对象发送方式见表 4-1。

表 4-1 中国气象局决策气象服务产品表

产品名称	发布频次	发布方式	服务对象
重大气象信息专报	不定期	电子、纸质	党中央、国务院、相关部委、部队
中国气象局值班快报	不定期	电子、纸质	党中央、国务院、相关部委、部队
直通中南海	每天	视频	中央领导
专题报告	不定期	纸质	中央领导
文件	不定期	纸质	国务院、相关部委
约稿	不定期	纸质	领导、相关部委
手机短信	不定期	手机短信	各部委联系人

参考文献

董仁礼，高锋. 1999. 发挥气象部门优势，大力开展决策服务. 吉林气象(2)：46-48.

胡亚，何孟洁. 2011. 2011年全国气象局长会议在粤隆重召开，郑国光传达回良玉副总理重要批示精神并作工作报告，李容根致辞. 中国气象报，2011-01-12.

孔岩. 2011. 中国气象局举行抗旱气象服务会商应对旱情. 中国气象报，2011-02-10.

马高飞，孙彦，徐学义. 2011. 山东扑灭济南长清山火，气象人工增雨立大功. (2011-04-22)[2014-05-12]. http://news.china.com.cn/rollnews/2011-04/22/content_7463432.htm.

马鹤年，沈国权，阮水根，等. 2001. 气象服务学基础. 北京：气象出版社：271.

潘建华，郭善云. 2010. 提升决策气象服务水平，促进减灾防灾水平提升//第27届中国气象学会年会重大天气气候事件与应急气象服务分会场论文集.

秦大河，孙鸿烈. 2004. 中国气象事业发展战略研究：总论卷. 北京：气象出版社：22-23.

孙晓礼. 温家宝到中国气象局考察. (2009-12-11)[2011-3-24]. http://www.gov.cn/jrzg/2009-12/11/content_1485500.htm.

熊瑛. 2011. 气象服务保"金砖"护博鳌——海南气象部门服务金砖国家峰会和博鳌亚洲论坛年会纪实. 中国气象报，2011-04-19.

许小峰. 2010. 现代气象服务. 北京：气象出版社：60-79.

许永丽. 2010. 树立大局意识，进一步做好决策气象服务. 中国气象报，2010-04-07(001).

薛建军，王维国，王秀荣，等. 2010. 决策气象服务回顾与展望. 气象，**36**(7)：69-74.

中国气象局. 2010. 中华人民共和国气象行业标准：决策气象服务质量评估方法 QX/T 112—2010. 北京：气象出版社.

中国天气网海南站. 春运专题天气预报(2月20日). (2014-02-20)[2014-05-12]. http://hainan.weather.com.cn/zyqxxx/02/2065126.shtml.

第五章 公众气象服务

引入案例:公众气象服务有哪些服务内容[①]

公众气象服务不仅仅包括我们日常接触到的各类气象预报,也包括气象知识的普及、气象灾害的预警等,你从下面的案例中可以获得哪些信息,气象部门为什么提供这些信息?

2011年10月,我国中东部大部地区遭遇今年入秋以来的首场大雾天气,大雾笼罩,给人们出行造成不便,在江苏、河南、浙江等多地引发交通事故,不少机场航班受到影响。

继10月8日发布今秋首个大雾蓝色预警后,10日18时,中央气象台连续三天发布大雾蓝色预警:预计10日夜间到11日上午,华北中东部、黄淮、江淮、江汉东部、江南大部、广西、云南东部等地有轻雾,其中,河北中南部、山东西部、江苏中北部、安徽南部、广西西部、云南东南部等地的部分地区有能见度不足1000米的雾,局地能见度不足500米。

为何会形成如此大范围的大雾?中国天气网首席气象专家、中央气象台原台长李小泉表示,目前影响我国中东部的雾主要是辐射雾,其形成需具备水汽、温度等多个条件。具体来说,首先需要近地面空气中含有丰富的水汽;其次,夜间近地面发生辐射冷却,温度下降明显,使空气容易达到饱和,凝结成雾滴;第三,没有冷空气活动,风力不大,悬浮的雾滴不易消散,这样就形成了雾。

李小泉说,通常较强冷空气的到来会导致大雾天气结束,而两三天后便将具备这一条件。根据中央气象台最新预报,10月12至15日,将有一股中等偏强的冷空气影响我国中东部大部地区。

---

① 资料来源:刘毅,余晓芬.我国中东部大部地区遭遇今年入秋以来的首场大雾天气.(2011-10-11)[2014-05-14].http://society.people.com.cn/GB/15852851.html.

不过，气象专家表示，防范大雾的工作不能就此松懈。从现在一直到春季之前，都是中东部地区大雾的高发季节。在冷空气活动间隙，大气变得较为稳定，如果再出现偏东风，从海面送来大量水汽，大雾天气便将反复出现。

专家提醒，尤其在湖泊、洼地附近等低洼地带，水汽条件好，更易积聚浓雾，能见度差，造成交通事故。驾驶员应控制速度，确保安全。机场、高速公路、轮渡码头等要关注气象部门发布的预警信号和天气信息，及时采取措施。

第一节　公众气象服务分类

公共气象服务按照应用目的不同可以分为灾害预警、天气预报、气象探测信息、气候变化等。

一、灾害预警

公众气象服务中的灾害预警服务更加强调信息的简明、准确和灾害防御指导。为此，中国气象局颁布了各种气象灾害预警等级，并为不同的预警等级撰写了相应的防灾指南。气象灾害预警等级一般包括四级，分别是蓝色、黄色、橙色和红色，分别表示灾害可能造成的损害程度，其中蓝色预警等级最轻，红色最重。一些灾害的预警等级只有三级，如高温预警等级只包括黄色、橙色和红色。

预警等级划分标准包括：预警信号、含义和防御指南三个部分。由于各省份的区域地理环境差异，国家鼓励省级气象主管机构根据实际情况制定预警标准，报中国气象局应急减灾与公共服务司审批。

案例 5-1：2007 年中央气象台寒潮预警发布标准

图 5-1　寒潮蓝色预警信号

寒潮蓝色预警信号(图 5-1)

含义：

48 小时内最低气温将要下降 8℃以上，最低气温小于等于 4℃，陆地平均风力可达 5 级以上；或者已经下降 8℃以上，最低气温小于等于 4℃，平均风力达 5 级以上，并可能持续。

防御指南：

1. 政府及有关部门按照职责做好防寒潮准备工作；
2. 注意添衣保暖；
3. 对热带作物、水产品采取一定的防护措施；

4. 做好防风准备工作。

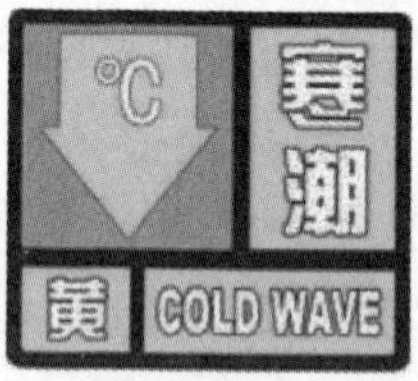

图 5-2 寒潮黄色预警信号

寒潮黄色预警信号(图 5-2)

含义:

24 小时内最低气温将要下降 10℃以上,最低气温小于等于 4℃,陆地平均风力可达 6 级以上;或者已经下降 10℃以上,最低气温小于等于 4℃,平均风力达 6 级以上,并可能持续。

防御指南:

1. 政府及有关部门按照职责做好防寒潮工作;
2. 注意添衣保暖,照顾好老、弱、病人;
3. 对牲畜、家禽和热带、亚热带水果及有关水产品、农作物等采取防寒措施;
4. 做好防风工作。

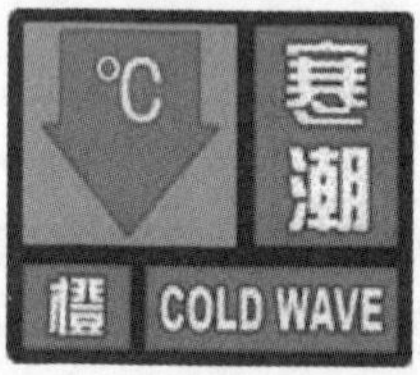

图 5-3 寒潮橙色预警信号

寒潮橙色预警信号(图 5-3)

含义:

24 小时内最低气温将要下降 12℃以上,最低气温小于等于 0℃,陆地平均风力可达 6 级以上;或者已经下降 12℃以上,最低气温小于等于 0℃,平均风力达 6 级以上,并可能持续。

防御指南:

1. 政府及有关部门按照职责做好防寒潮应急工作;
2. 注意防寒保暖;
3. 农业、水产业、畜牧业等要积极采取防霜冻、冰冻等防寒措施,尽量减少损失;
4. 做好防风工作。

图 5-4 寒潮红色预警信号

寒潮红色预警信号(图 5-4)

含义:

24 小时内最低气温将要下降 16℃以上,最低气温小于等于 0℃,陆地平均风力可达 6 级以上;或者已经下降 16℃以上,最低气温小于等于 0℃,平均风力达 6 级以上,并可能持续。

防御指南:

1. 政府及相关部门按照职责做好防寒潮的应急和抢险工作;
2. 注意防寒保暖;
3. 农业、水产业、畜牧业等要积极采取防霜冻、冰冻等防寒措施,尽量减少损失;
4. 做好防风工作。

为了更好地传递灾害预警信息，气象部门还使用了管理信息系统、地理信息系统和图片、视频等技术措施。

二、天气预报

目前公开发布的天气预报产品主要包括国内和世界主要城市的24、48和72小时预报。基本预报内容包括天气状况、温度、风力和风向。还包括根据基本预报和气象国家标准制作的一系列指数。

天气预报产品是公众接触最多的气象服务产品，现在它的表现形式更加灵活，如天气预报除了用表格形式呈现外，中国天气网提供一张世界地图，当鼠标在地图中停留时，即可显示该区域主要城市的天气预报。天气预报的表述语言更具亲和力。如哈尔滨2011年10月19日的逛街指数表述为“较适宜，天气较好，虽然风有点大，还是较适宜逛街的，不过出门前要给秀发定定型，别让风吹乱您的秀发”。

三、气象探测信息

气象探测信息包括天气实况信息和短期内的历史信息。这些信息有助于用户做出灾害防御、旅游等决策。主要探测信息产品包括主要城市24小时气温、风力、湿度、降水量等信息。由于气候变化的影响，气象探测信息中还包括全国近10天温度距平、全国最高和最低气温等。

案例5-2：降水实况图（图5-5）①

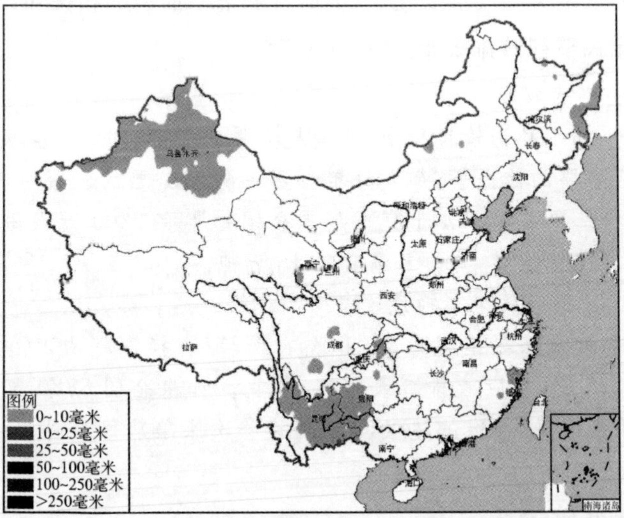

图5-5　全国降水量实况图

① 资料来源：中央气象台.

案例 5-3:温度实况图(图 5-6)①

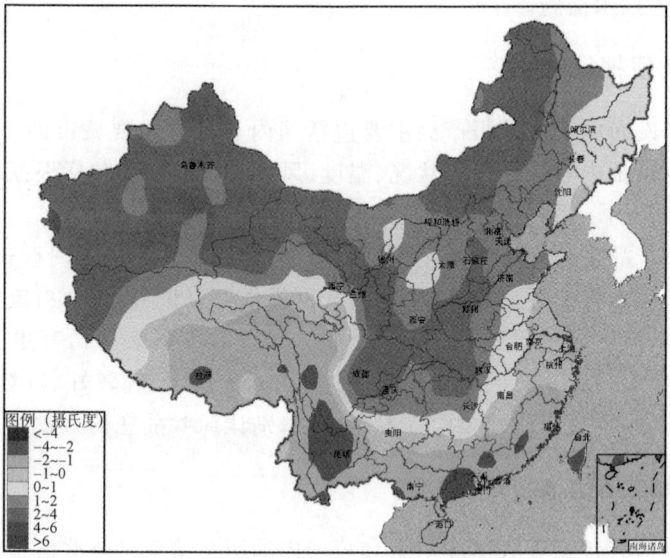

图 5-6 全国 10 天平均温度距平图

四、气候变化相关产品

气象部门是主要的气候变化监测部门,同时也是主要的宣传部门。在公众气象服务产品中有大量是关于气候变化、节能减排和清洁能源的相关知识。

案例 5-4:全民节能减排三十六计之“衣”②

1. 少买不必要的衣服

服装在生产、加工和运输过程中,要消耗大量的能源,同时产生废气、废水等污染物。在保证生活需要的前提下,每人每年少买一件不必要的衣服可节能约 2.5 千克标准煤,相应减排二氧化碳 6.4 千克。如果全国每年有 2500 万人做到这一点,就可以节能约 6.25 万吨标准煤,减排二氧化碳 16 万吨。

2. 减少住宿宾馆时的床单换洗次数

床单、被罩等的洗涤要消耗水、电和洗衣粉,而少换洗一次,可省电 0.03 度、水 13 升、洗衣粉 22.5 克,相应减排二氧化碳 50 克。如果全国 8880 家星级宾馆(2002 年数据)采纳“绿色客房”标准的建议(3 天更换一次床单),每年可综合节能约 1.6 万

① 资料来源:中央气象台.

② 资料来源:中华人民共和国科技部.全民节能减排三十六计.(2009-12-10)[2014-05-14]. http://www.weather.com.cn/static/html/article/20091210/164068.shtml.

吨标准煤，减排二氧化碳4万吨。

3. 采用节能方式洗衣

(1)每月手洗一次衣服

随着人们物质生活水平的提高，洗衣机已经走进千家万户。虽然洗衣机给生活带来很大的帮助，但只有两三件衣物就用机洗，会造成水和电的浪费。如果每月用手洗代替一次机洗，每台洗衣机每年可节能约1.4千克标准煤，相应减排二氧化碳3.6千克。如果全国1.9亿台洗衣机都因此每月少用一次，那么每年可节能约26万吨标准煤，减排二氧化碳68.4万吨。

(2)每年少用1千克洗衣粉

洗衣粉是生活必需品，但在使用中经常出现浪费；合理使用，就可以节能减排。比如，少用1千克洗衣粉，可节能约0.28千克标准煤，相应减排二氧化碳0.72千克。如果全国3.9亿个家庭平均每户每年少用1千克洗衣粉，1年可节能约10.9万吨标准煤，减排二氧化碳28.1万吨。

(3)选用节能洗衣机

节能洗衣机比普通洗衣机节电50%、节水60%，每台节能洗衣机每年可节能约3.7千克标准煤，相应减排二氧化碳9.4千克。如果全国每年有10%的普通洗衣机更新为节能洗衣机，那么每年可节能约7万吨标准煤，减排二氧化碳17.8万吨。

案例5-5：气候变化和资源短缺威胁人类健康①

出席伦敦气候和健康会议的专家近日发出警告，称地球上的食物、水、森林等自然资源正在以惊人的速度减少，由此将引发饥饿、冲突、社会动荡和物种灭绝。

他们指出，粮食产量变化引发的饥饿状况加剧会导致营养不良；水资源缺乏会使卫生状况恶化；污染将促使人类免疫系统弱化；围绕水和土地的冲突引发的流离失所和社会动荡将增加传染性疾病的传播。

澳大利亚国立大学关注人口健康问题的教授Tony McMichael表示，到2050年，仅撒哈拉以南的非洲地区就可能增加7000万死亡病例。

因气候变化导致蚊子种类增加，疟疾等疾病的传染率将上升，并将在2025—2050年席卷津巴布韦等国。

全球变暖导致洪涝灾害增加，携带病菌的水流将向新地区流动，中国面临血吸虫病等传染性疾病的人群可能会增加2100万。

Tony McMichael表示："气候变化将逐步削弱地球的生命支持机制。健康不光

① Nina Chestney. 气候变化和资源短缺威胁人类健康.(2011-10-19)[2014-05-12]. http://hi.baidu.com/thanksmasters/item/35770cec6e93ebc1baf37d27.

是由此带来的附带损失，而是最具代表性的，代表了气候变化所有其他效应的结局。”

世界人口将在本月超过70亿，到2050年预计将超过100亿，这会让全球资源更加吃紧。专家表示，气候变化效应只会使问题加剧，使生态系统、动物种类和人类健康面临危险。

五、旅游气象服务

为了充分地应用气象信息，提高公民的生活质量，公众气象服务中有一部分旅游气象服务。旅游气象服务除了提供旅游地点的天气预报外，还可以提供出行线路的气象预报服务，在该季节，该天气状况下的旅游地点推荐等气象服务。

案例5-6：仙台山赏红比北京香山多20倍的红叶[①]

这里是全国十大红叶风景区之一，红叶规模比北京香山多20倍！这就是河北仙台山。日前石家庄气象台发布了红叶最佳观赏期预报，今年10月5—25日为石家庄红叶最佳观赏期。石家庄境内的火炬、柿树、黄栌将依次进入盛红期，当地市民，甚至京城的网友如果想在周末逃离帝都，自驾去赏红叶，都是不错的选择。

石家庄仙台山赏红叶可持续观赏时间：预计今年秋季石市红叶最佳观赏期将持续到10月25日左右。

受地理位置和海拔高度及城郊温差的影响，石家庄仙台山景区是石家庄最早变色的红叶观赏区。井陉县9月20日—11月10日举办仙台山红叶节。

目前仙台山的红叶变红率已经达到了80%，黄栌等树种在10月4—5日进入盛红期，即开始进入最佳观赏期。景区形成了层林尽染的美景，而现在也是景区一年当中最美的时段。

仙台山的一年四季，季季有醉人处。春观桃花夏纳凉，秋赏红叶冬观柏，但金秋景致最为壮观。时至重阳，随着秋深，这里的黄栌、枫树树叶变红了，漫山遍野，色如烈焰，如火如荼，似晚霞映群山。仙台山的红叶，多达50平方千米，是北京香山的20倍，为全国十大红叶风景区之一。

第二节　公众气象服务产品

公众气象服务是气象部门的主要、常规服务内容。接受公众气象服务的群体是全体公民，公众气象服务具有服务内容广、服务反响大等特点。这使得公众气象服务成为气象部门树立行业形象，获取公众支持的重要工作内容。

---

① 资料来源：搜狐旅游．仙台山赏红比北京香山多20倍的红叶．(2011-10-19)[2014-05-14]．http://www.weather.com.cn/trip/zjtj/10/1518623.shtml.

公众气象服务的产品众多,可以从不同的角度进行分类。这里主要从公共气象服务产品的表现形式上,将公共气象服务产品划分为结构性文字信息、非结构性文字信息、图片型信息和多媒体型信息。

一、结构性文字信息

在广播或报纸等大众传媒中,经常会看到或听到“北京,晴,23～27℃”等简短语句。在这条简短的语句中,描述了地点、天气状况和温度。所以结构性文字信息具有语言简练,结构性强,容易引起受众注意,便于传播、存储和记忆等特点。结构性文字信息被应用于公共气象服务的不同产品中。

按照气象服务的目的不同,通常包括以下几种主要气象服务。

(1)主要城市天气预报。一些大家比较熟悉的城市,通常采用结构性文字信息传输的方式,见表 5-1。

表 5-1　我国部分城市天气预报

城市	天气	温度	注释
北京		19℃/12℃	详情
武汉		25℃/14℃	详情
广州		30℃/17℃	详情
上海		23℃/18℃	详情
重庆		19℃/16℃	详情

(2)气象灾害预警。是指各级气象主管机构所属的气象台站向社会公众发布的预警信息。预警信号由名称、图标、标准和防御指南组成,分为台风、暴雨、暴雪、寒潮、大风、沙尘暴、高温、干旱、雷电、冰雹、霜冻、大雾、霾、道路结冰等。如广东省潮州市饶平县气象台发布“森林火险黄色预警”,气象预警中包括了灾种和等级,其具体内容为:“预计未来森林火险等级为三级,中度危险,森林火灾较容易发生,请有关单位和人员做好防范准备。”

(3)现在天气。向公众传播天气实况信息,即临近时刻的天气情况,见表 5-2。

表 5-2　我国部分城市天气实况

城市	温度	风向/风力
北京	14℃	东北风/2 级
武汉	21℃	东南风/3 级
广州	25℃	东北风/3 级
上海	19℃	东风/1 级
重庆	16℃	北风/2 级

使用结构型文字信息的方式表述气象服务内容的主要优点在于，它可以通过网络、电视、广播、短信、报纸等各种大众传媒进行传递，它的传播途径要求低，传播速度快，不容易失真，即有利于信息的扩散，也有利于信息的存储、分析，是现在和未来不可缺少的一种气象服务产品描述方式。

二、非结构性文字信息

公共气象服务的目的之一是使全体公民在气象灾害到来之际都有自觉、科学规范的防灾行动，在日常生活中，能够提高更好的应用气象预报等信息，提高自身的生活水平。所以，非结构性文字信息主要用来向公众传递气象科普、灾害状况、灾害防御等知识。

案例 5-7：农区多晴好天气利于秋收秋种①

中国兴农网 10 月 19 日讯　据农业部统计，截至 10 月 17 日，全国秋收作物收获已过八成，达 9.6 亿亩②，进度较去年同期快 1.8%。全国已播秋冬作物 3.56 亿亩，完成计划的 50.3%，进度同比慢 4.1 个百分点。其中，已播冬小麦 1.95 亿亩，完成 57.2%，慢 7.8 个百分点；已播冬油菜 5100 多万亩，完成 50.2%，快 1.2 个百分点。11 个小麦主产省中，河北、山东小麦播种过九成，新疆、山西、陕西和甘肃完成七至八成，安徽过六成，河南近五成，江苏过两成，湖北、四川播种刚开始。

10 月 15 日至 18 日，全国大部农区天气晴好，利于秋收工作开展；江南、华南大部气温正常，对晚稻结实灌浆、乳熟成熟及已成熟作物的收晒有利；大部秋播区天气适宜，利于冬小麦和油菜的播种出苗，全国秋收秋种工作顺利。但东北和西南地区出现小雨，对成熟作物的通风晾晒略有影响；江南南部、华南北部出现 2～3 天日平均气温低于 22℃的低温天气，对局部地区处于抽穗阶段的晚稻授粉结实略有影响。

预计 10 月 19 日至 21 日，主要农区大部多晴好天气，适宜秋收作物的收获、晾晒、储藏；秋播区天气适宜，利于北方冬小麦播种出苗及长江流域大部和西南地区东部油菜播栽和苗期生长。

预计 10 月 19 日至 20 日，西南地区有小雨，其中云南西北部和四川南部的部分地区有中雨，对秋收秋种工作有一定影响。

预计未来 3 天，霜冻范围呈逐渐缩小趋势；19 日，内蒙古东部、黑龙江、吉林东部有霜冻；21 日，霜冻区北缩至内蒙古东北部。上述大部地区秋收作物已成熟收获，霜冻对作物产量无影响。

预计 10 月 19 日至 21 日，江南南部、华南中北部的部分地区将出现寒露风天气，

---

① 资料来源：周蒙蒙. 农区多晴好天气利于秋收秋种.（2011-10-19）[2014-05-14]. http://www.xn121.com/index/jrxnjd/1518719.shtml.

② 1 亩≈666.67 平方米，余同。

对仍处于抽穗扬花阶段的晚稻授粉结实有一定影响。

农业生产建议：

一是各地密切关注天气变化，未完成收获地区要抓住晴好天气，及时收获成熟作物；已收秋粮要注意通风、晾晒，防止霉变。

二是北方尚未播种的冬麦区要利用近期晴好天气，加快播种进度；已播地区要加强田间管理，及时查苗、补苗，确保冬小麦出苗质量。

三是长江流域油菜产区要抓住有利天气，及时整地施肥，培育壮苗，在适播期内抓紧移栽油菜。

四是江南南部、华南应加强晚稻后期管理，注意以水调温，减轻低温、寒露风的不利影响；江南北部晚稻已陆续成熟，应抓住晴好天气，及时收晒。

案例5-8：寒潮防御指南①

个人：

应加强天气预报，提前发布准确的寒潮消息或警报。

(1)当气温发生骤降时，要注意添衣保暖，特别是要注意手、脸的保暖。

(2)关好门窗，固紧室外搭建物。

(3)外出当心路滑跌倒。

(4)老弱病人，特别是心血管病人、哮喘病人等对气温变化敏感的人群尽量不要外出。

(5)注意休息，不要过度疲劳。

(6)提防煤气中毒，尤其是采用煤炉取暖的家庭更要提防。

农业：

(1)由于冷空气来时风力较大，棚架设施应注意加固，防棚架倒塌或大风掀开棚膜加重冻害，并做好温湿调控。

(2)油菜、绿肥及低洼地段的柑橘园等应注意清沟排渍，防积水结冰加重冻害；叶菜类蔬菜可用稻草覆盖，减轻冰冻危害。

(3)蔬菜或花卉大棚加盖草垫、双层薄膜等保温材料，提高棚内温度。

(4)家禽家畜等养殖户做好禽畜棚舍的防寒保温工作，家禽养殖棚内还应该增加光照时间，以增加产蛋率；水产养殖池注水调温，并适当减少投饵量。

交通：

(1)要加强监管和预警。各单位要加强应急值守，加强监管和预警，充分利用现有的监控手段，加强对寒潮大风影响水域船舶的监控，及时提醒有关涉水单位、施工

① 资料来源：中国天气网. 寒潮灾害影响及防御. (2015-11-23)[2015-11-23]. http://www.weather.com.cn/static/html/topic_0910hckp.shtml.

企业做好防抗准备;

……

三、图片型信息

现在由于网络多媒体的普及,图片型信息被大量应用于公共气象服务的各种产品中。图片型信息的优点在于可以快速传递大量信息,缺点是它的信息传播渠道受到限制,有时理解这些信息需要依靠一定的专业知识。为了增强信息的有效传递,在应用图片型信息时,可以增加文字解释信息。

案例 5-9:热带气旋登陆时的情景(图 5-7)①

图 5-7 台风登陆时的情景

2008 年第 14 号强台风"黑格比"9 月 24 日早晨在广东茂名电白登陆后,一路向西横扫,强悍的台风造成广东、广西两省(区)数百万群众受灾。从这张图片中,可以直观地了解台风登陆时的情景。根据广东省防总提供的数据,截至 24 日晚间,茂名、阳江、珠海、江门共 4 市 20 县(市、区)一百六十五个乡镇四百九十多万人受灾,倒塌房屋七千九百多间,直接经济总损失达人民币五十四点五二六亿元。

四、多媒体型信息

使用多媒体作为气象服务产品表述的一种形式已经广泛被采用。多媒体(这里指超媒体)是由文字、图像、图形、视频和音频五种媒体元素组成的,将上述五种媒体

① 资料来源:中国天气网. 超强台风带给人类巨大灾难.(2009-06-30)[2014-05-14]. http://www.weather.com.cn/science/lssj/06/26246.shtml.

元素与 Web 应用、远程协作、信息播放与存储等技术相结合,共同为用户提供服务的技术。多媒体技术被应用于灾害预警、气象科普等气象服务产品中。

多媒体可以为用户提供更高的人机交互能力,用户可以根据自己的兴趣与信息需要设定路径和速度,甚至修改内容或对内容加注解,可以任意从一个文本跳到另一个文本,并且激活一段声音,显示一个图形,甚至播放一段视频。其缺点是容易使用户迷失于网络中,浪费更多的时间。

第三节 公众气象服务产品制作

制作公众气象服务产品需要一系列基本信息,这些信息可以分为气候信息、实时气象信息、数值预报产品。

一、气候信息

气候是以对某一地区气象要素进行长期统计(平均值、方差、极值概率等)为特征的天气状况的综合表现。可以为气象预报及决策人员提供帮助。

影响气候的因素有很多,可以归纳为大气圈、水圈、冰冻圈、岩石圈、生物圈。

大气圈是指包围地球的空气层。根据各层大气的不同特点(如温度、成分及电离程度等),从地面开始依次分为对流层、臭氧层、平流层、中间层、热层(电离层)和外大气层。

水圈是指地球表层水体的总和。水圈是地球外圈中作用最为活跃的一个圈层,也是一个连续不规则的圈层。它与大气圈、生物圈和地球内圈的相互作用,直接关系到影响人类活动的表层系统的演化。水圈也是外动力地质作用的主要介质,是塑造地球表面最重要的角色。

冰冻圈是指地球上的水和土壤以冻结形式出现的那部分,通常包括大陆冰原、高山冰川、海冰和地面雪盖、冻土层等。冰冻圈是特定寒冷气候作用于水体的产物。冰冻圈的变化与气候和水资源的变化有着最密切的关系,冰冻圈变化不仅直接影响全球气候和海平面,湖水位和河流的变化,同时还会对地表水热平衡密切相关的生态与环境及人类活动产生影响。

岩石圈是指地球表面的固体部分。岩石圈是地球上部相对于软流圈而言的坚硬的岩石圈层。厚 60～120 千米,为地震高波速带。包括地壳的全部和上地幔的上部,由花岗质岩、玄武质岩和超基性岩组成。其下为地震波低速带、部分熔融层和厚度 100 千米的软流圈。

生物圈是指地球上的动物、植物和微生物等一切生物组成的总体。又指生物可以自然生存的部分。是指地球上凡是出现并感受到生命活动影响的地区。是地表有机体包括微生物及其自下而上环境的总称，是行星地球特有的圈层。它也是人类诞生和生存的空间。生物圈是地球上最大的生态系统。

现在气象部门提供的气候信息比较丰富，按照气象要素的类型可以分为温度、降水、风等，每一类型又可以根据时间进行进一步的划分。

案例 5-10：平均温度距平预测①

国家气候中心目前提供基本气候特征、监测与诊断、预测与检验等服务产品，图 5-8 是温度预测产品。

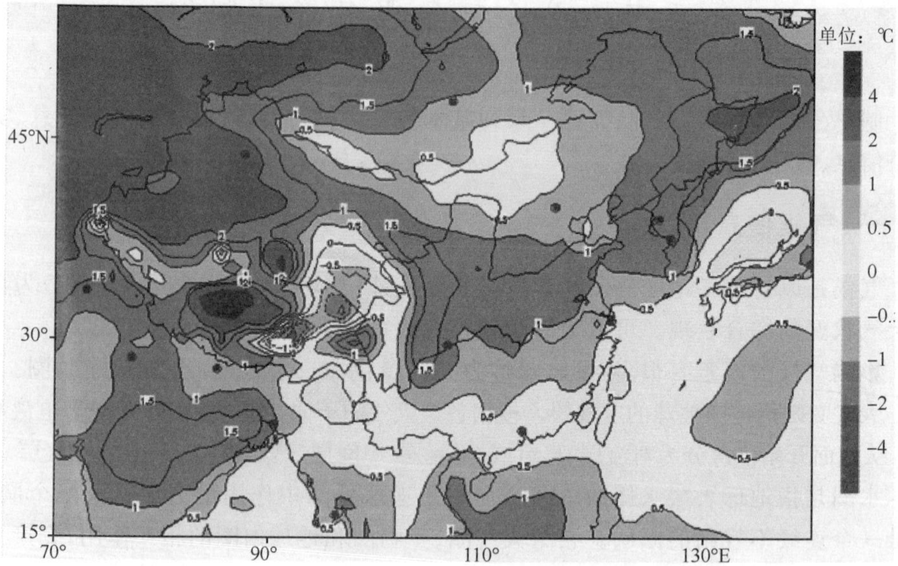

图 5-8 平均温度距平预测(2015 年 11 月 05 日—2015 年 11 月 14 日)

二、实时气象信息

实时气象信息是指距离当前时刻最近的气象信息。包括温度、气压、降水、湿度等信息。这些信息有些是通过地面观测仪器测量获得的，如气象自动站观测到的温度、湿度、降水等。有些是雷达、卫星观测到的资料，如全国的水汽分布，高云、低云的分布，某一区域的降水情况(图 5-9、图 5-10)等。

① 资料来源：国家气候中心. 月模式预测气温距平. (2015-10-24)[2015-10-24]. http://cmdp.ncc-cma.net/pred/md_gen2.php.

图 5-9　气象卫星云图①

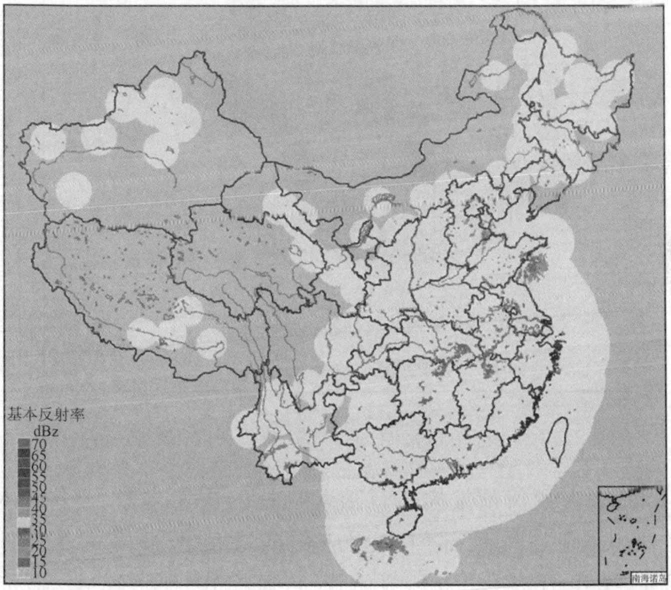

图 5-10　雷达拼图②

---

① 资料来源：中央气象台. 卫星云图. (2015-10-14)[2015-10-14]. http://www.nmc.cn/publish/satellite.html.

② 资料来源：中央气象台. 雷达图. (2015-10-14)[2015-10-14]. http://www.nmc.cn/publish/radar.html.

三、数值预报产品

数值预报产品是使用实时气象信息，运用数值预报模式进行计算，产生的气象预报结果。这些数值预报产品并不是真正的天气预报，制作天气预报需要预报员综合各种信息，包括气候、地理、实时天气情况、数值预报产品和预报员多年的从业经验等。数值预报产品是制作天气预报最重要的参考信息之一。数值预报的产品有很多，其中200百帕（图5-11）、500百帕和850百帕的预报图最为常见。

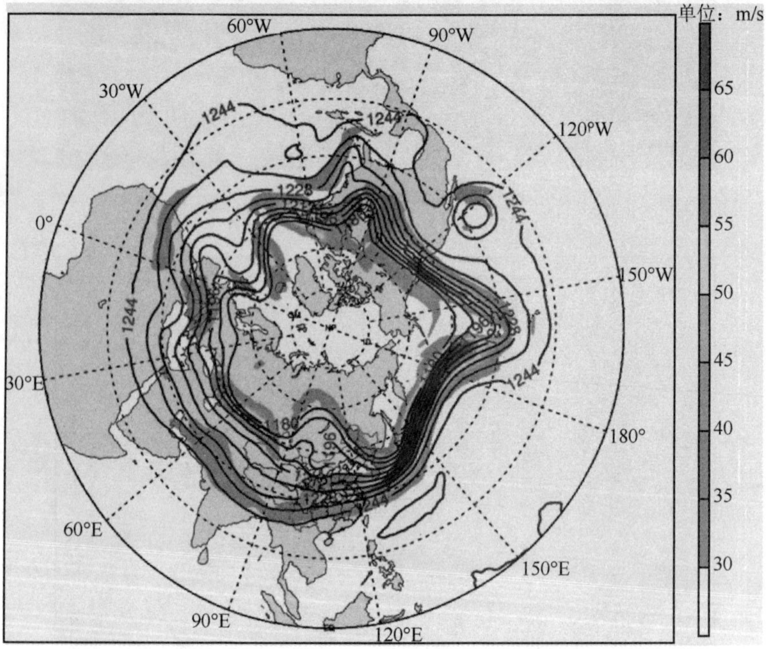

图5-11　200百帕预报图（高度场（单位：dagpm）和风速）[①]

数值预报产品来自数值预报模式。随着科技的快速进步，不同机构开发了不同的数值预报的模式，现在气象部门主要应用的数值预报模式有：T639L60模式、GRAPES_MESO模式、T213集合预报模式、台风模式、海浪模式、亚洲沙尘暴模式、人工增雨模式等。其中T639L60全球中期数值预报系统的预报效果较同期业务运行的T213L31系统对北半球和南半球500百帕高度的预报改进明显，可用预报时效在北半球提高了1天，在南半球提高了2天。此外，T639L60在温度、风场预报上有

① 资料来源：中央气象台.数值预报.(2015-10-14)[2015-10-14]. http://www.nmc.cn/publish/nwp/t639/index.html.

很大改进，降水预报的改进尤为明显，对极端天气过程的预报能力明显提高（林琳等，2007）。

四、产品制作流程

国家级、省级、地县级气象部门均会制作各种公众气象服务产品，但它们的产品类型和服务对象均有差异。

国家级气象部门主要制作指导预报产品，如数值预报产品等，为区域、省、地、县级气象部门服务。区域和省级气象部门也会制作指导本区域的气象服务产品，为本区域气象部门服务。地、县级预报部门主要从事各种气象服务产品的具体制作。短期预报制作流程为：

首先，预报员分析各类气象资料；其次，预报员初步形成预报意见；第三，各级预报员参与天气会商；第四，初步形成预报建议；第五，首席预报员修正、审核预报建议；第六，形成预报结论；第七，对外发布天气预报。由于信息的有限性及计算机模拟大气的准确性等问题，所以，预报类似一个决策过程。对于同样的气象资料，不同预报员得出的预报结论并不相同，通过会商和讨论可以提高预报的准确性。

案例 5-11：甘肃省气象台短期预报制作流程①

（1）07：30 一号主班到岗后，调阅 MICAPS、卫星云图等资料，熟悉天气实况，分析未来 72 小时甘肃天气形式，初步形成甘肃 72 小时天气预报意见。

（2）参加 08：00 中央气象台天气会商并留意中央气象台的预报意见。

（3）调阅最新资料，详细分析未来 3 天甘肃天气形式，形成初步的甘肃短期预报结论，准备参加兰州中心气象台每天由首席预报员组织的内部天气会商。天气过程复杂时还需要通过电话与地区局进行电话天气会商。

（4）09：10—09：30：参与兰州中心气象台每天由首席预报员组织的内部天气会商，并发表自己的预报意见。会商后初步确定甘肃短期预报结论。

（5）09：30—09：45：制作午间气象预报（包括前日 08 时到当日 08 时甘肃天气实况和当日 14 时到次日 08 时甘肃天气预报）。

（6）09：45—09：50：请教当天首席预报员，对预报结论进行把关。

（7）09：50—09：55：根据首席把关后的修改意见，对午间气象预报进行修改，形成最终的预报结论（该结论可以直接对外发布），并按照规定格式存入指定目录，以便影视制作部通过网络调阅（该项工作最迟在 10：30 之前完成）。

---

① 资料来源：甘肃省气象台.

(8)09:55—10:05:与兰州市气象局进行兰州市24小时城市天气预报会商,形成兰州市24小时城市天气预报结论,并做好相应记录。

(9)10:05—10:15:制作11时48小时预报。

(10)10:15—10:20:请教当天首席预报员,对预报结论进行把关。

(11)10:20—10:25:根据首席把关后的修改意见,对11时48小时预报进行修改,形成最终的预报结论(可对外发布),并按照规定格式存入指定目录。打印最终的11时48小时预报。

(12)10:30—10:50:制作11时72小时甘肃全省指导预报(包括预报理由),然后由首席预报员对预报结论进行把关。根据首席把关后的修改意见,对11时72小时甘肃全省指导预报进行修改,形成最终的预报结论。

(13)11:05—11:25:根据最终的预报结论,利用精细化预报制作软件制作未来72小时甘肃精细化天气预报(等值线预报),与当天中期甘肃精细天气预报一起形成全省168小时精细化预报文件。同时通过上网、上星工具实现上传(上网、上星任务一般在12:00之前完成)。

(14)15时制作未来2天的天气趋势(20时—20时),并请教首席把关。得出预报结论后上网、上星发布。

(15)15:30—16:15制作17时甘肃72小时电视天气预报。16:15—16:20调阅城市天气预报。结合全省城市天气预报分析未来3天甘肃天气形式。制作出全省72小时预报(20时—20时),并请首席把关。

(16)将全省72小时电视天气预报最终结论上传指导预报网。

(17)打印17时甘肃72小时电视天气预报最终结论,并将此纸质稿件通过电话传真到广播电台(最迟在17:00前完成)。

(18)16:45—16:55:在17时甘肃72小时电视天气预报最终结论的基础上进行修改,制作17时甘肃72小时广播天气预报(广播预报),并将广播预报按照指定格式存入指定目录,方便影视制作部调阅(此项工作最迟在17:00前完成)。

(19)17:05—17:30:完成全省72小时精细化天气预报,并上网发布。

短期预报产品的制作流程是公共气象服务制作的典型代表,其他各类气象服务的制作过程与此相似,只是使用资料、方法存在差异。

第四节　公众气象服务产品发布

世界气象组织近些年提出公众气象服务的四大使命是:减少由高影响的强天气事

件造成的生命、生产和财产损失；减少与天气相关的社会经济不利影响；帮助公众在天气中寻求时机，安排与天气相关的日常活动；为社会和地球系统的整体可持续发展服务。使每一位公民均可接收到公众气象服务产品，并充分应用这些信息，可以使公共服务效益最大化。为此，提高公众气象信息覆盖率成了研究者和气象部门的一个工作目标。

一、发布渠道

2000 年 1 月 1 日起施行的《中华人民共和国气象法》对公众气象服务的发布渠道进行了一系列规定。如第二十四条规定，各级广播、电视台站和省级人民政府指定的报纸，应当安排专门的时间或者版面，每天播发或者刊登公众气象预报或者灾害性天气警报。各级气象主管机构所属的气象台站应当保证其制作的气象预报节目的质量。广播、电视播出单位改变气象预报节目播发时间安排的，应当事先征得有关气象台站的同意；对国计民生可能产生重大影响的灾害性天气警报和补充、订正的气象预报，应当及时增播或者插播。

第二十五条规定，广播、电视、报纸、电信等媒体向社会传播气象预报和灾害性天气警报，必须使用气象主管机构所属的气象台站提供的适时气象信息，并标明发布时间和气象台站的名称。通过传播气象信息获得的收益，应当提取一部分支持气象事业的发展。

第二十六条规定，信息产业部门应当与气象主管机构密切配合，确保气象通信畅通，准确、及时地传递气象情报、气象预报和灾害性天气警报。气象无线电专用频道和信道受国家保护，任何组织或者个人不得挤占和干扰。

通过多年努力，气象部门先后建立了包括广播、中国电视频道、网络、移动通信、IPTV、手机电视、户外媒体等公共气象服务平台。从调查的结果可以看到天气预报基本普及，约 99％的被调查者都关注每天天气预报，98％的被调查者都能够方便地获取天气预报。目前，公众气象服务主要发布渠道包括电视、广播、报纸、互联网络、电子显示屏、手机短信、电话、村委会高音喇叭等。

绝大多数公众主要通过电视收看天气预报，其次有超过 1/2 的人通过手机接收天气预报信息。农村的大多数人员以接收电视台、手机和广播电台天气预报服务为主，其他方式较少。

当发生重大气象灾害时，公众基本都能获取气象灾害预警信息，根据回收的问卷调查数据可知，96.3％的调查者都能得到气象灾害预警信息。各类被调查者以接收电视台、手机短信和广播天气预报服务为主，人员比例分别为 83.0％、65.8％、32.3％；其次，村委会高音喇叭、电话、报刊也是获取的重要方式，分别有 22.4％、21.5％和 20.0％。

由于调查范围为农村，农村的网络设施尚未普及，一些农村地区没有电子显示屏，因此通过网络和电子显示屏这2种方式接收到气象灾害预警信息的人员则很少，仅有14.3%和8.8%。还有部分被调查者通过上级、镇政府、村委会等通知和口传来接收气象灾害预警信息。针对气象知识宣传方面的调查显示，平均80.7%的被调查者选择村委会有气象信息站或气象信息员这一选项，其中连云港、南通和镇江占比在90%以上。每年能接收到气象方面宣传知识的被调查者只占58.1%左右(罗艳等，2011)。

二、发布载体

公众气象服务发布载体主要为文字、影视和交互式网络平台。近年，随着公众需求的发展，各类载体也不断完善。

1989年3月15日创办《中国气象报》后，由周报发展到周五刊，并形成了一报、三网、三刊的格局。2008年7月28日创办中国天气网(www.weather.com.cn)，这是面向公众提供气象信息服务的核心门户，继承了中国气象局下属各业务部门最新的气象业务产品和及时丰富的气象资讯。

1981年CCTV-1播出的一档天气预报节目开始，华风的电视气象服务已拓展到中央电视台等十几个频道，近百档节目，并拥有自己的气象专业频道。节目覆盖已由国内拓展到亚、欧、北美、北非等95个国家和地区，其中包括：央视(7个频道)、旅游卫视、教育频道、凤凰卫视(4个频道)。2006年5月中国气象频道开播，华风不仅构建了防灾减灾、第一时间、第一发布的权威平台，而且可以让公众24小时全天候看到各种各样的气象节目。

自2006年以来，中国气象局先后与新华通讯社、中央人民广播电台、人民日报社分别签署了《关于气象新闻信息共享与发布合作协议》，并与新华通讯社签订了《关于建立信息共享机制备忘录》。在气象及相关信息共享方面，中央气象台实时天气预警滚动信息无偿对接到合作媒体，而合作媒体负责及时报道；在重大气象灾害服务信息发布方面，中国气象局即时向合作媒体提供包括台风、暴雨、大雪、龙卷风、冰雹、大雾、沙尘暴、雷电、高温、干旱、空间天气灾害等极端天气气候时间的预报、预警及事件过程的总结材料。

近年来，中国气象局公共气象服务中心网络服务室在承担中国天气网的建设和运行维护工作同时，还负责承建、维护包括中国气象局网站、国家气象中心网站、中国兴农网、央视国际气象频道、国际在线气象频道等在内的众多气象服务网站及合作频道(陈芳，2010)。

三、发布方式

公众气象服务的发布方式主要包括定时、不定时两类。用于传递常规天气预报和灾害预报预警信息。10 日以内的天气，公众均可通过各类公共媒体获得。防灾、减灾及灾害预警信息会及时通过各类媒体发布。如案例 5-12，该案例属于不定期发布的灾害预警信息，同时可以为五一旅游服务。

案例 5-12：五一北方气温大逆转　沙尘侵袭西北地区[①]

明天就是五一劳动节，三天的小长假也将如约而至。据中央气象台预计，小长假期间，北方地区气温起伏较大，前期高后期低，部分地区降温幅度可超过 10℃。同时，西北地区受到沙尘天气影响，空气质量较差，对出行不利。

4 月的最后一天，东北地区的气温异军突起。15 时，内蒙古东部、黑龙江西部、吉林西部等地气温纷纷越过 30℃，黑龙江龙江达到 34.1℃！4 月的东北地区出现 30℃以上的气温比较少见。不过，明后两天，随着冷空气的到来，内蒙古中东部、东北地区西部等地部分地区降温幅度可达 10℃左右，局地可达 12℃。同时，南疆盆地东部、青海北部、内蒙古、甘肃大部、宁夏、陕西中北部、华北大部等地气温也将先后下降 6～8℃，见图 5-12。

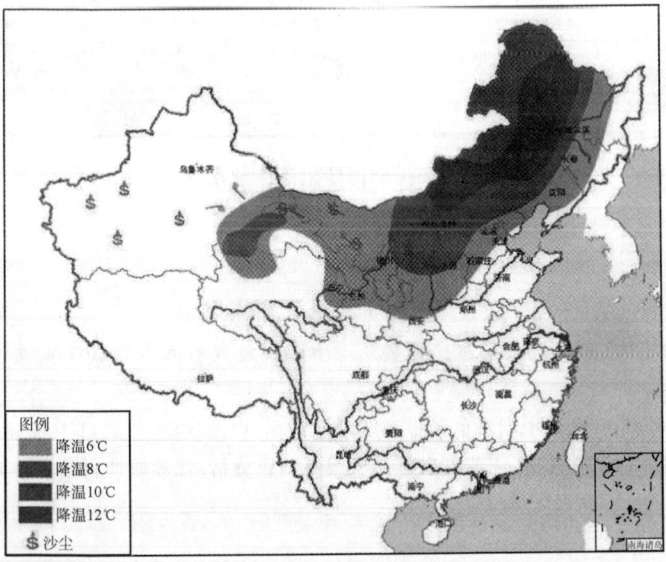

图 5-12　全国降温预报图

① 资料来源：中央气象台. 五一北方气温大逆转，沙尘侵袭西北地区. (2014-04-30)[2014-05-12]. http://www.cma.gov.cn/2011xwzx/2011xqxxw/2011xzytq/201404/t20140430_244902.html.

西北地区的沙尘天气今天还在持续，14 时，新疆南疆盆地、甘肃中西部、青海北部等地的部分地区出现浮尘或扬沙，青海冷湖和茫崖出现能见度不足 500 米的强沙尘暴。中央气象台今天下午继续发布沙尘暴蓝色预警，预计明天，南疆盆地、内蒙古中西部、甘肃中西部、宁夏大部、陕西北部等地有扬沙或浮尘，其中，内蒙古西部、甘肃中部、青海柴达木盆地西部等地的部分地区有沙尘暴，局地有强沙尘暴，见图 5-13。

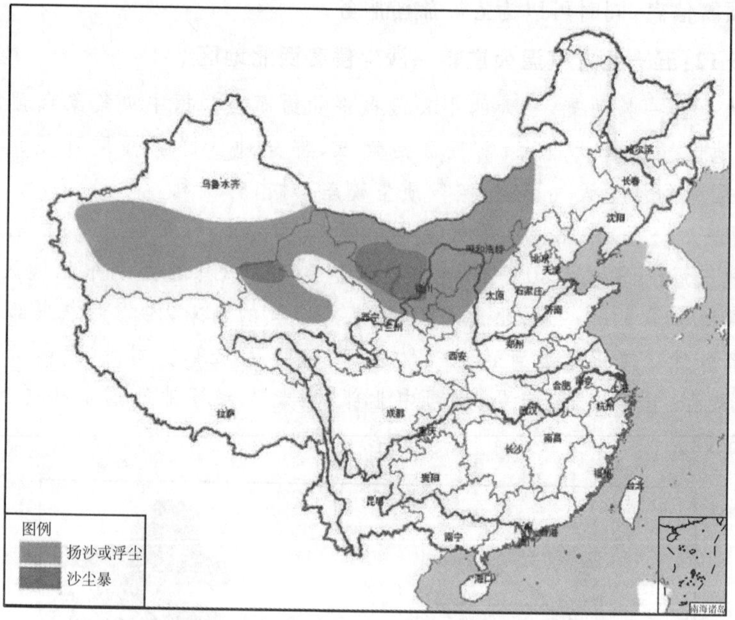

图 5-13　全国沙尘落区预报图

参考文献

陈芳.2010.借力媒体，实现气象信息广覆盖——中国气象局新闻发言人于新文访谈.中国记者(10):30-31.

林琳，蒙嘉川.T639L60 全球中期数值预报系统准业务化.中国气象报，2011-10-26.

罗艳，申双和，赵小艳，等.2011.江苏省农村气象服务调查分析.江苏农业科学，**39**(5):585-588.

第六章　专业气象服务

引入案例:合理应用气象服务可用效益[①]

国外流行着一条“德尔菲气象定律”,气象投入与产出比为1∶98,即企业在气象方面投入1元,可以得到98元的经济回报。尤其是与气象休戚相关的行业,如服装、家电、饮料、保险等。掌握气象信息的多少及准确程度,足以影响企业经营的成效。随着气象科技水平的迅速发展,国民经济各部门对气象条件的敏感度和依从性随之大大增强,各行各业与气象的关系更加密切。下面通过D牌空调市场营销事例,阐述气象信息作为一种特殊商品,在气象服务领域其价值是巨大的。

河南D牌电器市场营销有限公司E是河南省区域最大空调批发商,主要经营批发格力空调,格力空调在河南省市场占有率50%以上。2001年到2005年间,E公司最大净自然产值0.6亿元出现在“夏热冬冷”的2005年,最小净自然产值0.072亿元出现在2001年,变幅为0.528亿元,最大波动与5年平均产值(剔除生产力发展因素)的比值为212%。可见气象因素引起E公司的产值波动比较大。

河南省气象科技服务中心自1997年起向E公司提供了季报、月报、旬报、周报四种形式的气象资料。E公司根据气象信息,在采购、销售中充分考虑天气这一因素,做出较科学的决策,做到库存适当:

- 根据月报、季报的天气情况,制订向总公司的订购计划。
- 根据旬报、月报的天气情况,决定促销时间。
- 根据周报的天气情况,安排产品运输和售后服务。

据了解,E公司最关心的气象要素是夏季最高气温、相对湿度,冬季最低气温及持续时间。2005年E公司总产值16亿元,产值增长4亿元,净自然产值0.6亿元,当年气象条件对产值的影响为15%。2005年,根据河南省气象科技服务中心提供的气象数据,夏季的温度比往年同期偏高,E公司开始调节生产计划,增加库存,扩大售后服务人员队伍。6月份大部分地区偏高2～3℃,极端最高气温达38～43℃。8月

① 资料来源:夏志琼.2003.气象预报能带来商机吗.企业文化(4):48-49.

中旬前期又出现了35～38℃的高温闷热天气，局部地区最高气温达38～40℃。夏季空调销售一时火爆，销售收入大幅提高。而2005年冬季预测，温度比往年偏低，公司又根据气象科技服务中心提供的气象信息，调整计划，决定促销时间。这又一次带来D牌空调的销售火爆。2005年E公司总产值16亿元，其中因使用气象服务产生的增量为0.25亿元，占年总产值的比率1.62%。

第一节　专业气象服务概述

一、专业气象服务的内涵

专业气象服务是在社会相关行业对气象服务具有特殊需求的前提下产生的，是气象服务组织为经济社会各行各业和用户提供的满足特定需求的专业化、精细化、个性化气象服务。专业气象服务是区别于公众气象服务而言的，具有较强的针对性和特殊性。大部分的专业气象服务是有偿的，也有部分专业气象服务是公益性的(如重大农业气象灾害预警)。目前，专业气象服务已涉及农业、林业、牧业、城建、能源、交通、水利、环保、保险、旅游、储运、文化、体育等多种行业。许多气象台站的科技人员深入实地，开展了大量的调查和科研活动，逐步掌握了许多生产环节对气象条件的要求，充分利用有利气象条件，趋利避害，在提高生产效率、减免损失上取得了明显效果。

二、服务现状与需求

我国专业气象服务起步于20世纪80年代，经过20多年的市场运行，专业气象服务有了长足的发展。服务种类由20世纪80年代的几个行业到现在的多个行业；服务方式由单一、单向发展到现在的多元、系列化的服务。专业气象服务的发展与我国改革开放深入、经济社会迅速发展息息相关，说明气象服务与经济社会的大多数领域联系紧密。社会和公众对于专业气象服务的需求反映了专业气象服务对于促进和保障行业生产运行、提高人民生活水平是至关重要的。如今，专业气象服务得到了社会各界的广泛认可，专业气象服务的发展也在向多元化、精细化等更高的水准发展。

气象服务与社会领域的紧密联系已经逐步被人们认可，我国专业气象服务的范围随着改革开放的深入而扩大。目前我国专业气象服务主要包括航空气象、海洋气象、突发环境污染事件紧急响应、空间天气、农业气象、水文气象、交通气象、电力与能源气象、空气质量预报和健康气象等。

三、专业气象服务发展趋势

专业气象服务产品的精细化、专业化和服务手段的现代化是现代专业气象服务业务发展的重要趋势。

随着数值预报技术的迅速发展，气象部门在支持专业气象服务方面取得了重大突破。例如，美国 NCEP 全球航空预报系统能够实现自动制作航线预报、航线实时观测数据共享。水文预报过程中，气象和水文资料实现充分共享，大大提高了水文气象的总体预报水平。公路气象方面，气象观测和预报信息直接和交通管理系统相结合。国外的一些电力公司和能源公司开发了天气变化对电力、能源市场需求变化预测的数值模式，指导电力公司负荷的峰谷配置。由于生活环境和人均寿命已经成为衡量一个国家和地区是否发达的一个重要标志，大气污染和健康气象已经成为许多国家未来发展规划的重要方面。在人们的个人日常生活方面，日本气象协会为棒球比赛、赛马、游艇等户外活动提供精细的定点、定时预报。

第二节　专业气象服务主要内容

气象是各个行业所处的外部环境之一，不同行业所需要的气象服务不同，服务内容也存在较大差异。

一、农业气象

大多数农产品都是在许多因素的影响下在自然条件中直接生成的，其中，气象因素最易变化和最为活跃。农业气象学是一门边缘学科，它既是大气科学的一个应用性分支，又是农业环境科学的一个重要基础学科。我国是一个农业大国，同时也是一个气象灾害多发的国家，《气象法》中明确规定气象主管机构所属的气象台需要开展农业气象服务，实现农业防灾减灾对我国农业生产有着实际和重大的意义。

（一）农业气象服务发展简史

我国的农业气象业务最初诞生于中央气象台，1958 年中央气象局研制发布的第一期《全国农业气象旬报》成为农业气象业务起始的标志。在中央气象台 60 年的发展历程中不仅见证了我国气象预报业务的发展，也见证了农业气象业务的发展。

农业气象服务是专业气象服务领域中历史较长的业务之一。在 50 多年的发展历程中，几经曲折，从 20 世纪 50 年代后期至 60 年代初创起步、60 年代后期至 70 年代停滞、80 年代恢复发展、90 年代快速发展直到 21 世纪进入蓬勃发展阶段。2002

年中国气象局调整各内设机构业务布局，农业气象业务从中国气象科学研究院调整到国家气象中心（中央气象台），从此，农业气象业务成为中央气象台气象业务的重要组成部分。近10年来，农业气象业务在中央气象台的哺育下得到了前所未有的发展，在“气象为农”服务中发挥着越来越重要的作用（毛留喜等，2010）。

（二）农业气象服务领域

经过半个多世纪的发展，我国农业气象服务领域已经由以前的农业气象情报、国内作物产量预报拓展到涵盖农业气象灾害监测预警评估、国外主要作物产量预报、生态气象监测评估、农用天气预报等多个领域。服务产品已由原有的全国农业气象旬（月）报、全国主要作物产量预报，发展到土壤墒情监测公报、农业干旱监测预报、国外粮食主产国粮食作物产量预报、灾害性转折性与重要农事季节的农用天气预报、作物主要病虫害发生发展气象等级预报、植被与草地生态监测评估、夏收夏种与秋收秋种等关键农时农业气象服务专报等10余种定常的服务产品。

1. 农业气象情报

农业气象情报是在分析、鉴定过去和当前的天气气候条件对农业生产综合影响的基础上，客观描述，提出合理措施和建议的实时报道。农业气象情报业务的主要技术方法是以统计方法为主，数值模型为辅；以指标定性评价为主，定量评价为辅。主要业务技术为作物气象指标分析法、生物学评价法、天气气候学分析法、遥感监测法等。

2. 作物产量预报

天气气候条件是造成粮食作物产量波动的重要因素，同一区域不同年份单位面积作物产量的变化主要由气象条件差异引起，气候环境因子在平均值附近的波动，往往造成产量的年际变化很大。因此，随着科技进步生产力水平不断提高，产量会呈现增长的趋势，作物产量可被分解为社会经济和生产力所决定的趋势产量和气象产量两部分。

3. 农业气象灾害监测预警评估

目前业务上采用的农业气象灾害监测评估方法主要为指标分析、田间调查、遥感监测；农业气象灾害预报主要采用统计、动力学方法，数值天气预报与农业气象模式结合方法。一般采用与作物生长阶段关联具有生物学意义的指标与气象要素构成的灾害强度指标相结合的分析方法监测评估。遥感监测方法从作物受害的形态特征、灾害指标反演两方面进行，根据灾害特征与光谱间的关系，实现遥感手段监测大面积灾害的发生范围与程度，弥补地面观测站网因网格区域过大而丢失信息的缺陷，形成地面与空中、点与面结合的农业气象灾害综合评价方法。农业气象灾害预报是根据灾害的致灾因子自身周期规律及气象条件或海温、大气环流等气候特征量之间的关系而进行预报的，例如，东北作物低温冷害的长期预报就是以环流、海温等作为预报因子的。而对农业干旱、渍害等灾害则是根据气象因子驱动的水分运动过程，利用数值预报或气候模式输出结果与土壤水分动力模型进行预报的。对于病虫害等衍生的农业气象灾害预报主要根据气象条件与病虫害发生发展间的相关关系，建立病虫害发生发展气象指数，预报病虫害发展趋势（毛留喜等，2010）。

4. 农业气象预报

农业天气预报包括农业产量气象预报和作物发育期气象预报两个部分。农业产量气象预报不仅对各级政府部门制定农业宏观政策、农产品购销和储运有重要的参考价值，而且对指导农业生产和我国粮食安全预警具有非常重要的意义。目前技术上主要以统计模型为主，预报对象主要是粮棉油作物。

作物发育期气象预报的目的就是要提醒农业生产者提前采取相应的管理措施，避免作物发育期出现异常，或是为了躲避重大农业气象灾害的影响，通过相应的农业管理措施使得作物发育期提前或者推后，以确保作物高产稳产。

5. 特色农产品气象保障

随着我国经济社会的发展，人们物质生活需要不断提高，具有地方特色和显著功能的特殊农产品（水果、蔬菜、花卉、保健品等）将越来越受到人们的欢迎。气象部门因地制宜，因时制宜地提供特色农产品气象服务将对地方特色农业有保障和促进作用。

案例 6-1：大安市农业气象服务①

随着社会经济的发展，农业生产进入新的发展阶段，大安市气象局紧紧围绕该市农业发展，积极开展农业气象服务工作。2012 年 8 月 20 日，大安市气象局与农业部门联合走进该市四棵树乡德昌村进行农作物田间调查。统计出黏虫危害作物面积，并积极配合农业部门做好虫害防控工作。同时双方多次联合开展田间调查和业务交流，不断提高为农服务水平。2014 年 9 月上旬，大安市气象局与农业局服务人员走进太山镇烟叶种植基地，对烟叶采收工作进行现场服务，指导烟农利用有利天气及时采收烤制烟叶，建议烟农在 9 月中旬完成烟叶采烤工作，以免初霜给烟叶造成损失。

二、海洋气象

海洋占地球表面面积的 71%，聚积了地球上 93%的水，是地球上生命的摇篮、资源的宝藏。一方面，海洋拥有巨大的面积和质量，海水的反射率高、透射性好、热容量

① 资料来源：李艳明，任万春，王学敏. 2015. 大安市农业气象服务现状及发展对策. 现代农业科技(6)：330-331.

高和流动性强，使其成为地球系统中最大的热量和水分的贮存库和源地。另一方面，海洋是许多重要天气系统的发源地，也是气候系统的重要组成部分，对大气有着很大的调节控制作用，在气候形成和变化中有着举足轻重的地位。

（一）海洋气象的相关概念

海洋气象学是研究海上大气的物理信息（特别是天气、气候现象），以及海洋与大气相互作用规律的学科。它是从生产活动中逐渐发展起来的，同时又派生出一些分支学科，如航海气象学、盐业气象学、港湾气象学等。航海气象学是研究航海中的气象问题（如海洋气象导航），为航海事业提供气象服务；港湾气象学是研究港湾设计和港湾生产作业中的天气和气候问题；盐业气象学是研究纳潮、积卤和盐田蒸发、风及降水等有关盐业生产中的气象问题，为盐业生产提供气象服务。

（二）海洋气象的发展简史

人们在很早之前就对神秘的海洋产生了浓厚的兴趣，并进行了大量的实践活动。1492—1502 年，哥伦布四次横渡大西洋，注意到大西洋上信风和海流的存在。17 世纪中叶，瑞士基歇尔（Athanasius Kircher）绘制全球海流图，指出了大洋环流和信风的关系；英国丹皮尔（William Dampier）观察太平洋台风，提出了台风是有静稳中心的旋转性风暴等见解。此后，他们整理了全球航海记录，编写出了有关海洋气象的书籍。19 世纪初，英国海军上将法兰西·蒲福（Francis Beaufort）依据他长期观察海面现象，总结出蒲氏风级表，将风力定为 13 个等级，最小为 0 级，最大为 12 级。随后美国上尉莫里（Maury）写出《海洋自然地理学》一书，并依据航海日志绘制了风和海流图，这些图的发表为航海做出了巨大的贡献。20 世纪初，挪威气候学家皮耶克尼斯（Vilhelm Bjerknes）建立了旋转地球大气中的环流理论；并提出气旋的极锋学说，创立了气旋的现代模式，形成气候学界独树一帜的挪威（卑尔根）学派。第二次世界大战以后，海洋气象观测技术和手段的不断进步，特别是卫星遥感技术和电子计算机问世及应用，为海洋气象学发展开创了新的纪元，促进海洋气象服务的迅速发展。

（三）海洋气象服务的内容

1. 海洋气象监测

海洋气象监测，主要是利用天基、空基、地基观测系统对气象、海洋环境、气象要素进行观测，实现对海风、海雾、海浪、海流、风暴潮、含盐量、海冰、海温和海洋污染等进行实时、全方位、全天候的观测，获取实时、连续、准确的监测数据，为气象预报和短期气候预测业务提供所需资料；监测气候变化，提供海洋气象服务能力。

海洋气象监测网主要包括沿海及海岛站网监测、近海和大洋浮标监测、海洋船舶监测、海床基观测、海洋监测、飞机遥感监测、海洋卫星遥感监测等(表 6-1),形成功能基本齐全、性能可靠的海洋气象综合监测系统,进行全方位、全天候、全自动的立体观测,为海洋气象服务和气候预测业务提供坚实基础。海洋监测网的重要任务是通过对海洋环境要素及其变化的观测来发现、跟踪和测量那些导致海洋灾害的现象。

表 6-1 海洋气象监测网监测的主要气象、水文要素

海洋监测网	气象要素	水文要素	其他要素
沿海及海岛站网监测	风速、风向、气温、气压、湿度、辐射、蒸发、降水、雾、海冰、能见度、海发光等	海平面、表层温度、表层盐度、潮汐、波浪等	营养盐、碳、浮游生物、海陆物质通量等
近海和大洋浮标监测	风速、风向、气温、气压等	表层流速、流向、表层水温、盐度、海浪等	pH、溶解氧、二氧化碳分压、浊度等
海洋船舶监测	风速、风向、气温、气压、海水温度、云、能见度、湿度、海发光等	表层盐度、表层水温、风浪峰高、涌浪峰高、涌浪方向、洋流流向等	营养盐、浮游生物、海陆物质通量等
海洋卫星遥感监测	海面温度、海面风速、海面高度、海面上空气溶胶等	海冰范围、海流特征等	叶绿素浓度、悬浮泥沙含量、浅海地形等

2. 海洋水文气象预报

海洋水文气象预报是对规定时段和规定海区所预期出现的海洋水文和气象状况的预报。它是海洋水文预报和海洋气象预报的统称。鉴于历史上首先发展了海洋气象预报,而且许多国家的海洋水文预报业务统一设立在气象机构内,所以习惯上往往把海洋水文气象预报称为海洋气象预报。

海洋气象预报起源于克里米亚战争之后。由于战争中法国军舰"亨利"4 号遭狂风巨浪袭击,在黑海沉没,所以法国希望组织观测网,分析绘制天气图,推断未来风暴的运行路径,减免人力、财力的损失。1856 年,法国第一个正规的天气服务系统建立,于 1863 年正式向法国港湾发布风暴警报。第一次世界大战期间,日本、德国、英国等海洋国家,都先后设立了海洋气象台。而我国面向全国各海区的海洋预报服务是从 1966 年 10 月 1 日开始的,由当时的国家海洋水文气象预报总台发布。最初的预报内容仅限于海洋风浪、涌浪、海雾和大风。至 1969 年渤海冰封酿成严重的海冰灾害和汕头遭强台风风暴潮袭击之后,国家增加了海冰和风暴潮的预报。以后又开发了海洋水温、盐度和渔场环境的预报,船舶最佳航线选择服务等,目前海洋气象预报的项目已超过 20 个。主预报服务海区也从近海、邻近海域,发展到西北太平洋,甚至能提供全球重点海域,包括南极附近海域的预报服务。

海洋气象预报分为短期预报(时效在 3 天以内)、中期预报(时效 3～10 天)和长期预报(时效一般为一个月)。预报一般由国家或地方的专门海洋预报服务机构或气象业务系统的海洋服务部门承担。

3. 海洋气象灾害预警

海洋灾害主要指风暴潮灾害、海浪灾害、海冰灾害、海雾灾害、大风灾害及地震海啸灾害等突发性的自然灾害。大部分的海洋灾害的始作俑者是气象灾害。由气象因素引起的海洋灾害，称为海洋气象灾害。引发海洋气象灾害的天气系统主要有：台风（热带气旋）、温带气旋、强冷空气活动等，海洋气象灾害的主要元素有：海上大风、风暴潮、海浪、海雾、海上强对流天气等。有统计数据表明，中国在2000—2007年，海洋气象灾害导致的经济损失和死亡（失踪）人数分别占全部海洋灾害的98.6%和99.9%（许小峰等，2009）。

目前人类还不能控制海洋气象灾害的发生和发展，因此，当那些猛烈灾害袭来时，人们唯一的要求是尽量减轻灾害损失。海洋灾害警报，就是在海洋灾害不可避免地袭来时，提前告诫人们，以便采取适当措施，减免海洋灾害损失。从本质上看，海洋灾害警报属于海洋气象预报中的一个分支。但由于灾害警报的特殊性，所以相关部门对灾害警报很重视。

近10年来，我国对海洋气象灾害的预警做过系列的研究，组建国家级的台风、暴雨警报服务系统，以及东部沿海和南部沿海台风灾害性天气监测、通信服务网络系统。经过多年的业务运行，台风、暴雨等预警准确率提高了，但仍有许多不足，如大气与海洋预测系统分离，没有实现耦合。中尺度数值预报模式目前广泛应用于气象部门的业务化运行，对普通天气过程有着较好的预报能力。但是由于目前中尺度数值预报模式系统分辨率不够，物理内容简单，对于台风、爆发性温带气旋等伴随着剧烈的海气相互作用的海洋灾害性天气过程而言，海气耦合问题考虑不够，对灾害天气的预测和模拟能力较低，不能满足灾害预警的需要。

4. 海洋资源开发气象保障

按照服务的对象，我国海洋资源开发的气候保障主要分为以下几类。

(1)海洋捕捞业的气象服务

海洋渔业在我国具有举足轻重的地位，而海洋捕捞生产需要提供大量的气象安全保障。近海温盐结构分析和温盐环流数值预报技术，为中心渔场速报提供准确、及时的温盐场、海洋锋面和冷暖水团的实况和预报结果；赤潮发生、发展的气象水文条件及防范措施；渔场天气预报预警系统和中心渔场温盐预报服务系统等，为海上安全生产和寻找鱼汛渔场提供气象保障。

(2)海洋养殖业的气象服务

众所周知，海洋灾害性天气如风暴潮、巨浪、大风等对海洋养殖业的打击几乎是毁灭性的。仅这一点就足以说明海洋气象服务存在的重要性。此外，海水温度、盐度、溶氧量、光照是影响鱼类、虾类、贝类及藻类生产的重要因素，而这些都与气象要素有着密切关系。近年来,赤潮和病害严重制约了海洋养殖业的发展。有研究表明赤潮和病害与气象水文条件异常有关。因此,海洋养殖业的气象服务主要致力于:①沿海热带气旋、水龙卷、风暴潮等的研究;②养殖种类生存适宜和极限气象水文条件研究、赤潮及病害与气象水文条件关系及防范措施的研究;③沿海养殖气象水文条件监测和生存极限气象水文条件预警研究。

(3)滨海工业、旅游业的气象与环境的影响评价

滨海工业环境评价是保护海岸带环境的必要措施。其评价工作主要包括沿岸工业的气象水文条件调查分析及沿海工业的开关承载能力研究,为滨海工业的合理规划和可持续发展提供依据。此外,为了全面、合理开发利用旅游气候资源,有必要对滨海的旅游景点的气象环境进行评价,主要包括旅游气象舒适度指数、风寒指数、温湿指数和避暑气候指数等进行研究,系统分析旅游气候资源的优势和不足,并对旅游气候资源进行综合评价,为滨海旅游业的健康发展提供科学依据。

(4)海洋和港口工程的气象服务

海港建设和海上油气开发离不开海洋气象服务。海洋工程和港口工程的气象服务主要包括港口和近海工程设计和生产过程中气象水文要素及条件分析、极端气象水文条件分析和气象水文灾害预警等。

(5)海岛和滩涂开发的海洋气象服务

作为海岸带的重要组成部分,海岛和滩涂是我国的后备土地资源。随着我国经济的发展和人口的增加,对滩涂的开发和利用终将成为热点。但是对滩涂不合理的开发,会造成很大的负面环境影响。而且全球气候变暖引起海平面上升,对滩涂的开发影响也极大。所以为了能合理地开发利用海岛和滩涂资源,研究滩涂的气候资源是一项不可或缺的课题。

(6)海洋气象导航

1988 年 12 月 2 日,“中央气象台海洋气象导航中心”建立,成立我国第一个海洋气象导航机构。我国是世界海运大国,近十几年来对海洋气象导航服务的需求与日俱增。现代的气象导航就是运用现代海洋环境预报技术与航海科学,为海上航行的船舶提供导航技术服务,以引导船舶尽量利用有利的风场和流场,选择安全、经济的最佳航线,避免恶劣天气的影响。

目前海洋气象服务除了上述的六种,还有其他一些服务,如海洋污染扩散预报、海上事故救援气象保障等。但海洋气象服务的种类不会固定不变,随着社会的进步、人类需求的细化和提高,将会有更多的海洋气象服务产品开发出来造福人类。

案例 6-2:海洋气象服务减少船体损害[①]

在航行中运用海洋气象导航,能够使船舶航行尽量避开恶劣天气区,减少风浪等对船体的损害。尽管船东大多会参加船舶保险,但船东或租船人在运输途中如果能同时利用海洋气象导航,那么将获得更大的利益。因为伦敦保险市场协会船舶定期保险条款和中国人民保险公司船舶保险条款中,并不对承保的所有由海上恶劣天气引起的船体损害承担赔偿。据有关资料报告,20 世纪 60 年代前,海洋气象导航尚未普及,因恶劣天气引起的船损修理费平均每船达 32000～53000 美元。从 20 世纪 60 年代起,海洋气象导航在班轮航线上应用后,使得船损修理费逐年下降,到 1967 年由天气因素造成的船损修理费降为平均每船 6000 美元。可见,海洋气象导航的运用使得船体损害的概率大幅下降。

三、突发环境污染事件紧急响应

据有关资料表明,近年来我国每年发生环境污染事故高达 1500～2200 起。2010 年 7 月 28 日 12 时,穿越吉林市永吉县的温德河出现洪峰,永吉县经开区内的两家企业的库房被洪水冲毁,有 7000 只左右装有三甲基一氯硅烷、六甲基二硅氮烷等物质的原料桶被冲入温德河,进而流入松花江。突发环境污染事件在我国频频发生,且有逐年上升的趋势,气象服务保障不仅可以检测与大气相关的环境污染突发事件,而且可以支持建立完善其他环境污染突发事故紧急响应机制。

(一)建立突发环境污染事件气象保障机制的意义

由于风、降水、大气湍流、温度层结、降水等气象条件对突发环境污染事件(如核泄漏、井喷、游轮起火、火山爆发、化学战争、有害物质泄漏等)有着直接的影响,如果选择适宜的应急防护措施和应急响应行动,可以减轻甚至避免环境的污染。加强突发环境污染事件气象保障能力建设,是专业气象服务的一项重要内容,对有效保护环境与公众生命财产安全,促进社会全面、协调、可持续发展有着重大的意义。

(二)突发环境污染事件的相关概念

1. 突发事件和突发环境事件

突发事件是指在某种必然因素支配下意外地发生,给社会造成严重危害、损失或影响且需要立即处理的负面事件。它主要包括自然灾害类、事故灾难类、突发公共卫

---

① 资料来源:许曹华. 1998. 期租船人使用海洋气象导航的优势和必要性. 上海海运学院学报(2):63-67.

生事件类和突发社会安全事件类等。

突发环境事件是指突然发生，对全国或某一地区的经济社会稳定、政治安定构成重大威胁和损害，造成环境污染和危害公共健康或可能造成重大人员伤亡、重大财产损失的，涉及公共安全的环境事件。它主要包括突发环境污染事件、生物物种安全环境事件、辐射环境事件三类。突发环境污染事件包括重点流域、敏感水域水环境污染事件，重点城市光化学烟雾污染事件，危险化学品、废弃化学品污染事件，海上石油勘探开发溢油事件和突发船舶污染事件等；生物物种安全环境事件主要是指生物物种受到不当采集、猎杀、走私、非法携带出入境或合作交换、工程建设危害以及外来入侵物种对生物多样性造成损失和对生态环境造成威胁和危害事件；辐射环境污染事件包括放射性同位素、放射源、辐射装置、放射性废物辐射污染事件。

2. 突发环境污染事件

突发环境污染事件是指在社会生产和人民生活中所使用的化学品、易燃易爆危险品、放射性物品，在生产、运输、贮存、使用和处置等环节中，由于操作不当、交通事故、自然灾害或人为破坏造成的爆炸、泄漏，从而危害到人体健康和造成环境污染的环境事件。突发环境污染事件的发生一般是始料未及的，有很大的偶然性，对污染范围也带有很大的不确定性。此外，由于各类突发性环境污染事件的性质、规模、发展趋势各异，自然因素和人为因素互为交叉作用，所以突发环境污染事件还具有复杂性。

按照突发环境污染事件严重性和紧急程度，我国将突发环境污染事件分为四级，分别为：特别重大环境事件（Ⅰ级）、重大环境事件（Ⅱ级）、较大环境事件（Ⅲ级）、一般环境事件（Ⅳ级）。事件的级别越高，危害越严重，恢复重建越困难。

（三）突然环境污染事件紧急响应机制的建立

随着我国社会经济的迅猛发展，环境安全领域的隐患逐渐增加，环境安全大小事故时有发生，有效防控突发环境污染事件的形势十分严峻。如何应对环境污染突发事件，进一步建立和健全环境污染突发事故的应急机制已成为社会关注的热点。建立健全的突发环境污染事件应急机制，必然提高了政府应对涉及公共危机的突发环境事件的能力，并维护了社会的稳定和生态环境，保障了公众生命健康和财产安全，促进了社会全面、和谐、可持续发展，所以国家高度重视环境污染突发事件紧急响应机制问题。

1. 突发环境污染事件紧急响应保障预案和预警

紧急响应气象保障预案是科学规范地开展应急气象保障的重要基础。突发环境污染事件紧急响应保障预案是指一个国家或地区针对突发性的环境污染事件的预防、预警、紧急处置和恢复重建所指定的一系列计划。它是环境污染应急体系中重要的组成部分和必要的前期工作。为了有效遏制和应对突发环境污染事件，国务院于2006年1月24日发布并实施了《国家突发环境污染事件应急预案》。应急预案包括紧急响应保障的基本目的、任务和要求，参加单位的职责与协同，应急气象信息通信网络，大气环境监测，应急气象预报和预警的内容、种类、标准、发布方式与程序，气象装备器材与物资配备与功能供应，机动应急保障人员组成、任务，应急响应行动与实施程序等内容。

完整的应急预警系统一般包括环境安全预警系统、突发环境污染事件应急资料库和应急指挥技术平台系统。环境安全预警系统主要是用来实时监控重点污染源排污状况、科学评价区域环境、预警突发事件和辐射事件等；突发环境污染事件应急资料库主要包括突发环境污染事件应急处置数据库系统、生态安全数据库系统、突发事件专家决策支持系统、环境恢复周期检测反馈评估系统和辐射事件数据库等系统；应急指挥技术平台系统，是通过环境事件专业协调指挥中心及通信技术保障系统，结合实际情况对突发环境污染事件做出正确、果断的指挥，以便将损失和环境污染降低到最小。

按照突发事件严重性、紧急程度和可能波及的范围，突发环境污染事件的预警分为四级，预警级别由低到高，颜色依次为蓝色、黄色、橙色、红色。根据事态的发展情况和采取措施的效果，预警颜色可以升级、降级或解除。收集到的有关信息证明突发环境事件即将发生或者发生的可能性增大时，按照相关应急预案执行。

2. 突发环境污染事件大气环境监测

遵循早发现、早报告、早处置的原则，全国环境保护部际联席会议有关成员单位在环境应急情况下，为发现和查明环境污染情况和污染范围而进行自然灾害、常规环境、辐射环境等方面的监测，并将监测所得数据进行综合分析和风险评估。此外，还应加强遥感遥测技术的应用研究，建立并完善固定自动式与可移动式观测结合的大气环境加密监测站网，并建立高性能的、完善的上下游联防紧急响应体系，做到一旦有需要，可及时启动该应急站网进行相关的加密监测。

3. 突发环境污染事件应急气象预报服务

提高突发环境污染事件应急气象预报服务，需要完善突发环境污染事件应急气象保障预报业务系统，开发研制更丰富更有针对性的气象预报服务产品，制作及时准确的大气潜势预报，以及放射性污染物扩散传输三维路径、污染浓度、沉降与分布预报及其影响分析产品。这样才能提高我国放射性污染物扩散传输和其他环境污染事件预报服务水平，满足不同需求的更为完善的应急响应系统，为突发环境污染事件提高优质服务。

4. 突发环境污染事件的风险评估

近年来，随着我国经济社会的快速发展，突发环境污染事件已进入高发期。对突发环境污染事件进行风险评估的目的就是分析和预测生产、建设过程中存在的潜在危害、有害因素，以及可能发生的突发性事件或事故，引起有毒有害和易燃易爆等物质泄露、造成人身安全与环境影响和损害的程度，提出合理可行的防范、应急与减缓措施建议，使事故率、损失和环境影响达到可接受的水平，如核电站就应对放射性污染物扩散传输影响进行研究及定量评估，分析放射性污染物扩散传输三维路径，提供辐射扩散影响区域和程度的业务服务产品，协调提出人群疏散和转移方案及政府的其他应对措施建议。一旦发生环境污染事件，有关部门就会按照预先制定的方案对污染事故进行控制、处理，降低事故造成的危害。

四、空间天气

近 50 年来，随着卫星和飞船不断进入太空，人类的生活、生产对卫星等空间技术系统的依赖不断增加，人们逐渐认识到，除了陆地、海洋和大气环境与人类的生存息息相关之外，还有空间环境。如同大气中存在着千变万化的天气过程一样，太空也存在着“空间天气”(space weather)。空间天气也不是现在才出现的，有太阳的时候就开始产生了空间天气；空间天气对人们的影响也不是现在才产生的。“空间天气”一词最早出现在 20 世纪 60 年代末，但过去却没有被公众所了解，主要是由于当时空间技术主要用于军事，最近一些年空间技术才普遍地进入老百姓的日常生活。

(一)发展空间天气服务的意义

与日常所说的天气一样，空间天气也有好坏之分。恶劣的空间天气可引起卫星提前失效、通信中断、导航失误及电站输送网络的崩溃等，危害人类健康，造成各方面的社会经济损失。随着空间技术的发展和空间天气对航天活动、国民经济和国家安全的影响越来越显著，政府及公众对空间天气服务的关注及需求也越来越多。中国气象局国家空间天气监测预警中心就是主要利用国内外气象卫星空间环境观测资料，统计分析各类空间环境物理参数随时间的变化特征，开发建立空间天气监测预警系统，实时发布空间天气现报、警报与预报，为我国卫星发射、在轨卫星安全、卫星返回安全、载人航天活动安全、地面技术系统安全和导航、通信等应用部门服务和为国家安全服务，同时为科学研究部门提供科学的观测数据。目前空间天气对许多领域都产生了影响，其影响的领域主要有以下几种(王劲松等，2009)。

1. 通信系统

在二次世界大战中，人们开始注意到用于军事目的的雷达有时会受到意外因素的干扰，后来才逐渐认识到是空间天气对通信的影响。事实上，任何以电磁波方式传输信号的通信系统，都会受到电离层天气变化的影响；对于电离层天气监测和预报的需求，已经成为日常生活中的一部分。

2. 国防安全

目前已广泛应用于军事中的高频通信系统完全依赖电离层大气，高纬度区预警雷达的功效极大程度上受制于极光活动，且利用空间天气监测系统能够准确预测敌方利用空间天气实施军事活动的可能性。此外，空间天气对战略导弹的地面系统、作战性能飞行等有极大的影响。由此可见，空间天气对国家安全构成直接的影响。发达国家为了在军事领域抢占战略制高点，都在加紧筹备和组建“天军”，想在继陆、海、空三维战场之后，在外太空开辟“第四维战场”。

3. 航天器及航空飞行安全

据统计，在航天器发生的故障中，36%是由于空间天气事件引起的。即使在没有空间天气事件发生的情况下，低轨卫星在穿越南大西洋异常区时也会受到强烈的粒子辐射。此外，太阳高能电子事件爆发时，太阳爆发的高能粒子辐射会危及宇航员、高空飞行员及乘客的安全，并影响极区通信。高能粒子能穿透人体细胞，使组成细胞的分子电离，毁坏细胞的正常功能。所以对空间天气进行监测预报时，让航天活动尽量避开恶劣的空间天气事件。即使遇到恶劣空间天气事件，也应采取应急措施，将其影响降到最低。

4. 地质勘探

地磁活动对地质勘探的影响有两方面。一方面，在地磁宁静的时候，绝大多数地质勘探才能得到真实的磁场图像；另一方面，有一些地质勘探倾向于在地磁暴期间勘探，这时的地下流与正常时的差异会帮助勘探者找到石油或矿物。

5. 导航定位系统

导航定位系统是利用无线电波进行工作的，会受到电离层天气的影响，因此在电离层天气发生扰动的时候，利用 LORAN 和 OMEGA 系统定位可产生几千米的误差。此外，电离层闪烁还会影响到所有类型 GPS 接收机的工作，特别是在 20°纬度带附近，在某些固定的时段 GPS 系统失灵的事件发生很频繁。

随着人类对空间依赖性的增强，空间天气对国民经济产生越来越多的影响。除了上述领域的影响外，空间天气对天气气候、生物系统、金融服务等领域也有着不可忽略的影响。

(二)空间天气的相关概念

1. 空间天气的定义

空间天气是一个比较新的概念，它的内容和含义仍在发展中，最普遍的一种理解是：空间天气是指瞬间或短时间内发生在太阳表面、行星际太阳风、磁层、电离层和热层大气中，可以影响天基和地基系统（如气象卫星和地面探测雷达）的正常运行，危及人类活动、健康和生命的天气条件或状态。恶劣的空间天气可引起卫星运行、通信、导航及电站输送网络的崩溃，造成各方面的社会经济损失。

上面的定义强调了空间天气消极的一面，其实空间天气也有好的一面。所谓好的空间天气，是指太阳、行星际空间、磁层、电离层、高层大气处于平静的状态，有利于运载火箭发射和卫星正常运行；而差的空间天气，是指上述区域具有不同程度的扰动；而恶性空间天气的发生，其实就是由于太阳活动的突然增强和地球空间能量的积蓄与释放所致，如强的日冕物质抛射、大耀斑、高速太阳风、磁暴、亚暴、电离层突然骚扰等的发生。此外，与空间天气有关的一些物理现象也是特别有趣的，如在极区会出现美丽的极光等。

2. 空间天气灾害

空间天气灾害，是指由于空间天气因素造成天基或地基技术系统功能下降或报废，宇航员等人员健康受到损害，从而导致国民经济蒙受损失、国家安全受到威胁。由于空间天气具有全球性和局域性的特点，因而一次灾害性空间天气事件通常会导致全球性的破坏，而不同区域的破坏程度和层面不尽相同。

目前灾害性空间天气事件主要可以概括为太阳风暴和地球空间暴两类。太阳风暴概括了太阳上的各种爆发性活动及太阳风因此而发生变化的现象。通常太阳的爆发与太阳黑子的大量出现分不开。在太阳黑子多的时候，太阳更容易发生爆发现象，如耀斑、日冕物质抛射等。而地球空间暴是指太阳爆发或者地球空间自身存储的能量的剧烈释放，使得地球空间内各区域的场和粒子处于剧烈的扰动状态。同样，和太阳风暴一样，地球空间暴也是多种灾害性空间天气过程的总称，包括磁暴、磁层亚暴等。

（三）空间天气服务的主要内容

1. 空间天气监测

空间天气监测，主要是对空间大气的活动源头——太阳进行实时、精细地监测；对影响地球环境的宇宙射线、太阳射线、概念粒子事件进行探测；对地球环境的不同高度进行立体监测；对地球磁场、电离层、中高层大气进行监测，并发现磁暴、电离层暴的发生和发展的变化规律；对地球环境的影响情况及其与太阳表面物理现象的相关性进行监测。简单来讲，空间天气监测主要是对太阳活动、磁暴、地球辐射带环境、电离层扰动和中高层大气环境五个方面进行监测。

太阳活动是发生在太阳大气局部区域的异常结构、异常现象或过程。监测太阳活动过程，是认识太阳活动的最基本方法，也是空间天气的预报与警报的基础和先决条件。对太阳活动进行监测和研究，可以清楚地认识到太阳活动是空间天气变化或扰动的原因；不同类型、不同性质、不同形态和不同强度的太阳活动会导致不同的空间天气。

磁暴是地磁场的一种强烈变化，对它的监测实际是包含在对总的地磁场变化的监测中，一般不需要单独进行。

地球辐射带是指地球周围空间高能粒子分布的区域。它分为两个区，内辐射带和外辐射带。辐射带环境的监测主要是监测高能的质子和电子。由于不同高度的磁场特征有很大的差异，因此，不同高度的粒子辐射环境差异很大，内辐射带主要需要监测高能质子，外辐射带主要需要监测高能电子。

电离层对几乎所有经过它的电波都会产生显著的影响，因此，电离层天气是空间天气对人类生活影响最直接的部分。电离层扰动是空间天气监测中一项重要的内容，电离层扰动监测主要包括电离层背景等离子浓度、电离层暴、电离层骚扰、电离层扰动和闪烁等四个部分。

2. 空间天气预警预报

空间天气预警预报服务，是根据空间天气观测系统收集的空间环境数据，进行空间天气过程的研究，对空间天气进行预报，对将要发生的在近地空间或地球表面危及卫星、设备和人类的危险做出预警和预报，以及对未来空间环境状况做出预测。

空间天气的预报主要包括太阳活动预报、磁暴预报、辐射带环境预报、电离层扰动预报、中高层大气环境预报和空间碎片分布预报等。其中，中高层大气环境，由于在其中发生的复杂的物理过程和化学过程至今仍不是很清楚，依然是学者研究的热点和难点，所以目前对中高层大气环境预报只有中高层大气成分、密度、温度的预报和风场的预报。电离层扰动预报，目前主要是对突然电离层骚扰和电离层暴进行的预报。

太阳活动预报，就是对未来某一段时间内太阳活动水平和太阳活动事件及它们的变化的预测和报告。它对空间天气预报有着导向性的作用，是空间天气预报的先行与核心部分。太阳活动水平的预报，主要是对太阳活动指标如太阳黑子数及其变化的预报；而太阳活动事件预报，则是对未来太阳活动事件，如太阳耀斑出现的时间、日冕位置及强度的预报。按照预报时效的长短，常把太阳活动预报分为长期预报、中期预报和短期预报三类。长期预报是以年时间提前量的尺度，以太阳周预报为主要内容的太阳活动预报；中期预报是以月或太阳自转周(27 天)为时间尺度的预报；短期预报则是对未来 1～3 天内太阳活动水平和太阳爆发性活动事件的预报。

磁暴预报主要包括磁暴现报、磁暴警报、磁暴短期预报三类。磁暴现报是当发生磁暴并被发现时，预报部门在很短的时间内迅速报道磁暴发生的情况；磁暴警报目前则是主要依据距离地球 150 万千米的卫星的太阳风的磁场南向分量的大小和持续时间及太阳风电场进行的预报；磁暴短期预报，则是依据太阳的观测，考虑日冕物质抛射的位置、速度和方向，以及冕洞的大小和发出的太阳风的速度等因素，进行提前1～4 天的地磁预报。

3. 空间天气服务产品的加工

建立空间天气业务服务产品的加工系统，可以及时、方便地汇总各方资料和产品，进行同化处理，得到科学的预报结果，对重点行业、部门提供连续的监测和预报、警报信息；并联合广播、电视等媒体及时发布空间天气预报，能及时滚动发布有重大空间天气事件爆发的预警信息。空间天气的专业服务应以空间天气事件效应为线索，细化专业用户分类，针对不同的用户，对不同的空间天气事件，提供及时的预警和个性化的防范、应急措施。

4. 空间天气灾害应急体系

根据最新太阳黑子的观测数据显示，2009 年里 260 天没有太阳黑子的出现，属于太阳黑子活动低值期。但在 2009 年 12 月里有 22 天出现了太阳黑子，进入 2010 年后太阳表面依旧呈现太阳黑子，尽管太阳活动仍为低水平，但这些现象预示着太阳即将进入一个新的活动周期，研究人员预计在 2013 年或 2014 年达到新的最强期[①]。如果不加强空间天气监测、预警，不尽快建立我国的空间天气灾害应急体系，那么在未来的三五年里，若频繁发生空间天气灾害，国民经济将面临巨大的损失，国防安全将面临巨大挑战。

建立和完善应急体系是一项系统工程。应在对空间天气灾害有效的监测和预警的基础上，建立空间天气灾害应急指挥、预案、资源和法律体系，通过信息传递渠道，将灾害信息、减缓措施、应急对策等及时快捷地传递给国家相关决策部门、空间天气专业用户及公众(王劲松等，2009)。

案例 6-3：空间天气周报[②]

上周出现较强地磁扰动；预计本周空间天气可能出现小扰动。

本周太阳活动水平低，爆发了 1 次 M 级耀斑；地磁活动水平高，出现了 3 小时大地磁暴、18 小时中等地磁暴、27 小时小地磁暴和 54 小时地磁活跃；电离层天气水平中等，10 月 8 日出现了中等电离层暴，其余时间以平静为主。

预计本周太阳活动水平低，爆发中等(M 级)以上耀斑的可能性低；地磁活动水平中等，可能出现地磁活跃甚至小地磁暴；电离层天气以平静为主。

五、健康气象

随着人们生活水平的不断提高，人们除了要吃好穿好，还要享受舒适的自然环境，避免天气变化给人们的身体、生活、出行带来的不适。并且气象与人们的健康密

---

① 资料来源：中国天气网，http://www.weather.com.cn.

② 资料来源：国家空间天气预警中心.空间天气周报.(2015-10-14)[2015-10-14].http://www.spaceweather.gov.cn/.

切相关，人们也越来越关注天气变化及其对健康影响情况，从而健康气象服务应运而生。现在的天气预报不仅要预报出未来的天气、温度、风向、风速等情况，还要预报天气对周围环境、人体健康等影响指标，如空气污染气象条件指数、紫外线强度指数、人体舒适度、体感温度、晨练指数、登山指数、着装指数、空气干湿指数、医疗气象指数等。这些指数通过电视、电台、报纸、网站等媒体发布，引起了人们的广泛关注，取得了良好的社会效益(徐阳春，2003)。

(一)开展健康气象服务的意义

天气和气候的变化与人们的健康密切相关。中医学说中的"风、寒、暑、湿、燥、火"六种环境致病因子都与气候环境变化有关。从下述的风、温度、湿度等对健康的影响，就足以看出开展健康气象服务意义的重大。

1. 风与健康

风与人类的健康关系密切。一方面，大风会吹起沙尘加重空气污染，影响人们的出行；另一方面也会加速人体水分的蒸发，使人感到不适，甚至还会造成肌体脱水、皮肤干裂等现象的发生。还有研究表明，风向会明显影响人的健康。猛烈的西风，会加剧肺部和呼吸道的疾患，同时也会使关节疼痛加剧，东风会引起头痛和心脏衰竭，暖和的南风会提高血液的凝固力，而北风则会使血压升高。另外，在山岭两侧气压不同的条件下，山间有时会产生一种翻越山脊顺坡而下的干热风(即焚风)，具有带电特性，能使人的情绪低落乃至神经错乱。文献上有焚风使人沮丧，犯罪增多及事故上升的记载，并且焚风还会诱发高血压、头疼、晕眩、呼吸困难等疾病。当然风对人的情绪及健康的影响也会因人而异，有的可能毫无感觉，有的则会反应灵敏(徐阳春，2003)。

2. 温度与健康

对人体健康最理想的环境温度是18℃左右，人的体温恒定在37℃左右，皮表温度约在33℃，体内温度只能忍受±4℃的变化，温度过高过低都会对人体产生不良影响。冬季当气温在4～10℃时容易患感冒、哮喘，4℃以下时易诱发心肌梗死、心脏病、呼吸道感染等病；春季气温回升，病菌、细菌大量繁殖，流脑、猩红热等流行病较易发生；夏季高温潮湿，易发生肌肉痉挛、脱水、中暑等症状，血液浓度上升、心脏负担增加，当气温上升到30～35℃时，血管舒张、皮肤表层血液增加、脉搏加速、人会思维迟钝、烦躁不安，相对来说，大多数人在夏季心理能力偏低(徐阳春，2003)。

3. 湿度与健康

一般来讲，周围环境湿度为40%～65%时人体感觉最舒适。夏季相对湿度大，表皮蒸发散热困难，造成体温升高、表皮血液较多、大脑难以获得充足的血液，使人觉得闷热烦躁，食欲下降，易出现眩晕、皮疹、风湿性关节炎等疾病。当冷空气入侵，气温和气压下降时，湿度增加，关节炎和有创伤的患者受天气影响能感到隐隐作痛(徐阳春,2003)。湿度变化对人体健康的影响不能被忽视。

其实,影响人体健康的远远不止上述的几个气象要素,还有其他气象要素,如气压。高气压天气使人感到舒适,而低气压天气则容易诱发偏头痛、哮喘、高血压、心脏病、风湿等疾病,当冷空气入侵气压骤升时,失眠、精神分裂症及衰竭现象加剧。旅行者从平地登上高山,可能会因氧气不足而大口喘气,继之出现头痛、头晕、呼吸急促及恶心、呕吐、疲乏无力等症状。

(二)健康气象的相关概念

健康气象是一门新兴的气象服务,它的内容还在发展之中,目前还没有一个明确、统一的定义。本书认为,健康气象是指通过实时观测天气、气候、气象和人体健康的情况,研究大气环境对人类机体的物理、化学和生物条件的影响规律,研发人类所需的健康气象指数,并对各种健康气象指数进行及时预报预警,为治疗人们疾病和卫生保健等提供气象保障,以避免对人体健康有害的气象条件,并利用有利的气象条件来增强体质、防治疾病的气象服务。它涉及气象学、生物学、地理学、统计学、生态学、生理学、流行病学、环境卫生学、大气化学、大气物理学等多种学科的知识,具有边缘性、综合性的显著特征。

(三)健康气象的发展简史

在中国古代医学实践中,基于“人与天地相参,与日月相应”“人以天地之气生,四时之法成”的“天人相应”的理论,早就有了生理、病理、药理和气象关系的记载。如中医学说把“风、寒、暑、湿、燥、火”这六种环境致病因子称为“六淫”,而“六淫”几乎都与气候特征相关。又如《素问·五常政大论》有“地有高下,气有温凉,高者气寒,下者气热。……西北之气散而寒之,东南之气收而温之,所谓同病异治也”,这说明了治病要因地因时而异。此外,公元前 400 年,古希腊也有了疾病和天气关系的记载;到了 19 世纪中叶,出现有关气象和疾病关系的研究专著;到了 20 世纪 30 年代,逐步展开气象要素、天气系统和天气气候变化与疾病关系的研究。我国对健康气象的研究才刚刚起步,随着近代科学技术的发展,依据人类健康的需要,如何进一步使人类的生存环境具有更加优良的保健效能,将是未来健康气象研究的重要课题。

(四)健康气象服务的主要内容

1. 健康气象监测

健康气象的监测,主要是对温度、湿度、风力、气压等气象要素,以及臭氧、紫外线强度和花粉浓度进行实时监测,是预报系统能及时、准确地发布预警、预报信息,保障人体健康的先决条件。

2. 健康气象指数预报

健康气象指数是根据气象要素对疾病的影响规律,设计出的有利人类预防疾病、增进健康的气象指数。它是一个隐式气象因子,并不是直接的预报对象,而是通过气象因子的预报之后转化为指数的预报对象。常见的健康气象指数有空气污染气象条件指数、紫外线强度指数、人体舒适度、体感温度、晨练指数、登山指数、着装指数和空气干湿指数等。

(1)空气污染气象条件预报

空气污染气象条件预报又称空气污染潜势预报,是指气象条件与污染物扩散之间关系的预报。例如在冬季,在稳定的高气压控制下,一般天气晴好,风力较小,早晚在近地面层易形成逆温,这时空气中的污染物就滞留在近地面层,容易形成污染。当预报未来将出现易于形成污染的气象条件时,有关部门就有可能及时采取措施,控制或减少污染物的排放量,降低或避免污染物对周围环境的影响;同时也可以利用有利的气象条件进行自然净化。

(2)紫外线指数预报

紫外线是电磁波谱中波长从0.01～0.04微米辐射的总称。阳光中有大量的紫外线。紫外线对人类的生活和生物的生长有很大影响。紫外线按其波长可分为三个部分:A紫外线(波长位于0.32～0.40微米之间)、B紫外线(波长位于0.28～0.32微米之间)、C紫外线(波长位于0.01～0.28微米之间)。对人类的影响主要表现为A紫外线和B紫外线的综合作用。由于臭氧层遭到日趋严重的破坏,地面接收的紫外线辐射增多,因此有必要研发紫外线指数,开展紫外线指数预报服务,以帮助人们适当预防紫外线辐射。

(3)登山指数预报

山林里的空气新鲜,空气中的负离子数量较多,登山可以锻炼人体筋骨,陶冶性情。气象条件对登山有很大的影响,如气温、风、雾和降水、积雪等条件对登山都有一定影响。通常天气晴好,温度和湿度适宜,风力不大时有利于登山活动,而高温或低温、大风、暴雨、浓雾等对登山活动不利。对于以山为旅游特色的地区,自然相当看重登山指数的预报,这可能影响到当地的旅游效益。

(4)感冒指数预报

感冒指数是气象部门就气象条件对人们发生感冒的影响程度,根据当日温度、湿度、风速、天气现象、温度日较差等气象因素提出来的,以便市民,特别是儿童、老人等易发人群在关注天气预报的同时,可以用感冒指数来确定感冒发生的概率和衣服的增减及活动的安排等。感冒指数分为四级,级数越高,感冒发生率就越高,气象因素对感冒的发生就越有利。

上面仅仅是举了几个健康气象指数的例子,其实相关的气象指数还有许多,其中有些指数是针对特定的行业和企业开发出来的，用来引导消费和促进销售，如空调指数，是在节能减排的大背景下开发出来的，不仅用来指导人们使用空调时机，还为商家把握商机提供参考的指标，如国外空调生产商在决定第二年的生产量时，会提前跟气象部门合作，并根据第二年的气候特点决定生产多少，若指数越高，人们购买空调的积极性就更高，商家应及时备足货源，大量投放市场；啤酒指数，是用来正确引导市民啤酒消费，指导啤酒商家销售的。啤酒指数分为五级，一般级数越高，越适合饮用啤酒。

3. 健康气象预报预警

健康气象预报预警就是预测自然大气和人工环境是否适合人类活动和人体健康的气象条件，通过预报使人类在日常活动中避开不良气象条件的影响，利用有利的大气环境来增强体质，预防疾病，合理开展生产活动，提高工作效率。目前健康气象预报的主要任务是：①研究天气、气候对正常健康人生理过程的影响机理和不同季节、不同区域气候条件的气象要素与疾病的关系；②研究制作短期、中期及长期医疗气象预报的方法，提高预报准确率；③开展中短期医疗气象预警、预报影响评估服务。

案例 6-4：SARS 与气象[①]

SARS，全称严重急性呼吸综合征（Severe Acute Respiratory Syndromes，简称SARS），是传染性非典型肺炎，因感染 SARS 相关冠状病毒而导致的以发热、干咳、胸闷为主要症状，严重者出现快速进展的呼吸系统衰竭，是一种新的呼吸道传染病，传染性极强、病情进展快速。

2002 年一场突如其来的 SARS 从中国南方汹涌而起。该事件首发于广东顺德，随后扩散至东南亚乃至全球，直至 2003 年中期疫情才被逐渐消灭的一次全球性传染病疫潮。在此期间，由于刚开始疫情尚未充分展现，为了避免引起社会恐慌，中国政府刚开始对疫情实行隐瞒。同时比疫情扩散更快的是恐慌，在中国内地开始出现了抢购醋和板蓝根的情况。但随着事件发展越来越严重，政府开始着手处理，直至最后控制。从世界卫生组织公布的数据看，截至 2003 年 7 月 11 日，全球非典累计确诊病人为 8437 人，而非典累积病人集中在中国内地及香港、澳门和台湾等地，加上华人比较集中的新加坡。全球非典累积死亡人数为 813 人，中国内地、香港、澳门、台湾等地及新加坡为 762 人。

自 SARS 发生以来，科学家就开始了 SARS 与气象环境可能关系的研究和争论。张强等（2004a）通过研究香港和北京两地 SARS 暴发期间详细的气象资料，对

① 资料来源：郑大玮，刘亚玲，王志华，等. 2003. SARS 疫情与气象条件. 中国气象报，2003-06-10.

2003年3—6月我国SARS发病人数最多的北京、香港逐日病例和有关气象因子进行了对比分析，初步探明：气温、气压的走向和SARS发病率有很好的关系；相对湿度高、云量多和日照少是两地高发期的共同特点；冷空气活动对SARS疫情的流行有诱发推动的作用。陈正洪等(2004)根据中国主要发病区北京、河北、香港、台湾及广东等地2003年3—5月SARS主要发病时段逐日发病数与同期、前期气象条件进行了相关性比较，并揭示了2002年11月—2003年5月的气候背景，研究表明：SARS的滋生和传播有一定的适宜温度范围(14～28℃)，过高过低均不利；在此范围内，发病数与气温(平均、最高、最低气温及气温日较差)、降水量和相对湿度均为负相关，尤其是与最低温度相关性最好；前7天左右的气象条件比当天的气象条件影响更大；各地都经历了较长时间甚至严重干旱。总之，20℃左右的温度与长期少雨干旱环境的配合有利SRAS的发病和传播。张强等(2004b)为了进一步探讨SARS发病率与气象条件的关系，根据SARS流行期间逐日发病人数和气象要素随基准值变化的对应关系设计了"高危"气象指标，并对指标进行概念确定(所谓的"高危"气象指标，是指某些气象因子达到一定值范围时，SARS发病率明显增加)；分别计算了两地气温因子的高危指标。结果显示，两地日平均气温和日最低气温指标相差了3℃和7℃，但两地日最高气温的高危指标完全一致，均为24～27℃。可见不论在我国北方或南方，SARS从发生、传播流行至消亡的全过程均与特定的气象条件有关，特别和某些气象因子(如气温和气压)的特定范围有关(陈正洪等，2004；张强等，2004a；2004b)。

如果这些研究数据、指标及结果是可靠的，中国气象部门和卫生防疫部门可根据SARS疫情的出现和有关气象因子预报发布警报，或许能对人们抵御SARS再来和提前预警有指导意义，以便卫生部门和社会公众可以根据天气警报加大防治力度，控制疫情暴发和蔓延，把发病率控制到最低。

六、交通气象

交通安全和运行与气象条件密切相关，针对交通的专业气象服务是减少交通事故发生、保障交通畅通的重要保障之一。我国交通气象发展较晚，但近年来得到交通、气象部门的高度重视。2005年，交通部与中国气象局签署了共同开展公路交通气象预报工作备忘录，以此为标志，交通气象进入了实质性的发展阶段。

(一)影响交通的主要气象要素

统计资料表明，在高速公路上，交通事故发生的首要原因是驾驶司机的疲劳和瞌睡，占26%；而对气象条件的考虑不充分占13%，位居第二，除此以外，2009年全国高速公路气象服务效益评估调查得出的气象服务在高速公路生产运营环节中产生的效益为22～28亿元。近年来，气象部门和交通部门不约而同地将目光转向交通气象服务，对不同气象要素对交通的影响进行了深入的研究。影响交通的主要气象要素有：降水、风、能见度（尹凤春等，2005）。

1. 降水对交通的影响

降水天气对交通的影响与降水的性质、强度及降水量的大小有密切关系。从表6-2可以看出：从降水性质上来说，降雪和雨夹雪对交通的影响最明显。降雪和雨夹雪时气温较低，可在路面形成积雪、积冰等造成车辆打滑，在车辆转弯和刹车时容易发生侧滑，极易造成交通事故。降水强度和降水量不同对交通的影响也不同。降水强度越强，降水量越大，对车辆行驶产生的影响越大。

表6-2　不同性质和强度的降水对交通的影响

降水情况	所导致的路面状况	对交通的影响
小雨	潮湿，少量积水	摩擦系数略降，影响不大
中雨	有明显积水	摩擦系数下降，车轮打滑
大雨	有大量积水	摩擦系数明显下降，车轮打滑
暴雨	低洼处积水，淹没低矮路标	车行缓慢，交通受阻
小雪	少量积雪	司机需注意，对交通影响不大
中雪	有积雪	影响行车和刹车
大雪	路面积雪	需限速缓行
暴雪	积雪厚，甚至形成雪阻	行车困难，交通受阻
雨夹雪	有积冰	行车困难，刹车失控

2. 风对交通的影响

风对城市交通的影响比高速公路小得多。一般情况下，风力4级或以下时对车辆正常行驶基本没有影响，风力5～6级时有一定的影响，风力在7级以上时可产生明显影响。大风对高速行驶的大货车和大型客车的影响最大。当车辆迎风行驶时，车身易发生摆动，造成事故的可能性很大。

3. 能见度对交通的影响

根据对能见度的实况资料分析，城市能见度距离多数在10～20千米之间，大气条件好时可达30千米以上，差时不足100米。恶劣能见度是影响交通的重要气象因子。当能见度为5～10千米时，对市内交通基本没有影响；当能见度下降到2000米以下时，对市内正常行驶的车辆产生影响。需要指出的是，气象能见度的定义和观测方法与司机驾车时前方路面可视距离有很大差别。气象能见度距离是指能够从天空背景中看到和辨认出大小适度的黑色目标物的最大水平距离，而"能见"的标准是能辨别目标物的轮廓和形体。司机驾车时需要清楚地分辨前方路面上不同颜色、大小的物体、车辆、行人、路障、指示标志等，并判断其运动状态和应采取的措施，其要求明显高于气象能见度观测的视物清晰度标准。根据实践调查，气象观测的能见度距离大约是司机行车时可视距离的3～5倍。能见度对市内的交通的影响见表6-3。

表6-3 不良能见度对交通的影响

能见度距离(米)	对交通的影响
2000～5000	对交通影响不大
1000～2000	不利于高速行驶
500～1000	需缓速行驶,注意前方
200～500	需限速行驶
50～200	应尽量减少车辆出行
<50	车辆行驶困难,交通阻塞、瘫痪

(二)交通气象的概念

交通气象是在改革开放以来我国交通条件改善、交通状况发达、交通流量增大的背景之下产生的,是实现专业气象服务的一个重要行业气象服务。按照交通气象服务的领域、内容、方式可以对交通气象定义为:交通气象是在公路交通、轨道交通和内河航运中,对影响路面(河面)的天气灾害和路面(河面)状况(具体包括热带气旋、雷电、龙卷、冰雹、冻雨、大雾、大雨、大风、大雪、结冰等)进行交通气象实时监测、信息自动搜集、交通气象预报、实施警报业务,为交通运输安全、畅通和高效提高保障的一种行业特色气象服务。

广义上来说,航空气象也属于交通气象的重要组成部分,本书后面将单独加以论述。

(三)交通气象服务的主要内容

1. 服务流程

交通气象服务流程主要包括交通气象监测、交通气象预报发布、交通气象预警。发布气象预报的前提是在所在预报地点设置监测站点,从而记录所在地点的各种气象因素状况。发展交通气象,首先要解决的就是建立相当密度的交通线气象资料站点,应该努力使得交通线定点、定时、定量的高时空分辨率精细化天气预报得以实现。遭遇灾害性天气,尤其是突发性灾害性天气时,要及时发布气象预警。建立交通气象预警平台,预警方式应该多样、及时、有效。

2. 服务范围

交通气象服务范围主要包括公路交通、轨道交通和内河航运。

(1)公路交通气象服务

公路气象服务应该紧跟公路交通运营和管理技术发展的需要,采取跨部门合作的方式建立"道路气象信息系统",并在"道路气象信息系统"的观测数据和基本天气预报业务产品的基础上，建立“路面专业气象预报系统”，对灾害性天气和高影响天气提前做好监测、预报、预警，对未来的智能化、信息化的交通管理提供有力的气象信息支持，避免因天气气候条件引起的交通事故、经济损失和人员伤亡。利用实时观测资料和数值预报产品，开发高时空分辨率的交通气象实时监测、预报服务系统，为交通管理部门、运输业者和公众提高连续不断的公路气象服务。

（2）轨道交通气象服务

灾害性气象条件对轨道交通的影响相对公路要小得多，但也是存在的。如我国铁路交通容易受到暴雨、大风、冰冻灾害、泥石流、山体滑坡等灾害的影响。在铁路和城市轨道交通沿线及周边地区，布设科学、合理的气象和轨道状况监测设备，建立针对性的轨道交通综合监测和信息服务系统，及时准确地提供轨道交通沿线的交通监测、预报、预警服务，确保轨道交通安全畅通。

（3）内河航运气象服务

内河航运是我国交通运输事业的重要组成部分。近年来，我国由于气象因素造成的内河航运安全事故频发，损失严重，常见的灾害性天气有大雾、大风和暴雨。依托基本天气预报业务，利用内河航运专业气象监测系统观测资料和其他气象资料，对黄金水道上的灾害性天气和气象条件进行监测和预警，捕捉灾害性天气和高影响天气的发生、发展和演变，及时发布预报、警报，为交通管理部门和公众提供及时的、针对性的内河航运气象监测、预报、预警气象信息服务。

3. 服务方式

提高交通气象保障服务质量，必须依托其服务方式和服务手段的改进、完善。一是注重服务方式和手段的多样化，目前已从传统上单一的信函邮寄、电话咨询和传真服务转变为现代的计算机网络服务、112 专线传输、电子邮件、“天气通”专业网站服务、手机短信和手机网站服务等多种方式；其次是注重其服务方式和手段的现代化，尽快推出一整套公路交通气象保障服务系统，重点以短期和短时天气预报、多普勒雷达资料、自动气象检测站资料为基础，根据各气象要素对公路交通安全的影响程度，制定灾害等级，对每一级别的灾情制定减灾防灾预案，开发预报服务和防灾减灾决策服务系统，为公路交通建设和运输事业提供客观预报参考产品（尹凤春等，2005）。

案例 6-5：广西陆路交通气象服务①

交通是国民经济重要基础性行业，对于地方经济发展、改善人民生活、建设和谐社会具有十分重要的地位。交通运输受气象条件的影响越来越明显，不利天气易引发重

---

① 资料来源：陈剑飞，粟华林．2010．广西陆路交通气象服务的现状与思考．气象研究与应用，**31**（3）：38-40．

特大交通事故，造成交通瘫痪，给人民生命财产安全造成严重威胁。据有关部门统计，交通事故中有近30%是在恶劣天气中发生的，影响交通安全的主要灾害性天气有低能见度、浓雾、结冰、积水、积雪、高温、大风等天气及由暴雨天气次生的洪涝、泥石流、塌方等地质灾害。准确及时的气象信息对陆路交通的安全运营具有重要的作用。

当前，广西陆路交通气象服务主要是铁路交通专项气象服务，服务的主要内容是根据铁路部门的要求为其提供管辖铁路路段内常规的气象服务产品，包括重大天气过程、站点雨量中短期预报、突发和转折性天气等，服务的方式主要有网站传输、传真、电话等方式，较为精细化的服务产品和建议、可视化的服务方式目前还几乎没有，所提供的气象服务产品与铁路服务的需求间的差距目前也有扩大的趋势。在高速公路的气象服务上，初步完成了初期高速公路气象服务产品研发工作，对广西境内各高速公路路段的能见度、降雨、风向风速等进行了分路段、分等级预报，服务产品主要包括全区高速公路各路段的常规天气信息，重大天气过程信息和突发性、转折性天气信息，即未来24小时全区各地市和高速公路各路段天气预报、能见度预报、地质灾害气象等级预报和全区各地市最高路面温度和最低路面温度情报预报等，以及有可能严重影响到高速公路交通安全运营的重大灾害性天气情报预报，如台风、暴雨、浓雾、灰霾、路面高温或低温、短时雷雨大风、强风、道路积冰等，特殊情况时发布72小时内的气象信息。从2009年11月起通过专业网站开始给广西高速公路管理局和广西高交支队提供上述高速公路气象服务产品。

七、电力与能源气象

气象与电力有紧密联系，同时与能源也有很大的影响。电力气象服务应该考虑电力负荷气象预测、水力发电气象保障和评估、电网安全气象保障三个方面。能源气象则考虑风能、太阳能利用与气象的关系和核电站气象保障两个方面。

（一）电力气象

1. 电力负荷气象预测

电力负荷气象预测主要研究多年来气候变化和用电负荷变化的统计规律，探索气象要素时空分布异常变化对区域用电负荷的影响，尤其是对尖峰期用电负荷内在规律的影响。并且建立电力负荷专业气象预测系统，向公众、电力运营和供电管理部门提供气象因素影响下的较为准确的电力需求预测。

电力负荷气象预测的研究趋势是重点研究尖峰期用电负荷与气象要素的关系，研究引起用电负荷显著增长的临界温度的计算方法，完善和改进用电负荷的智能气象预测模型，提供不同预报时效的用电负荷预测结果，为网间电力负荷调度提供科学依据，也为因此而引起的燃料供需变化提供科学依据。

2. 水力发电气象保障和评估

我国水力发电资源丰富，并且具有明显的局地性。水电资源丰富的地区大多数在南方水资源丰富并且地形落差较大地区。气象条件对水电资源丰富地区的发电条件有很密切的关系。在产生水电的水库管理过程中，水库调度是最重要的环节之一。水库调度主要有两个目的：一方面，保证水库防洪安全，如果一次性降水超过水库警戒水位，那么水库就要开闸放水；另一方面，用于发电调度，如果在枯水期，水库就要安排蓄水，保持高水位，保障水电资源储存量。

因此，要保证水库区域的防洪安全和水电资源储存量，就必须考虑中短期天气过程对水库的影响。只有做好充分的精确的中短期天气预报，才有安全提供水电资源的可能。

3. 电网安全气象保障

电网安全与气象的联系主要考虑雷击、污闪和电线积冰三个方面。为了防止雷击事故，在电力系统的发电厂、变电站和微波通信站里都装有避雷针、避雷器、消雷器。在雷电事故多发地区，还应该适当加强防雷措施。

污闪事故也是电力系统中的主要灾害之一，多发生在早春季节或雨季的清晨和夜晚。这是由于发电厂、变电站的屋外配电装置和架空电力线路的电力设备，长期暴露在外界空间，在电力作用和周围环境的污染条件下运行着，经过由秋末到初春较长一段时间无雨天气，使得电力设备各种电瓷元件积污量达到最大值时，大地气温有所回升，遇到大雾、浓雾或小雨夹雪天气，湿润了电瓷元件污层表面，产生泄漏电流而降低了电瓷外绝缘水平，在电击穿下对地放电造成污闪事故。其特点是影响面积大、事故时间长，北方地区、污染严重地区和爬电距离小的电力设备污闪事故率高，损失更大。

2008 年初的雨雪冰冻灾害，由于电线积冰导致了南方部分地区停电数十日的严重灾情。那是因为大范围的雨雪冰冻天气，直接使得电线覆冰过重，造成倒杆、倒塌、断线、绝缘子闪络停电事故。

电网安全气象保障服务应该侧重于提高骨干电网实时气象观测资料和闪电监测资料的综合分析能力，完善电网安全气象服务系统，提高雷电、污闪和电线积冰潜势预警和预报服务的能力。

（二）能源气象

能源短缺是当前世界范围内的一个重要问题，在我国这一问题更显突出。解决能源短缺的方法之一是开发、应用、管理气象能源。气象能源是指气象要素所蕴藏的可供开发利用的能量。能源气象服务主要包括以下内容：气象能源应用评估。即风能和太阳能资源估算；风能和太阳能资源的地理空间分布特征；开发、利用风能、太阳能的技术和其他条件等，为制定能源政策提供依据。提高风能、太阳能利用率。合理开发水能、生物能资源，实现多种能源互补，减轻对煤、石油等化石能源的依赖度。开展能源工程气候风险评估和可行性论证，健全多部门的协调机制。针对可能影响能源安全、能源生产、能源输送的自然灾害，建立能源气象灾害监测预警预报平台，制定相应的气象灾害应急预案。另外，核能气象保障也是能源气象的重要服务内容。

案例 6-6：国家电网公司与中国气象局牵手合作①

2010 年 12 月 23 日，国家电网公司与中国气象局在公司总部签署了《关于提高电网气象防灾减灾能力的合作框架协议》。此举将提升国家电网公司气象信息应用水平，从而提高国家电网的气象防灾减灾和可再生能源消纳等方面的能力。中国气象局副局长矫梅燕与国家电网公司副总经理栾军代表双方签字。协议明确，双方按照优势互补、注重实效、稳步推进、共同发展的原则开展合作，合作内容主要包括建立灾害性天气预警联动机制，开展常态化的电力气象服务，开展联合监测和资料共享工作，联合开展技术攻关。在合作机制上，双方还将建立电网气象服务协调领导小组，领导和协调电网气象监测、预报预警及服务工作，研究重大合作事项，检查、总结并部署年度合作相关工作。

近年来，为应对气象灾害，保障电网安全，提高供电可靠性，国家电网公司和气象部门不断加强合作。特别是 2008 年大范围雨雪冰冻灾害发生后，双方进一步加强联系，并于 2008 年 12 月联合下发了《关于进一步加强威胁电网安全灾害性天气预警和应对工作的通知》。近两年来，双方的工作联系越发紧密，已建立了较为有效的气象灾害预警及防灾联动机制，为保障电网安全稳定运行和电力可靠供应发挥了重要作用。

根据协议，今后，国家电网公司能够更好地利用气象部门现有的观测、预报能力为经营活动服务，并能借助气象部门的专业技术力量，开展电力线路冰冻灾害预报预估、基于数值天气预报的风电功率预测及负荷预测等对电网运行有重要意义的应用技术研究，提高公司系统的气象保障能力和电网运行的安全性、经济性。

八、空气质量监测预报

在经济快速发展的今天，空气质量问题已经成为一个普遍的社会公共环境问题。我国目前处在改革开放深入的关键发展时期，同时又是仅次于美国的第二排放大国，发展带来的环境代价不容忽视。其中，空气中污染颗粒物的种类和浓度直接影响着人们的身体健康，进行高质量的空气质量监测预报服务显得尤为重要。

（一）空气质量监测系统

目前，我国空气质量监测的污染物种类少，监测的时空密度低，已不能弥补实际

① 资料来源：国资委网站. 国家电网与中国气象局签署协议，提高电网气象防灾减灾能力. (2010-12-27)[2015-10-14]. http://finance.ifeng.com/roll/20101227/3118621.shtml.

业务服务的需要。由于资金和技术的问题,气象部门尚未在全国范围内建立高密度的空气质量可监测网络。未来应该建立重点城市空气质量加密监测站网,站网可以按照规则网格点布局,便于了解反映空气质量的实况,并在数值预报中更好地使用;也可以在不同类型的土地利用区和城市功能区按照点、线、面来布局,点如电厂,化工厂,线如公共交通、铁路线等,面如城市中心区、住宅区、工业区。

另外,要提高预报频次和速度,建立空气质量的数据库,主要包括城市排放清单及与空气质量密切相关的气象因子的资料。

(二)区域空气质量预报

空气污染物排放特征具有明显的区域性特征,因此,气象部门在传统的数值预报模式中不断增加化学模块,更新排放清单,与各个典型区域的空气质量实际观测资料相结合,形成符合各自区域实际情况的初值,开展全国气体污染物和气溶胶浓度预报。根据不同区域的地理条件、气候特点及各种污染物的年、季分布特征,建立不同污染物在不同季节的污染指数预报方程,每日制作区域的空气质量预报。

(三)重点城市的空气质量预报

由于我国现阶段经济社会发展规模大,发展速度快,加上绝对人口数和人口密度很大,重点城市的空气质量受到多重因素的影响,并在更大程度影响着人类健康。因此,加强重点城市的空气质量监测、预报显得尤为重要。

做好城市的空气质量预报,需要建立城市空气质量预报系统、预警系统及评价系统。建立以街区为单位的高分辨率的空气质量预报业务。当城市空气质量超过标准限值,达到危害社会和公众健康时,应该及时向政府和公众发出警报,以便公众采取措施进行防范,政府指定政策减少排放。

案例 6-7:大气环境监测系统服务北京奥运①

在北京奥运会筹备伊始,中国科学院就发挥在大气环境立体监测、环境卫星遥感、空气质量模型预警预报等方面的综合优势,以奥运主馆场、北京周边地区空气污染监测为主要内容,建立了以北京市为中心覆盖周边关键区域的大气环境综合立体监测系统,弥补了北京市大气环境监测业务在监测手段、内容和范围等方面的不足。通过与北京市环保局的紧密合作,承担该监测系统建设的中科院研究人员研究了燕山石化、首钢、首都机场等重要污染源区的减排对空气质量的改善效果,交通限行的环境效应,以及周

① 资料来源:中国经济网.大气环境监测系统服务北京奥运.(2008-09-11)[2014-05-12].http://news.hexun.com/2008-09-11/108723030.html.

边省市对北京空气质量的影响和贡献，进行了奥运空气质量日报和模型分析预报。

奥运会期间，中科院以北京市为中心，覆盖北京周边区域，采用固定点连续监测和流动实时监测相结合、地面监测与垂直测量相结合、地面遥测与卫星观测相结合、常规观测与高技术手段观测相结合，构成区域空气污染立体观测网。中科院在北京西南方向，沿太行山在石家庄、保定、涿州，东向沿燕山在秦皇岛、唐山、兴隆、燕郊，东南方向在禹城、沧州、天津、廊坊和香河等地建立了23个国际标准空气质量监测站。利用中科院自主研发的环境光学立体监测技术及设备，在奥运主场馆区、重点污染源（首钢、燕山石化和首都机场）、北京西南和东南污染物输送通道，以及北四环交通干道建立了立体监测网，共11个监测站、3个超级站及2台移动监测车。

九、水文气象

水文与气象关系密切，然而多年来，水文学和气象学绝大部分是独立进行研究，水文预报也是从降水到达地面开始，用实测的降水来研究产流、汇流，从而预报河流的水位、流量，再做出洪水预报。近年来随着数值天气预报模式水平的提高，降雨预报水平逐渐提高，利用定量降水预报增加水文预报有效预见期已成为可能。在欧美发达国家，降水预报早已用于水文预报，而在我国这方面的技术研究和业务服务正处于起步阶段。

（一）暴雨洪水监测、预警和预报

加强水文与气象的结合，发展流域面雨量预报，提高中短期降水预报准确度，以提高洪水预报、预测的准确度和预见期，更好地为防洪决策提供科学依据。加强河流和水库的入库流量和水位预报，建立具有较高短、中、长期预警、预报能力的气象—水文耦合数值模式。预测和评估水循环的动态变化，以延长旱涝预报的预见期。

（二）江河冰情、凌汛、春汛监测和预报

我国西部和北方河流冬季积雪，因春季强烈降雨，易形成雨雪混合洪水，发生较大春汛；我国北方河流如黄河上游自兰州至包头段、下游兰考至河口段会发生冰凌洪水，而当堵塞部分由于水压过大被冲开时，常形成历时很短、急剧涨落的洪峰。

以上的所有灾情均与洪水、凌汛、气温、降水及河道来水量等影响因子有显著的相关关系，并且影响因子之间也有相关关系。因此做好该项水文气象服务，就必须开发由河道水力和热力条件构成的冰情数学模型，模拟河道冰情生消变化过程，进行冰情、春汛预报和冰塞、冰堵预报。

（三）水资源预测和预估

水资源的可再生量受到气候和气候变化的很大制约，研究气候变化对可再生水

资源的影响对国家能源可持续发展十分重要。探讨水资源形成、衰减和再生性的维持机理，进行径流量变化趋势的检测和归因分析，发展水资源的预测和评估方法，建立水资源监测、预测和评估系统，为水库调度、洪水的资源化利用、水力发电等提供优质的水文气象服务。

（四）水环境的监测、预测和评估

气象条件对水环境影响评估包括区域水环境容量评估、区域水环境承载能力评估、区域水环境脆弱性评估，为脆弱水环境的整治提供科学依据。

除此以外，还要加强水体水质状况和成分等水环境的监测，研究污染物进入水体的物理过程、化学反应原理和生化效应，开展几小时、几天的水质变化预报，提高水质灾情预警能力。

案例 6-8：太湖蓝藻水文监测系统投入服务①

2008 年，苏州气象局经多方考察，引入两套 YSI 水质垂直剖面自动监测系统，在太湖上建成了国内首个内湖水质气象综合浮标站。苏州太湖水质气象自动监测系统的建成，将进一步加强太湖蓝藻监测预警工作，为开展治理太湖蓝藻工作提供丰富的数据资料，确保苏州饮用水安全。

两个水质气象综合浮标站分别布设在太湖上山和金墅港取水口外 5 千米左右的水域中。浮标站上挂置、集成的监测系统将分层实时监测太湖中的蓝绿藻、叶绿素、浊度、溶解氧、电导率、pH 值等水质参数，水流、水深、水温等水文参数，风向、风速、气压、温度、湿度等气象参数，从而实现对太湖水体的水质、水文和气象等要素的全天候、全方位、立体式监测。

苏州太湖水质气象自动监测系统实时监测太湖水体中不同水层的水质、水文情况，并进行自动分析，然后通过 GPRS 系统把相关数据发送至苏州气象预警中心。实时监测太湖蓝藻产生和发展趋势，有效对比卫星影像图，提高对太湖蓝藻的监测精度，将有利于深入开展蓝绿藻分布规律和生长机制研究，进一步提高太湖蓝藻监测和气象预警服务能力。

十、航空气象

航空气象服务是专业气象服务中不可或缺的重要组成部分，是发挥气象事业作用的有效环节，航空运输的迅猛发展对航空气象服务提出了越来越高的要求。我国

① 资料来源：中国化工仪器网. YSI 在太湖建成国内首个内湖水质气象综合浮标站.(2008-09-18)[2014-05-12]. http://www.chem17.com/news/detail/8453.html.

航空气象的发展目标为：到 2020 年，全面提升我国航空气象的整体综合实力和服务水平，在管理、设施、运行等方面达到国际一流水平，以适应我国从世界民航大国到民航强国跨越式发展。

(一)发展航空气象服务的意义

航空与气象的关系非常密切，因为飞行活动脱离不了大气，它在很大程度上受天气因素的制约。一方面，有利的天气有助于飞行任务的完成；另一方面，不利的天气又会妨碍飞行任务的完成，严重时会危及飞行安全，造成巨大损失。据统计，全球在 1970—2000 年间航空运输飞行在恶劣的气象条件下发生的飞行事故占总飞行事故的 31%，美国在 1988—1992 年间全部飞行事故中的 1/4 与机毁人亡事故中的 1/3 都与天气有关(章澄昌，2000)。不仅许多航空事故与气象有关，而且气象还直接影响飞行。如云、雾、降水、烟、霾、风沙和浮尘等现象，都可使能见度降低，当机场的水平和倾斜的能见度降低到临界值以下而造成视程障碍时，飞机的起飞和着陆就会出现困难；强冷空气的到来，地表温度急剧下降，所降雨雪遇到低温，会在跑道上迅速结成冰层，飞机轮胎与冰层间摩擦力减小，降落或起飞的飞机在跑道上会产生不规则滑动，不易保持方向，极易冲出跑道发生危险。

为了适应国民经济和社会发展的需要，我国航空运输正在迅猛发展，航空飞行区域及机场对危险天气监测、预警的需求极为迫切，要求精细化的航空专业气象服务在飞机配载、航行和起降安全中发挥关键的作用，为飞机科学调度和提高效益提供科学依据。

(二)航空气象的发展简史

1903 年，美国莱特兄弟(Wilbur Wright & Orville Wright)在进行人类首次飞行时，先用叶轮式风速表观测了地面风速，这是第一次航空气象观测。早期的航线天气预报只包括：雷暴、总云量(3 千米以下)、地面风、高空风(3 千米以下)和能见度。由于获取资料的限制，当时的航空气象学主要研究地面风和对流层下部的气流对飞行的影响。随后无线电探空仪的出现及应用，使得获取空中的温度和气压资料成为可能，这大大促进了航空气象学的研究和发展。第二次世界大战之后，随着飞机逐渐大型化，气象仪器的更加完善，激光技术、气象卫星和电子计算机的使用，航空气象学的发展进入了一个新阶段。

真正的航空气象服务开始于 20 世纪 20 年代。为了满足飞行器设计的需要，美国首次编制了“标准大气”。1919 年国际气象组织在巴黎召开的第四届理事会上决定成立航空气象学应用委员会，1935 年在华沙召开的第七届理事会上决定将它改名为国际航空气象学委员会，1951 年世界气象组织又将其改名为航空气象学委员会。20 世纪 60 年代以来，随着飞机性能的提高，航空运输量的急剧增加及微电子技术的发展，航空气象服务的内容、方式和方法进一步向自动化、系统化方向发展。

中国目前民航气象系统承担着中国大陆及飞往世界各地国际航线的气象服务，在大陆地区设有民航北京气象中心、6 个地区气象中心和 133 个机场气象台或航空气象站，其中 9 个气象中心或气象台被指定为气象监视台。民航气象系统共有管理和各类技术人员 2081 人。27 个机场的天气报告和预报通过航空固定电信网(AFTN)参加国际飞行气象情报的交换①。目前我国航空气象服务基本实现了情报传递自动化，产品制作和对外服务的半自动化，工作程序和工作内容趋于标准化，航空气象的服务水平有了较大的提高。

(三)航空气象的相关概念

航空气象包括航空气象学和航空气象保障两个方面。航空气象学属于应用气象学的范畴，是在气象学与航空运输密切联系中发展起来的。它主要针对气象条件同飞行活动、航空技术之间的关系，以及航空气象服务的方式和方法进行研究。航空气象保障则是将航空气象学的研究成果有效地运用于航空气象保障中，提供航空所需要的气象信息及提出趋利避害的综合措施，保证飞行安全，提高航行效率。

航空气象的主要任务是研究气象要素和天气现象对航空技术装备和飞行活动的影响，组织以预报为主的有效的气象保障，保证飞行安全和顺利完成飞行任务。气象条件对飞机的设计、起飞、航行、降落及其他各种飞行活动等有不同的影响。为了保障飞行安全，提高航行效率，应努力发展航空气象，在不同的气象条件卜精确、有效地运用航空技术，提高航空气象的服务能力。

(四)现代航空气象服务的主要内容

1. 航空气象监测

航空气象监测主要包括对跑道及起飞和着陆区域、机场终端区、航线和飞行管制区内的各项气象要素(风、气压、温度、能见度/跑道视程、云等天气要素)和天气现象(雷暴、积冰、颠簸及低空风切变等重要天气现象)进行及时、准确、连续的监测。

航空气象监测是预报的基础，监测数据越准确，数据种类越多，数据时空密度越大，预报的准确率越高；通过及时准确的监测各种气象要素和天气现象，并及时向飞行中的航空器、航务部门、空中交通服务部门及机场管理部门发布警报，这对于航空器起降及飞行的安全、效益都起着至关重要的作用。

另外，航空器飞行排放的气溶胶和其他污染物不但直接影响跑道附近的大气能见度，而且对大雾的形成有一定的影响，直接影响航空器的起飞与降落。目前我国还

① 资料来源：中国空中交通管理局网，http://www.atmb.net.cn.

没有开展航空器排放的各种污染物监测工作。

2. 航空气象实时警报

航空气象实时警报，是利用机场终端区气象监测网及其他非常规观测资料，包括航线资料、卫星资料、航空器空中报告等，采用数据同化等新技术，开发强对流、低空风切变、低能见度等重要天气分析软件和预警软件，建立机场终端区和航线重要天气实时警报系统，提高对航空重要天气的实时警报与预警能力，特别是要提高重要天气临近预报和短时预报水平。

建立航空重要天气的实时警报和预警系统来提醒飞行员、空中交通管制人员和其他相关人员注意重要天气条件，有助于保障航空安全和提高航空运输的经济效益。

3. 航空气象预报

航空气象预报，是组织与实施飞行的重要依据。它以数值预报、资料同化为技术基础，综合运用各种气象信息和预报技术方法，最大限度地从数值预报产品中提取有用信息，并转化为预报员能方便应用的航空气象要素，对高空飞行层上的风、温度、积冰、颠簸等飞行安全及飞行效益产生重要影响的天气现象或要素进行指导预报。

目前航空预报分为机场预报和高空航路预报两大类。其中机场预报主要包括终端机场预报、趋势型着陆预报、机场警报、风切变警报；高空航路预报主要包括高空重要气象情报、低空重要气象情报、区域预报、航路高空风温预告图、航路重要天气预告图。

我国则将航空气象预报分为七类①：

(1)定时或不定时的机场航空天气预报，包括机场区域。

(2)起飞机场航空天气预报，包括机场全部跑道和爬升区域。

(3)趋势型着陆机场航空天气预报，包括机场区域。

(4)区域航空天气预报，包括指定的航空器飞行区域。

(5)航路航空天气预报，包括起降航段的航线两侧各 25 千米范围内飞行高度上的整个飞行区域。

(6)重要航空天气预报，包括指定的空域。

(7)高空航空天气预报(高空风和气温预报)，包括指定区域飞行高度上的特定等压面。

航空气象预报不同于一般的气象预报。航空气象预报具有及时性、精细化、国际性的特点，且预报关注点与普通气象预报有所不同。航空天气预报要求定点、定时、定量。定点指很具体的一个地方，如机场；定时指要求具体的时间区间，如起飞和降落时间的预报；定量，要求强度预报很准确具体。相对日常天气预报，航空天气预报要求的精细度更高。

随着天气预报水平的不断提高，预报预测的业务技术将不断向集约化方向发展。

① 资料来源：《中国民用航空气象工作规则》。

根据我国航空气象的实际情况，要提高航空气象预报服务水平，应从提高预报技术、改善业务技术体制、改进航空气象服务方式、加强航空气象培训及服务产品的开发能力，来有组织有计划地不断提高航空天气预报技术和服务水平。

4. 航空气候评估

航空气候评估主要为航空规划与建设提供服务，例如，评估气候对航空飞行的影响，为选择经济、合理航线提供理论依据，提高了航空业的运作效率，降低了运行成本；选择适宜的地址，建设或扩建大型机场，为航空业带来最大的经济效益和社会效益；开展航空器排放物对气候的影响评估，对研究气候变化、空气污染和选择减少飞机排放的适宜办法具有十分重大的意义。

(五)航空气象服务的发展重点

根据用户的需求，改进航空气象服务的技术和水平，其任务主要包括以下五个方面。

(1)通过改善天气预报及提高地面和空中的气象要素的观测准确度、分辨率和分发速度，来减少重要天气对空中交通流量的影响。

(2)建立并完善航空气象的信息服务网络系统，使用户能及时、准确、直观、方便地获取各种产品和信息，让航空气象信息的使用达到最佳效果。

(3)建立并完善航空气象质量管理体系，这套体系包括航空气象的程序、过程和必要的资源，以便对供应航空用户的气象情报进行质量控制和质量管理，从而确保航空气象服务产品的质量。

(4)不断完善航空气象法律性文件，明确航空气象的服务标准，强化服务意识，按照相关条例为空中交通服务部门、航空营运人、航空气象预报及航空气象科学研究提供及时、精细的优质服务。

(5)积极开发能提高航空运输业经济效益和社会效益的气象服务产品，为用户创造更大的效益(章澄昌，2000)。

案例 6-9：西藏航空气象服务范畴①

西藏高原三个机场均为供航观测，无夜航。供航提供半点和正点实况、特殊报；每 3 小时发布一次 9 小时预报。按规定发布订正报、更正报。专机飞行时，按规定发布 24 小时预报。拉萨机场利用 621 系统的重要天气预告图、高层高空风、温度预告图，每日通过传真向林芝机场和拉萨机场飞服室提供飞行文件。邦达机场主要对风向风速、温度、气压进行人工观测，天气现象通过观测员目视确定。未向机组提供飞行文件。负责航空气象用户的天气咨询、讲解，保障气象设备的正常运行工作。

① 资料来源：倪雪，虞达胜. 2007. 西藏高原机场航空气象保障工作分析. 四川气象(S1)：10-13.

十一、防雷工程与检测

防雷工程指因防雷需要而涉及的所有工程,它包括外部防雷和内部防雷。外部防雷通俗地讲,即防直击雷;内部防雷指防感应雷。外部防雷最直接的目的即保护人身安全,内部防雷则是保护设备不受雷击。

在中华人民共和国境内从事防雷工程专业设计或者施工的机构组织,应当按照本办法的规定申请防雷工程专业设计或者施工资质。经认定合格,取得《防雷工程专业设计资质证》或者《防雷工程专业施工资质证》后,方可在资质等级许可的范围内从事防雷工程专业设计或者施工。

继2000年《气象法》赋予气象部门雷电防御工作的组织管理职能后,2004年6月,国务院颁布《国务院对确需保留的行政审批项目设定行政许可的决定》(国务院令第412号),明确了防雷装置检测、防雷工程专业设计、施工单位资质认定;防雷装置设计审核和竣工验收;升放无人驾驶自由气球、系留气球单位资质认定等三项行政许可由有关气象主管机构实施,赋予气象部门对上述事项的社会管理职能。2005年1月,中国气象局分别以第10号令和第11号令发布了《防雷工程专业资质管理办法》和《防雷装置设计审核和竣工验收规定》。

防雷检测是指对有关单位或用户的雷击安全状况及防雷装置进行检查和测量。遵照《建筑物防雷设计规范》(GB50057—2010)、《建筑物电子信息系统防雷技术规范》(GB50343—2012)及《民用建筑电气设计规范》(JGJ16—2008)等国家和行业防雷技术规范的规定和要求,防雷检测不仅要对现存防雷装置进行检测,还要对检测单位或民用的防雷设施是否完整配套做出全面评估。

防雷检测工作目的是对检测过程进行全面控制,在保证检测工作符合要求的情况下,为被检测方出具准确可靠的检测数据和有效的检测报告。

中国气象局颁布的《防雷减灾管理办法》中明确规定,投入使用后的防雷装置实行定期检测制度,防雷检测应每年进行一次。

避雷装置安全检测主要依据《建筑物防雷设计规范》(GB50057—2010)中列入国家防雷规范内的三类建筑物检测工作,还需将防雷原理和实际操作经验贯穿于防雷技术标准规范中灵活运用,工作集中于防直击雷的避雷装置和不断加强的各类机房检测和LEMP检测,不仅做到检查是否具备防雷装置,还要检测防雷设施的接地电阻、方式,以及全部防雷装置的设计施工状况,实现真正的防雷安全检测概念。

防雷技术服务是气象公共服务的一个重要窗口,是国家赋予气象部门的一项社会行政管理职能,因此,在开展防雷检测工作时,务必要把服务摆在第一位,认真对待所有规范内的检测项目,切不能只看重眼前利益,把创收置于服务之上,只讲效益不顾责任,出了雷灾事故,不但造成大的损失,还导致检测单位失去威望和信誉。尽可能地避免灾害发生,确保单位和个人的防雷安全。

第三节 专业气象服务产品发布

一、发布渠道

针对农业、林业、交通、电力、旅游等行业和公众生产生活的需求,气象部门开展了一系列专业气象预报服务,旨在为公众开展农业生产、灾害防御、交通出行和日常生产生活的安排等提供气象参考。以下是几种主要的专业气象服务产品的发布渠道。

(一)农业气象服务

1. 农用手机天气预报

(1)农情提醒

预报内容:为便于农业生产安排,提供未来2～3天天气趋势预报及生产建议。

发布渠道:手机短信。

(2)农信通

预报内容:为便于农业生产安排,提供未来48小时天气预报。

发布渠道:手机短信。

2. 农用气象旬报

产品内容:每旬的天气概况及其影响,未来三天的天气预报及其影响分析和应对措施建议。

发布渠道:传真、邮件、信件、特色农业气象服务网站。

3. 夏收夏种、秋收秋种专题服务

产品内容:夏收夏种、秋收秋种期间的天气概况及其影响,未来三天的天气预报及其影响分析和应对措施建议。

发布时次:每年的“三夏”“三秋”(一般在6月1日至6月25日、9月20日至10月20日不定期发布)。

发布渠道:传真、邮件、信件、特色农业气象服务网站。

4. 设施农业专题气象服务

产品内容:主要侧重于大风、降温、降水(雨/雪)、寡照、冰雹等对设施农业影响较严重的天气现象的预报,结合棚室内蔬菜生长状况,提醒广大农民朋友密切注意天气变化,采取有效措施,积极预防天气变化对大棚蔬菜的影响。

发布时次:在每年的8月底到次年的5月,3～5天不定期发布。

发布渠道：传真、邮件、信件、特色农业气象服务网站。

5. 作物生长关键期专题气象服务

产品内容：总结前期作物生长气象要素特征，预测作物生长关键期气候特点，分析气象条件对作物生长的利弊，建议各县根据未来天气状况，加强农业生产方面管理，预防气象灾害，确保丰产丰收。

发布时次：不定期发布。

发布渠道：传真、邮件、信件、特色农业气象服务网站。

（二）能源气象服务

预报内容：供水、供暖、燃气、供电等特色天气预报和实况实时显示，包括天空状况、能见度、气温、降水情况等。

发布时次：每天 05、11、17 时三次。

发布渠道：气象网站、电视、96121 声讯电话、多媒体终端。

（三）交通气象服务

预报内容：城市道路干线、主要高速公路沿线的天气预报，包括天空状况、能见度、气温、降水情况等。

发布时次：每天 05、11、17 时三次。

发布渠道：广播、电视、96121 声讯电话、多媒体终端。

二、发布载体

（一）传统载体

我国专业气象服务起步于 20 世纪 80 年代，经过 20 多年的市场运行专业气象服务有了成熟的载体平台为服务对象进行发布各类专业气象服务产品。这 20 多年来，产生了传统的专业气象服务载体：广播、电视、报纸、电话等。改革开放以来，随着人们物质生活的不断提高，人们对于专业气象服务的要求也已经超越了最初的是否下雨或温度多少的传统项目。在这方面，传统媒体也随着社会的发展进行了与时俱进的“人性化”调整，例如，为民众提供了如活动、登山、晨练、下班、相对湿度、穿衣、洗车、空气清洁等诸多便民生活指数。

（二）新兴载体

进入 21 世纪以来，随着我国改革开放的深入，人民生活水平得以明显改善，专业气象服务产品发布载体也发生了多样化、专业化、精细化的变化。在传统媒体的基础上，新增了手机短信、气象服务网站、微博及乡镇电子显示屏等服务载体。

专业气象服务作为一项综合性业务，覆盖面广是它的一大特征，但随着市场的细分化程度不断扩大，来自不同领域不同性质的客户对气象信息的需求也更富有针对性，对于气象服务部门来说，这就需要对服务进行重新布局，使其更加灵活，并对现有数据库进行合理优化，以便最大程度地减少系统负载，提高服务效率。而新兴服务载体的出现，正是给气象服务部门优化专业气象服务提供了便捷。

（三）未来载体展望

未来的专业气象服务事业将为公众提供最权威、周到、细致的人性化、全方位的服务，令百姓的生活更精彩。例如，随着传感器的功能愈加多样，把气象信息用类似6D电影的方式扩展到各种场所也是很现实的，让人们能够亲身体验到天气状况无疑会给服务效果带来质的提升，同时，物品融入气象元素也具有很强的扩展性和很大的市场前景。例如，车载导航预警机的模拟前方道路天气实景、手机个性气象服务、桌面气象预警等。总之，在未来公众甚至可能像逛超市一样选择所需的专业气象服务，也可以得到量身定做的专门服务。

三、发布方式

1. 网络传输

这种方式主要用于信息量大的服务产品的传输，视频文件信息量大，因而文件比较大，通过这种方式传输安全可靠。

2. 短信发送

短信发送的内容主要是以文本的方式，但内容要受到字数的限制。短信服务主要是针对大众个体，一方面文本信息简洁、通俗易懂；另一方面短信发送快捷、订制方式简单，可为移动中的用户及边远的用户提供服务信息。

3. 传真

传真是针对固定的专业用户，是一种比较传统的信息发送方式。在用户多的情况下可建立传真服务器，定时批量自动发送。

4. 电子邮件

电子邮件是通过网络发送，发送内容相对丰富，不受限制，应用相对灵活。可实现点对点、群发、显示发送状态等功能。可为网络用户及手机上网用户提供服务。

5. 网站

网站是公共气象服务的综合展现平台，能为用户提供各种形式的服务产品。网络的信息量大，形式多样，为用户提供历史信息查询、图像产品、动画产品、详细的分析报告和在线的视频节目等，可为需求多种气象服务信息的用户提供专业服务。

案例 6-10:完善专业气象服务渠道:中国天气网推出交通频道[①]

2013 年的最后一天,中国天气网交通气象频道(http://www1.weather.com.cn/jt/index.shtml)正式上线。该频道的主打产品"公路天气通"可提供国内 52 条高速公路及西部主要国道、机场、城市天气实况和预报信息,通过对具体路段天气的便捷查询,公众可及时根据沿途天气调整出行计划。

中国天气网交通气象频道是目前国内唯一的公众交通气象服务专业平台,它将作为 2014 年春运期间气象部门的重要服务渠道面向全国公众服务。基于 WebGIS 技术的"公路天气通"是频道的核心产品。该产品将国内 52 条高速公路及西部主要国道、机场、城市的天气实况、预报、预警信息"一网打尽"。通过在搜索框中输入公路或省份名称,可以方便地查询到各高速公路、国道及省份中具体路段的天气状况。在"公路天气通"中,路段气象条件用绿色、黄色、红色分为良好、一般和差三个等级,便于网友直观地了解每个具体路段的天气,并根据沿途天气及时调整行程。网友还可通过点击相关路段或城市来获得沿途或当地的天气实况和预报。

除了专业的出行计划器,该频道还推出了基于用户定位的交通、路况、洗车指数产品,辅以中央气象台每日发布的全国主要公路气象预报、公路及铁路降水量、温度、能见度、风力实况产品。资讯类栏目更是搜罗各地热点天气新闻、旅游资讯和出行小贴士,方便网友获取与出行、旅游、天气等相关的各类信息。

低能见度、暴雨、道面结冰、积水、积雪、高温、大风等灾害性天气是威胁交通安全的最大非人为因素。资料显示,近年来,我国公安交通管理部门受理的道路交通事故案件中因恶劣天气导致的交通事故接近 30%。中国气象局公共气象服务中心副主任潘进军在接受采访时表示,中国天气网交通气象频道作为目前国内唯一的公众交通气象服务专业平台,是气象部门为适应交通运输行业用户和广大公众对气象服务的需求而推出的新服务项目,也是近年来交通气象业务服务能力建设成果的具体体现。频道的上线填补了此前国内没有面向公众的全国交通气象服务产品的空白,使交通气象服务真正走近公众身边。未来中国天气网还将结合用户需求对该频道进行升级,不断完善用户体验,努力打造国际一流的交通气象服务品牌。

第四节 我国专业气象服务的不足和展望

我国专业气象服务起步较晚,其发展过程中存在一些不足,人们正在努力克服困

① 资料来源:中国天气网.

难，完善专业气象服务。

一、存在不足

（一）专业气象服务产品针对性有待加强

专业气象服务的对象是对气象服务有特殊需求的用户，其产品在提供给用户之前必须进行精加工、深加工以至“量体裁衣”，它有别于公益气象服务产品。由于人力资源有限，以预报产品代替专业气象服务产品、以公众气象服务代替专业气象服务的现象在我国现阶段普遍存在，真正意义上的专业气象预报方法和服务产品为数不多，产品针对性不强，难以满足用户个性化需求（崔新强，2003）。

（二）经营管理模式缺乏专业性

目前，我国专业气象服务的组织形式，从根本上说，都是事业单位形式。虽说绝大多数单位都成立了服务实体，但管理上基本实行的是“事业单位、企业管理”。在实际运作中，这种实体并没有完全独立的人事支配权和财务支配权（崔新强，2003）。由此带来的直接后果是专业气象服务实体具有事业单位和企业公司的双重性质，容易导致管理混乱。例如，在财务管理上，本该计算的成本未计入实际成本当中，使得专业气象服务没有一个准确的成本概念，影响专业气象服务的健康发展。

（三）专业气象服务手段亟须提高

目前，我国专业气象服务手段比较落后，明显滞后于广大用户的需求。究其原因，主要有三个方面。第一，服务手段过多依赖于公益性气象服务。受体制和传统观念的影响，专业气象服务产品以定性预报为主。第二，专业气象服务对象涉及领域较广。随着我国经济社会的迅速发展，气象与社会经济的联系越来越紧密。专业气象服务领域也在随之扩大，而专业气象服务的人才培养、研发力度、专业化系统性的平台建设等并没有及时跟进。第三，数值预报应用刚刚起步，高科技效应显现尚需时日。让数值预报特别是中小尺度数值预报应用到专业气象服务的具体服务领域，是专业气象服务的一个重要发展方向，将此项技术的成熟发展和应用还需要一定的时间。

（四）研发机制不够健全

由于电视天气预报、电话气象服务和防雷工程社会经济效益显著，一直以来得到了气象部门的高度重视。相比之下，专业气象服务的传统项目备受冷落。体现在以下三个方面，一是专业气象服务的硬件投入不足；二是用于专业气象服务的产品、服务、技术研发投入经费不足；三是专业气象服务的专门人才培养经费投入不足。这导致专业气象服务发展动力不足。

二、展望

我国经济社会继续迅速发展，人民对于气象服务的要求越来越高；并且在全球气候变暖的背景之下，提高国家防灾减灾的能力显得尤为重要。专业气象服务直接为国民经济各行业和人民生产生活服务，是发挥气象服务效益的重要环节。

展望未来，我国专业气象服务应该做到：一要提供专业化、精细化的服务和服务产品。依靠科技确定各个行业的具体服务指标。这些指标一定要满足行业的特色要求，指标要具体、实用，符合需求，能为使用方产生实实在在的效益。二是强化市场服务意识。根据市场需求开发专业气象服务产品，专门培养兼有气象背景和市场营销背景的专业气象服务工作者。三是气象部门提高对专业气象服务本身及其研发的重视。切实重视专业气象服务和专业气象服务的研发是做好专业气象服务的重大技术支撑。

参考文献

陈正洪，叶殿秀，杨宏青，等. 2004. 中国各地 SARS 与气象因子的关系. 气象，**30**(2)：42-45.

丑纪范，赵柏林. 2004. 中国气象事业发展战略研究：现代气象业务卷. 北京：气象出版社.

崔新强. 2003. 我国专业气象服务业务发展问题与应对策略研究. 湖北气象(1)：38-40.

高艳红. 2003. 黑河流域水—土—气—生相互作用的数值研究. 兰州：中国科学院寒区旱区环境与工程研究所.

毛留喜，吕厚荃. 2010. 国家级农业气象业务技术综述. 气象，**36**(7)：75-80.

奇尔科夫. 1987. 农业气象学基础. 方至，译. 北京：气象出版社.

王劲松，焦维新. 2009. 空间天气灾害. 北京：气象出版社.

徐晶，林建，姚学祥，等. 2001. 七大江河流域面雨量计算方法及应用. 气象，**27**(11)：13-16.

徐阳春. 2003. 影响人体健康的气象要素. 宁夏科技(3)：41.

许小峰，顾建峰，李永平. 2009. 海洋气象灾害. 北京：气象出版社.

严明良，缪启龙，沈树勤，等. 2008. 人体健康气象指数的设计及预报技术探讨. 气象科学，**28**(6)：678-682.

杨文发，段红. 2006. 三峡水库中期水文气象耦合预报应用试验及探讨. 水资源研究，**27**(1)：31-33.

尹凤春，朱锦平. 2005. 对提高公路交通气象保障服务质量的若干思考. 湖北气象(4)：10-12.

张强，杨贤为，叶殿秀，等. 2004a. SARS 流行期的气象特征及其影响. 南京气象学院学报，**27**(6)：849-855.

张强，叶殿秀，杨贤为，等. 2004b. SARS 流行期高危气象指标的研究. 中国公共卫生，**20**(6)：647-648.

章澄昌. 2000. 气象飞行学. 北京：气象出版社.

第七章　公共气象服务效益评估

引入案例：江苏梅雨气象服务[①]

梅雨（黄梅天），指中国长江中下游地区、中国台湾、日本中南部、韩国南部等地，每年6月中下旬至7月上中旬之间持续天阴有雨的自然气候现象。由于梅雨发生的时段，正是江南梅子的成熟期，故中国人称这种气候现象为“梅雨”，这段时间也被称为“梅雨季节”。持续连绵的阴雨、高温、湿气都是梅雨的主要特征。各个年份梅雨期开始有迟有早，梅雨持续时间有长有短，有的年份，梅雨锋特别活跃，暴雨频繁，易造成洪涝灾害。

2006年江苏梅雨汛期共出现5次强降水过程（6月21—24日全省大部、6月29—30日沿淮淮北、7月1—2日沿江苏北、7月3日江淮之间北部及淮北、7月4—5日淮河以南）。6月29日—7月5日，雨带北抬至沿淮一带，沿淮淮北地区出现集中性降水，各地暴雨（日雨量≥50.0毫米）日数2～3天，泗阳、淮安、射阳、宝应、盐城、大丰6站甚至连续2天出现大暴雨（日雨量≥100.0毫米），有9个市县累计降水量超过300毫米。大丰、宝应、淮安、盐城、泗阳、射阳6站连续7日最大降水量大于大涝的1991年和2003年，洪泽、盱眙、建湖大于2003年。据不完全统计，因暴雨洪涝，江苏全省农作物受灾面积1160453公顷，成灾面积280229公顷，绝收面积147865公顷，死亡大牲畜2871头。农业经济损失351859.3万元。

针对苏北地区的持续性强降水，江苏省气象台密切关注天气形势变化，充分利用多普勒雷达、自动气象站、卫星和移动气象站等现代探测手段，连续跟踪监测暴雨中尺度系统变化，提前做出准确预报。对6月21日以来的5次强降水过程均提前发布暴雨警报和暴雨预警信号，通过电视、广播电台、96121、手机短信、报纸等各种渠道向社会公众提供服务，十分有效地降低了灾害所造成的损失。

---

① 资料来源：张静，韩桂荣，吕军，等.2008.2003—2007年江淮梅雨概况和异常特征分析//中国气象学会2008年年会天气预报准确率与公共气象服务分会场论文集.北京：中国气象学会.

第一节 公共气象服务效益评估概述

由于气象服务工作的广泛性，气象服务的效益也是多方面的，但主要的是社会效益、经济效益和生态效益三个方面，这三个方面的效益相互联系，相互转化，构成了气象服务的总体效益或综合效益。公众气象服务是气象服务的主要内容之一，是政府公共服务体系的重要组成部分，是气象工作的出发点和归宿。气象部门向公众发布的天气信息存在多种途径，其形式是每天通过电视、广播、报刊、电话及其他媒介向公众发布的天气预报和预警服务。公众通过某一种或多种方式获取天气信息后，按照自己的决策能力或者气象部门的防御指导，采取了相应的防范措施，直接或间接地获得了经济效益，这就是公众气象服务产生的社会和经济效益。中国是世界上受气象灾害影响最严重的国家之一，随着社会的进步和经济的发展，以人为本、关注民生，科学发展、和谐发展的理念日益深入人心，广大人民群众和社会各界对防灾抗灾救灾工作的要求越来越高。气象服务越来越受重视，气象效益评估也越来越重要，这里的气象服务效益评估主要是指气象服务中可量化的经济效益。

长期以来，各国专家和学者从不同角度对气象服务效益进行分析和评价，但由于其不易确定归属性和最终效益的形成取决于多种因素，气象服务效益评估在国际上普遍认为是一个难度较大的研究课题，至今尚未形成一种国际上公认的评价方法和评估模式。目前国内外对气象服务效益的评估主要分为两种方法：第一种是通过实际调查和分析，测算公众使用气象所增加的效益和减少的损失；第二种是通过理论分析和相应的数学模型推算气象服务所产生的效益。通常采用的方法是社会抽样调查，在支付意愿理论的指导下，有目的、有计划，系统地了解社会公众对气象服务的需求，获得公众对气象服务的支付价格和需求曲线，从而得到总的支付意愿，但是由丁气象服务过程涉及很多因素，其效益除取决于预报的准确程度外，还取决于用户的决策情况，有有形效益，也有无形效益。而且公共气象服务作为公共物品，无法表达出用户的真实需求函数，这是公共物品市场的天然缺陷，气象服务效益评估在国际上普遍认为是一个难度较大的研究课题。

常用的公众气象服务效益评估方法主要有自愿付费法、影子价格法和节省费用法三种，这三种方法都要通过发放问卷和网络调查等社会抽样调查法来获取公共气象服务效益。本节我们来学习这几种方法，分析它们的优缺点，并对模型提出改进。

一、公共气象服务效益评估内涵

气象服务产生的效益一般包括社会效益、经济效益和生态效益三大效益。社会效益和生态效益不易量化，一般只作定性分析，可量化的经济效益则可通过数学方法进行定量分析。

人类所从事的每一项活动，无论是生产性活动还是非生产性活动，都首先需要一定的资源投入，并由此会产生一定的效果，为了评价资源优化配置的程度，人们就需要考核活动中资源耗费的程度和由此产生的效果之间的关系，即效益问题。

（一）气象服务效益的含义

从效益的一般意义上，把气象服务的效益定义为气象服务活动中的成本与产生效用之间的比较。

气象服务是气象部门的劳动者向社会提供的服务性劳动。这种劳动就是对气象资源的开发和利用。也就是气象劳动者在从事大气信息的采集、储存、加工、传输之后所提供的超前服务，即提供“气象服务产品”。因此，在气象服务产品的生产过程中，气象服务的生产投入是指为生产气象服务产品而投放的气象服务部门发挥效能的资源；气象服务的生产占有量是指气象服务生产过程中发挥效能的资源，气象服务的生产耗费是指气象服务生产过程中资源的消耗。

从量上看，这三者是三个不同的量。通常，投入量大于占用量，占用量大于消耗量。当投入量与占用量在量上一致时，投入与占用则会具有相似的意义。当然，由于投入与占用的主体不同，投入与占用也会不同。所以，在一般情况下，由于投入、占用、耗费之间的联系，投入可理解为成本（费用）。又由于产出和劳动之间的联系，因而气象服务效益也可以被理解为气象服务投入与产出的比较。投入小，产出大，效益就好，成本效益比就高。

（二）气象服务效益的内容

气象服务的社会效益是指服务的对象（一般指政府部门或公众）根据气象部门提供的有效服务产品，利用某些天气条件或避免某些气象灾害的影响而适时地安排非生产性活动和组织社会活动，所获得的产出与成本之间的比较。

气象服务的经济效益是指服务的对象（一般指生产性单位或组织生产的部门）根据气象部门提供的有效产品，以最小的劳动消耗（或节约）而取得的经济效果，从而为用户节约经济成本或带来收益。当然，如果产出不能抵消成本耗费，也可能出现负效益。

需要说明的是，从总体宏观上考察气象服务的经济效益，也可以算在社会经济效益的范畴。气象服务经济效益一般是体现在国民生产总值（GNP）的增长量或地区性的国民生产总值的增长之中。如果从某一个服务单位，或某一个服务项目来进行微观上的考察，则经济效益一般体现在部门、企业、单位的产值或效益之中。但不论是考察宏观效益，还是微观效益，劳动的消耗还应包括气象产品在消费中的耗费，因某些用户在利用气象服务信息产品时，需要用户在人力、财力、物力的再投入。

气象服务的生态效益是指气象在为资源的永续利用、保护大气和生态环境提供服务而产生的效益。从经济学角度上讲，气象服务的生态效益一般是指人们在进行社会经济活动时，通过自然生态环境系统所获得的物质和能量转换的效率，以保护生态环境的平衡。气象服务的生态效益评价起来更为复杂，但就其影响程度和时间效益将是长期的。

（三）气象服务效益的表现形式

从经济学的角度来考查气象服务效益形式。

1. 宏观效益和微观效益

宏观效益也称全局总体效益，它是把一项事业从全局总体利益和长远利益的角度来综合考察其效益。宏观效益一般包含以下几层含义：

它是全局性效益，即把一项事业、一个部门作为整体来考察其效益，但这种效益并不是孤立存在的，它们是相互依存，有着错综复杂的密切联系。如某个部门的投入，就可能是另一个部门的产出，某一部门的劳动消耗，又可能是另一部门的劳动成果，这一投入产出的循环往复的微观效益整体，就是宏观效益。

它是总体性效益，是把生产、分配、流通和使用消耗的全过程作为一个整体来考察其效益，反映了再生产全过程的效益，并在它们之间相互制约中来体现宏观效益，也就是社会再生产全过程的总体效益。

它是综合性效益。从社会主义市场经济的角度来讲，生产目的是最大程度满足社会需求，宏观效益一方面强调商品使用价值的实现，另一方面又要重视商品价值的实现和价值的增值。因此，宏观效益是将这两者结合起来的效益，是商品的使用价值和价值统一的效益。

由于气象行业是服务于全社会，所以它应具有宏观效益。微观效益是从某一个局部利益来考察的效益。一般指企业或基层单位某一个局部的效益，微观效益和宏观效益两者之间主要体现为经济活动的空间范围不同、劳动节约方式不同和研究内容和方法不同。因此，微观效益又是宏观效益的基础和前提。

2. 直接效益和间接效益

效益体现有两个方面，一是对于某种投入直接发生产出，如物质产品的生产部门，可以直接计算效益。二是对于某些投入不是直接发生产出，它的产出可能是通过另外一些部门的产出而反映出来，形成了间接的效益，这类部门大部属于非生产型部门。气象服务的效益也多属于间接效益。同时，对于间接效益还存在着波及扩散性质。即某种效益一旦发生，会带来一系列连锁性效益反应，使效益的比重逐渐扩大，有时也是很难估计的，大部分社会效益就具有这些特点。

3. 减损效益和增益效益

气象服务也从趋利避害两方面对社会起作用。气象部门为防灾赈灾，减轻气象灾害对国民经济所造成的损失方面所取得的效益，一般表现为减损效益；同时，气象作为资源，在合理开发利用和利用有利的气象条件为农业生产及国民经济各行各业服务而产生的效益为增益效益；气象服务的这两方面的效益是由气象的自然灾害破坏力和气象自然生产力的二重性所决定的，因此，减损和增益这两方面的效益也是气象服务效益的特殊性。

除上述讨论的表现形式外，气象服务还存在近期效益和长期效益、部门效益和外部影响效益等。

二、气象服务效益评估发展历程

（一）国外气象服务效益评估的历程

1. 开展成本和效益分析

20 世纪 60 年代开始，美国国家天气局（NWS）进行了一系列气象服务成本—效益分析，得出的气象服务的总体国家收益与投入的比例是 10 ∶ 1（贾朋群，2008）。1992 年，NWS 对现代化建设和机构调整进行了成本效益分析（Raygor，1993）。1997 年起，澳大利亚气象局开始展开气象服务评估，分城市、农村和各区域中心三类来进行问卷调查，用于量度用户对气象服务的满意程度、预报的准确程度，以及天气信息的传播等内容，调查结果主要用于改进服务、调整业务结构和进行指标考核（姚秀萍，2012）。

2. 推行量化的气象服务考核体系

1993 年，美国政府将国家气象活动的绩效考核法制化，制定绩效指标体系并逐年给出考核结果。英国气象部门自 1996 年开始实施企业化运行，政府要求气象局要特别强调资金运作的有效性，评价体系中更注重投资效益指标，追求实现“国家需求—有价格的功能/服务—核算”达到良性循环。同时在评价过程中，强调业务服务水平的历史延续性，将用户的投诉作为重要指标。

澳大利亚气象局 2005—2010 年要求对气象服务进行具体和量化的绩效考核，并针对每个目标从数量、质量和价格三方面进行量化分析，让人们能更清晰地了解国家投入与气象服务之间的联系。2002 年，NWS 在制定新世纪战略规划时，除了提出一系列的预报准确率指标作为衡量执行情况的标准外，每年还都会进行用户调查，作为定性的评估标准（章国材，2004）。

3. 注重气象对经济的影响分析

21 世纪，学者通过对美国各行业 GDP 产值与天气和气候的估算，得出气象因素与美国经济之间的联系(Dutton,2002),并在“天气与社会综合研究”项目推动下(Larsen,2006),计算美国经济与气象的关系,分析各州气象敏感性和对产值的影响和排名(贾朋群,2006)。2002 年,Stratus 咨询公司评估得出美国目前的预报系统每年为每个家庭带来的经济价值是 109 美元,给国家带来的总体效益(公共和商业气象服务效益)是 14 亿美元。

(二)国内气象服务效益评估的历程

国内主要的气象服务效益评估开始于 1983 年,1994 年评估方法开始成熟。国内系统地研究气象科技经济效益始于 1983 年。经过三年半研究,共完成 70 个分课题项目的任务。课题研究过程中,一方面在学习国外已有成果基础上,结合中国的实际,对模式进行了简单的修改,使其更加合理化和实用化;另一方面,引入了多项新的数学方法理论和方法,如将计量经济学引入农业气候服务经济效益评价中,将排队论用于气象服务规划和气象业务管理,将系统工程、运筹学、排队论、库面论、蒙特卡罗方法、多元分析、投入产出原理等新的理论和方法应用到效益评价和决策方面。该研究于 1988 年 5 月结题,历时 5 年。1985 年组织了公益气象服务的社会调查和一定数量的个例分析,得出气象服务成本效益比是 1∶20～1∶15 主要成果和方法是从气象服务的微观经济评估出发评价气象服务的价值。

1994 年中国气象局成立了以颜宏副局长为组长的“气象服务效益评估研究”课题,开展全国性的气象服务效益评估研究工作,课题历时 3 年。该课题规定气象服务效益评估分公众气象服务效益评估和行业气象服务效益评估两步进行。公众气象服务效益采用自愿付费法、节省费用法、影子价格法 3 种方法,在社会抽样调查的基础上,分别对公众气象服务效益做出定量评估。行业气象服务效益评估采用德尔菲法、影子价格法、个例综合分析法 3 种方法,各自对行业气象服务的总经济效益做出定量评估。运用经济学和统计学理论,在理论模型和实际抽样调查的基础上,定量分析评估公益气象服务的总体经济社会效益,得出我国公益气象服务成本效益比是1∶40～1∶35。其中公众气象服务的效益为 92 亿～101 亿元,行业气象服务的效益为 342 亿～401 亿元。

案例 7-1:广西公众气象服务效益评估

广西气象服务效益评估课题组(1995)通过对广西壮族自治区全区公众气象服务效益调查数据(684 份)的统计与分析,采用自愿付费法、节省费用法及影子价格法 3 种方案计算公众气象服务效益。得到以下几个结论:

(1)广西各级气象台站的公众气象服务具有较高的社会效益和经济效益,城乡居民普遍重视收听收看天气预报,对天气预报的质量和内容较为满意,天气预报可以为大多数家庭节省一定的费用,大多数居民愿为天气预报付费。

(2)采用的3种效益评估方法符合统计学原理,各种处理、订正方法与人们的经验认识比较接近,具有一定的合理性。

(3)用自愿付费法、节省费用法及订正后的影子价格法所得到的公众气象服务效益评估值分别为482757204元、455409788元和469428226元。三者结果比较相近,对公众有一定的说服力。

(4)3种评估方案所得结果的平均值为46918406元,因此,可用4.7亿元作为广西1993年公众气象服务效益的评估值。随着全区逐年人口的增加及经济建设的发展,公众气象服务效益也会不断增大。

案例7-2:采用AHP方法的气象服务社会经济效益定量评估分析

扈海波等(2008)选用社会调查资料中公众对评估指标的得票支持率初始化AHP模型准则层的底层指标权重系数评估,避免执行AHP方法中烦琐的多指标权重计算,然后以AHP模型为基准对气象服务产品的社会经济效益进行定量化评估。评估以“现有常规气象服务产品”及“FDP产品”为AHP方案层的备选方案,评估权重适当向体现奥运气象服务需求的指标项倾斜。评估结果表明:FDP产品在满足现有用户气象服务及奥运气象服务需求上享有绝对的优势。研究得出:现有天气预报产品需要进一步提高预报结果的时间和空间分辨率;需要丰富FDP等短时临近预报产品的信息传递方式;需要提高信息传递的及时性,改进气象服务的质量。

三、公共气象服务效益评估模型

根据费用—效益分析的理论,按照潜在的Pareto准则,即社会的效益是社会成员的效益的总和,再根据微观经济学中效用理论:个人的效益以其对物品(或服务)的“支付意愿”(Willingness To Pay,简称WTP)来度量最为合理、正确,而消费者满足程度取决于他所享用的物品(或服务)的数量,记为$(q_1, q_2, \cdots, q_n)$,这种满足程度可以用效用U来度量,那么满足程度可以表示为$U=f(q_1, q_2, \cdots, q_n)$。

函数f为效用函数,设第i种物品的价格为p_i,消费者个人的总收入为L,那么它在不超过总收入的约束条件下满足程度尽可能高的行为可表示为

使$U=f(q_1, q_2, \cdots, q_n)$最大,满足:$L=\sum_{i=1}^{n} p_i \cdot q_i$。

符合拉格朗日约束极值的主要条件:

$$W=U+\lambda L \tag{7-1}$$

$$\frac{\partial W}{\partial q_i}=0, \frac{\partial U}{\partial q_i}=-\lambda p_i, i=1,2,\cdots,n \tag{7-2}$$

式中,λ为拉格朗日乘子。

这意味着所有物品的边际效用与其价格之比都相等,即

$$\frac{\partial U/\partial q_1}{p_i}=\frac{\partial U/\partial q_2}{p_2}=\cdots=\frac{\partial U/\partial q_n}{p_n}=-\lambda \tag{7-3}$$

如果调解相对价格 p_i 的尺度，使乘子 λ 等于 1，那么由物品 i 增加微量 dq_i 所引起的效用增加 dU_i 可表示为：

$$dU_i = p_i dq_i \tag{7-4}$$

这个积分的几何意义就是消费者需求曲线下边的面积。这个面积就可以理解为消费者的支付意愿 WTP。对整个社会的效益可以表示为个人支付意愿的总和，即理解为总需求曲线下边的面积。

采用支付意愿作为度量效益的尺度，可以用货币为统一的计量单位，以容易观察到的市场价格为基础，使总的效益即可在不同人之间相互叠加，又可以保持一定的客观性。

第二节 决策气象服务效益评估

决策气象服务对象主要为地方党委政府、部队、防汛防旱指挥部、应急办、农委、海事局（水上搜救中心）、公安局、交通局、城管局、环保局、园林局、旅游局、文广新局、高速公路管理处等部门提供服务。遇有重大项目建设时，根据需要增加相关部门的服务（邹建新，2015）。决策气象服务作为我国气象服务的重要内容之一，在政府科学防抗重大气象灾害、应对全球气候变化、指导产业结构调整及保护能源、粮食、环保安全等方面发挥着重要作用。因此，气象部门有必要通过开展气象服务社会经济效益评估等工作，深入了解决策用户的需求和满意度情况，从用户角度对当前的决策气象服务提出改进措施，以全面提高决策气象服务的水平（杜莉丽等，2014）。决策气象服务的评估方法很多，下面介绍服务满意度方法、层次分析法以及气象防灾减灾服务效益的评估方法。

（一）用户满意度方法

满意是一种心理状态。是用户对产品或服务的事前期望与实际使用产品或服务后所得到实际感受的相对关系。通过调查决策气象服务用户对产品的满意度，可以有针对性地改进产品质量，更好地实现防灾、减灾及重大工程建设的需求。

案例 7-3：陕西 2012 年省级决策气象服务效益评估①

评估数据来源于 2011 年和 2012 年陕西决策气象信息服务质量和用户满意度调

---

① 资料来源：杜莉丽，吴林荣，李美荣，等. 2014. 陕西 2012 年省级决策气象服务效益评估. 科技与创新(15)：138-140.

查高端问卷，调查涉及省委宣传部、省应急办、省气象局、省发改委、省公安厅、省财政厅、省国土资源厅、省住房和城乡建设厅、省交通运输厅、省水利厅、省民政厅、省农业厅、省林业厅、省安监局、省卫生厅、省环境保护厅、省军区、武警陕西省总队、西部机场、民航西北地区管理局、省电力公司、西安铁路局、省广电局、省通信管理局、省商务厅等27个单位，调查主要采用召开座谈会和问卷调查相结合的形式进行。2011年共发放调查问卷42份，有效回收30份，回收率为71%；2012年共发放调查问卷34份，有效回收30份，回收率为88%。

评估指标包括：用户需求度评价指标、总体服务效果评价指标、气象服务产品质量评价指标、气象服务公众及专业形象指标、高影响天气保障服务指标、应急气象服务效果评价指标等确定了6类评估指标体系和10个基础指标项。

调查结果显示：气象部门应急决策服务工作得到省级政府部门的认可；气象信息发挥的社会和经济效益及高影响天气的保障服务次之；气象服务产品质量的满意度最低，说明气象部门要不断地提高决策气象服务的水平和能力，能为政府决策层在重要气候事件的决策中提供更加科学、翔实的决策依据，更好地发挥气象决策服务的社会和经济效益。同时，还需要加强暴雨洪涝、干旱、雷暴、冰雹、霜冻、大风、高温等高影响天气的预警服务，要在预报和预警的准确率、提前发布的时效性和拓宽发布渠道的畅通性等方面不断改进和提高。

（二）层次分析法

层次分析法是将与决策有关的元素分解成目标、准则、方案等层次，在此基础之上进行定性和定量分析的决策方法。层次分析法是将问题按总目标、各层子目标、评价准则直至具体的方案的顺序分解为不同的层次结构，然后用求解判断矩阵特征向量的办法，求得每一层次的各元素对上一层次某元素的优先权重，最后再加权和的方法递阶归并各备择方案对总目标的最终权重，此最终权重最大者即为最优。该方法目前已被应用于专向气象服务效益评估中。

案例7-4：奥运气象服务社会经济效益评估的AHP/BCG组合分析

罗慧等(2008)认为对奥运气象服务高端用户群期望度和满意度的测量可以作为衡量奥运气象服务社会经济效益的标准之一。综合应用层次分析法(AHP方法)和波士顿矩阵(BCG矩阵)相结合的思路，将气象服务用户群对服务效益评估这个复杂系统的思维过程数学化、系统化，建立了定量的气象服务期望度/满意度组合矩阵分析模型。并以2007年"好运北京"青岛国际帆船赛调查问卷(共有15个体育专家参与打分，包括奥组委体育官员、国内外领队、裁判、外国帆船队的随队气象水文专家等)为例进行实证分析，从用户反馈信息来考核对用户需求的了解和满足、气象服务时间和时效、气象服务宣传服务手段、服务人员综合能力、预报准确度和用户未来意向等6个主要项目,应用该模型来较为客观地评估奥运气象信息服务当前的四象限结构现状,掌握和判断其所处位置,发现问题进行改进,并预测该项目的未来发展变化。认为气象部门决策者可以通过气象满意度/期望度四象限矩阵法的分析,运用定量和定性相结合的综合分析,通过用户反馈来评估当前奥运气象信息服务的几个主要项目的结构现状,掌握其所处位置并预测该项目的未来发展变化,发现问题进而改进,进一步有效合理分配气象经营资源。

(三)气象防灾减灾服务效益评估方法

气象防灾减灾服务效益评估主要体现在通过对暴雨、台风、洪水、干旱等具体实例(个案)进行气象服务效益评估。

案例7-5:丰满水库气象服务直接经济效益的评估

马琼(1996)根据丰满水库流域40年的水文、气象资料综合分析,提出了气象服务直接经济效益的主要生长点。认为气象服务使水库产生的直接经济效益,主要是增加发电效益和减少水灾经济损失两个方面。在调查分析丰满水库发电效益基本要素的基础上,提出了气象服务增加发电效益的计算公式。在调查分析丰满水库水灾经济损失基本要素(基本要素有两个:应用气象服务进行调度比按调度原则进行调度所减少的泄洪流量;泄洪流量与水库下游经济损失的对应关系)的基础上,提出了气象服务减少水灾经济损失的计算公式。结论是:气象服务效益评估是一个很复杂尚未解决的问题。本评估方法,只限于对丰满水库气象服务产生的直接经济效益进行评估,其中泄洪流量与水灾经济损失的对应关系仍是大概估算值,有必要进一步研究。

案例7-6:国家气象中心降水数值预报信息效益评估

陈德群等(1997)以列联表形式计算熵函数,由熵函数值对国家气象中心发布的1996年汛期6月22日—8月7日5次暴雨过程降水数值预报(T63和HLAFS模式产品)进行评估,具体评估内容包括落区预报评估、过程预报评估、数值预报模式评估、预报时效评估和降水强度预报能力评估。得到以下结论:

(1)T模式和H模式的三种时效降水预报产品给我省各区域的雨量预报提供了0.1824～0.2914比特的信息,使雨量分级预报的不确定性在我省范围内减少了9.17%～14.52%。也就是说,这些产品对我省的雨量预报是很有益的。

(2)两种模式对雨量的峰值预报已有较大的改进,可以达到甚至超过实况值。

(3)要重视数值预报报出的降水过程,即对于降水过程,数值预报一般都能报出来。

(4)时效长的48小时预报虽不及24小时预报准确率高,但往往带来的信息比较大。

第三节　公众气象服务效益评估

一、自愿付费法

自愿付费法是国内外比较认可的公益性服务或者公益性设施效益的评估方法之一。在国际上,许多国家曾经采用自愿付费法对公众气象服务的效益进行了分析评估,主要是通过对调查资料进行分类统计分析,从而得出公众每年愿意为天气预报付费多少这一问题的调查结果。

自愿付费法本质上是一种条件价值评估方法(Contingent Valuation Method,CVM),是利用效用最大化原理,通过建立假象市场,直接询问公众对公众气象服务的最大支付意愿(Willingness To Pay,WTP),通过公众的主观偏好陈述来推断公众气象服务的经济价值。

自愿付费法评估模型为

$$W = P \cdot \sum_{i=1}^{t} \frac{M_i}{N_i} \sum_{j=1}^{n} C_j \cdot B_{ij} \tag{7-5}$$

式中,W:计算得出的公共气象服务效益;

P:订正系数;

M_i:被调查地区第 i 类公众人数;

N_i:实际回收抽样调查表中第 i 类公众人数;

C_j:第 j 个付费等级的中数;

B_{ij}:被调查者中第 i 类公众中愿意支付第 j 个付费等级的人数。

二、节省费用法

在回答付费问题时,考虑到人们往往会有所顾忌,并非能真实地反映个人支付意愿,所以在调查问卷中还设置了这样的问题:“在日常生活中,您认为天气预报每年可以为您和您的家人节省多少费用?”,这样的方法称为“节省费用法”。这种方法通过询问来获得气象服务对公众所带来的直接经济效益。在公众气象服务虚拟效益模型中,公众通过支付获得气象服务,在消费气象服务产品后会获得相应的收益。节省费用法并非是支付意愿,而是公众对其消费气象服务产品后所获得的经济效益多少的一种主观感受。节省费用法与公众对获取的气象信息的理解及使用直接相关,如获取了气象服务,但并不加以使用或不能有效使用,则产生较少的费用节约,反之则费用节约多,公众收益大。

节省费用法评估模型为

$$W = P \cdot \sum_{i=1}^{t} \frac{M_i}{N_i} \sum_{j=1}^{n} C_j \cdot B_{ij} \tag{7-6}$$

式中，W：计算得出的公共气象服务效益；

P：订正系数；

M_i：被调查地区第 i 类公众人数；

N_i：实际回收抽样调查表中第 i 类公众人数；

C_j：第 j 个付费等级的中数；

B_{ij}：被调查者中第 j 个节省费用等级中的第 i 类公众的人数。

三、影子价格法

影子价格法又称“效率价格”“最优计算价格”“资源价格”，是由计量经济学创始人之一，荷兰经济学家詹恩·丁伯根在 20 世纪 30 年代末首次提出的，它是一种用于定量评价自然资源价值的评价方法，是运用线性规划的数学方式计算的，是反映社会资源获得最佳配置的一种价格，他认为影子价格是对“劳动、资本和为获得稀缺资源而进口商品的合理评价”。1954 年，他又将影子价格定义为“在均衡价格的意义上表示生产要素或产品内在的或真正的价格”，目前该定义已经在自然资源价值尤其是环境资源价值评价方面得到了广泛的应用。

而在评价公众气象服务效益价值时，影子价格法只是借用了原有方法的名字，本质含义已经改变。在气象服务效益评估过程中，通过对人们由电话、电视、手机短信、网络等途径获得天气预报的次数来反映公众的需求量，然后参照每拨打一次天气预报自动答询台的支付费用，来计算公众气象服务效益，这就是“影子价格法”。在调查问卷中设置这样的问题：“假如只有拨打通过声讯电话（每次拨打不收取信息费，只收取电话费 0.1 元）才能获取天气预报，您每天收听收看天气预报的次数？”

影子价格法评估模型为

$$W = P \cdot C \cdot T \sum_{i=1}^{t} \left(M_i \cdot \frac{G_i}{N_i} \right) \tag{7-7}$$

式中，W：计算得出的公共气象服务效益；

P：订正系数；

C：影子价格；

T：时间扩展系数，若以一年为单位，则取值为 365；

M_i：被调查地区第 i 类公众人数；

N_i：实际回收抽样调查表中第 i 类公众人数；

G_i：第 i 类公众收听收看天气预报的总次数。

由于公共气象服务效益评估的复杂性，这 3 种方法并不是十分完美的方法。“自愿付费法”主要从衡量支付意愿的角度考虑最终的效益，是国内外比较认可的公益性服务或公益性设施效益的评估方法之一，在国际上很多国家曾经采用自愿付费法对公共气象服务的效益进行了分析评估。它的缺点是：自愿付费是非市场的定价，主观色彩较浓。支付意愿是设定的前提条件，不论设定的价格是多大，消费者都必须支付。另外，被调查者的家庭年收入、教育水平、家庭人口数和年龄，且收入和教育水平是对公众支付意愿有显著影响的社会经济因素，对于不同的被调查者会有不同的结果，所以该方法实际的估算结果可能会产生偏差，从而引起调查结果不准。“自愿付费法”和“节省费用法”得出的结论比较相近，但对“愿意支付多少费用”这类问题的回答受到被调查者个人主观判断的影响而不太客观；而“影子价格法”从数学意义上讲实际上是最优化的线性拉格朗日函数的拉氏乘子，即目标函数发生的增值，其计算结果偏差较大，这主要是因为“影子价格法”中影子价格 C 的选取没有准确的方法，不同的 C 会产生差别较大的结果。

第四节　行业气象服务效益评估

行业气象服务效益评估更加侧重对消费者的调查，了解消费者需求，以便提供更好的服务。

一、行业气象服务效益评估的常用方法

行业气象服务效益评估主要评估与气象条件有密切关系的各行业、各部门使用气象信息服务所产生的经济效益。常用方法是德尔菲法（专家评估法）。德尔菲法是专家评估法中比较成熟的一种总体评估方法。专家评估法的最大优点是，在缺乏足够统计数据和原始资料的情况下，可以做出定量或得到文献上未反映出的信息和数据。

周福（1996）运用德尔菲法对浙江省行业气象服务效益进行了初步评估。当时共选择了 49 名专家，各行业专家人数及所占比例分别为农业 6 人（12.2%）、林业 4 人（8.2%）、水利防汛 5 人（10.2%）、渔业 4 人（8.2%）、工业 4 人（8.2%）、建筑业 3 人（6.1%）、公路运输 3 人（6.1%）、商业 3 人（6.1%）等。以浙江的主导产业和重点行业，即农业、工业、林业、渔业、交通运输业、商业、水利、防汛、电力、邮电、通信、水产养殖业等作为主要评估对象。结果表明，浙江全省行业气象服务的总效益为 11.287 亿元，其中，对工业、建筑业、农业和水利防汛等行业的气象服务效益绝对值比较大。全省气象部门 1993 年的总投入（总成本）约为 2300 万元，故气象服务的成本效益比为

1∶79.3,其中,行业气象服务的成本效益比为1∶49.1,成本效益比较高。浙江省气象服务的总效益占全省1993年国民生产总值的比例为0.38%。

用德尔菲法对行业气象服务效益的实际评估,发现德尔菲法具有方法简单易行、便于操作的特点。行业气象服务效益评估的最大难点就是缺乏足够的效益信息和资料,尤其缺乏定量的效益信息和资料。而德尔菲法的最大优点就是,在没有足够信息量的情况下,利用专家的知识和经验对未来和未知事件进行有效的预测和评估,这是现有其他方法无法取代的。因此,用德尔菲法对气象服务效益进行宏观评估是一种比较有效的评估方法,具有一定的科学性和合理性,从技术性能看,是一次比较成功的尝试和探索。主要的不足是定性评估等级有主观性;从定性转化为定量(即效益权重系数的确定)带有粗略或估测性。另外,成本效益比值作气象服务效益的表现形式有一定的局限性,原因是总投入(成本)逐年变化比较大。

行业气象服务效益评估的难点是潜在于各行各业效益之中的难以测算的社会、经济、环境和生态效益,目前还没有一种完善的评价方法。解令运等(1997)采用德尔菲专家评估法,对分布于江苏省各市的108位各行业专家进行咨询调查。这108位专家中,农业类28人占总数的26%;工业类22人占20%;建筑类19人占18%;交通邮电类25人占23%;商业类和其他各为7人皆占6%。调查得出了一个较为公正、客观、科学、可信的定量结果——江苏省1992年行业气象服务的效益为27.7347亿元,效益投资比为116∶1。学者们认为,关于行业气象服务效益的评估,目前还没有一种完善的评价方法。根据行业气象服务的特点及其效益转化和实现的特性,专家评估法通过广泛征集各行各业有声望专家的评估意见,经过数学模式统计计算,其评估结果比较科学、可信、公正,具有相对的客观性和一定的权威性,比较容易为社会各界认可。

德尔菲法还被用于卫星遥感技术应用的气象服务效益评中。刘志明等(1998)利用专家评估法中较成熟的德尔菲法对吉林省的气象服务效益进行评估。他们根据吉林省的应用服务特点,选择确定了评估的行业、范围、专家、内容,设计了评估咨询调查表,采用通信问卷形式辅以个别面对面送达材料并介绍情况的办法。在这次评估中,农业、水利、林业、畜牧、其他行业(科研、教育、党政机关等)被作为重点评估对象;评估范围确定在省城长春市;最后确定收回有效调查问卷的57人,其中农业类16人占总数的28%,林业类12人占21%,水利类10人占17.5%,畜牧类7人占12.3%,其他行业12人占21%。通过对所选专家进行两轮的问卷调查,采用统一的计算模型,利用吉林省有关行业的国民生产总值,进行逐项分类统计分析,最后经综合分析评估出吉林省气象卫星遥感技术服务总效益约为5.3亿元,效益成本比为18∶1。

概括而言,行业气象服务效益评估主要集中对一些气象敏感行业进行服务效益评估,如农业气象服务效益评估、工业气象效益评估、建筑业气象效益评估、交通气象服务效益评估及其他行业气象服务效益评估。

二、农业气象服务效益评估

气候变化对农业的影响是显而易见、首当其冲的。农业是气候影响最为敏感的产业部门，也是国民经济的基础。气候可以通过对农业的影响而对社会经济的其他领域产生影响。我国是农业大国。气象服务于社会主义新农村建设不仅仅体现在为农业生产提供准确的天气预报，还要通过科技手段为农业生产提供有力的气候保障。因此，多位专家学者对农业气象服务进行了效益评估。

案例 7-7：河南主要农作物气象科技服务效益评估

方立清等(1998)对河南主要农作物气象科技服务效益进行评估。他们通过对影响农作物平均亩产量的因素分析，提出农作物产量的基本统计模型。然后以小麦为例，对小麦产量的组成分析，采取专家经验评估法在河南省范围内请21名具有农学高级职称的农业管理专家、农学研究员和农业气象研究员对小麦、水稻、玉米、棉花4种农作物的气象产量及气象科技含量进行经验评估，通过某作物气象科技服务效益公式 $W=S\times C=S1\times C1$(亿千克)，获得小麦、玉米、水稻、棉花产量的气象科技含量，进而对农作物气象科技服务效益进行评估。并通过大田试验将大田试验结果与专家经验评估结果相对照，证明专家经验评估法有一定的使用价值。

案例 7-8：山东主要农作物人工增雨效益评估

薛晓萍等(1999)对农作物人工增雨效益进行了评估。他们通过分析山东主要农作物(小麦、玉米、甘薯、花生和棉花)不同生育时段降水与产量的关系，得到作物不同时段水分对产量的动态贡献，从而获得人工增雨的最佳作业时间，即有效增雨期。而后建立了效益评估模型，定量评估增雨对农作物的直接经济效益。研究认为：山东为旱灾多发省份，小麦水分供需矛盾最大，其他作物也存在不同程度的水分缺乏，人工增雨是防旱减灾的有效措施。根据降水对作物产量的动态贡献系数，可以判断增雨对作物的正负效益，从而提供人工增雨作业最佳时期，并对作物由此而获得的直接经济效益进行动态评估。

三、工业、建筑业气象服务效益评估

气候变化尤其是极端天气气候事件，如极端气温、强风、暴雨、高湿、冰雪、恶劣能见度等影响工业生产的效率和质量，增加能耗，尤其对能源、建筑、采矿、交通、食品、石油、化工等行业影响大。气象为工业、建筑业服务体现在提供精准的天气预报来减少恶劣气象条件对工业和建筑业的不利影响。耿勃等(1996)和格央等(2007)对工业、建筑业气象服务效益评估进行了研究。

案例 7-9：天气预报在砖瓦生产中的应用及效益评估

耿勃等(1996)根据砖瓦生产的特点，阐述了危害砖瓦坯的气象灾害主要有雨、大风、冰雹等，所采用的防护措施一般包括两方面：(1)灾前的防护工作(覆盖等)；(2)灾中和灾后的救护工作(排水、翻晒等)。采用矩阵模式方法，以某砖瓦企业的3种防护对策为实例，对如何应用天气预报选择最佳防护对策及天气预报的应用给企业带来的效益提出了一套客观的评价方案。

案例7-10：气象服务在建筑业中的作用及效益分析评估

格央等(2007)选择了西藏建筑业颇有代表性的西藏海特实业发展有限公司为对象，分析了降水、风、温度对建筑业的影响。运用统计和专家评估相结合的方法对近5年来各类气象服务的敏感度、需求度、满意度等做了调查评估，结果表明：(1)风向风速、降水和温度是影响建筑业的重要气象因素。(2)建筑业对各类气象服务的敏感度、需求度和满意度都较高，但由于没有主动要求特殊的专业气象服务，在实际的施工经营过程中，无法及时掌握突发的大风、强降水等一些时效性很强的天气信息，容易造成不必要的损失。(3)建筑业应用气象信息产品产生的年综合增值占本行业年产值的比率值是3.0%。(4)受气象原因近5年来西藏海特实业发展有限公司造成经营产值波动的总均产值为7400万元，净均产值为2232.6万元，最大净产值为3765万元，最小净均产值为1260万元，变幅为2505万元，比值高达112%。

四、交通业气象服务效益评估

近年来，交通运输和气象部门在公路、铁路、航空等方面开展了全方位合作，特别是共同应对低温雨雪冰冻灾害、汶川特大地震等重大自然灾害取得了显著成绩，社会反响良好。交通气象服务的主要任务是建立交通气象灾害的部门应急响应联动常态化机制，逐步建立与我国现代化交通运输网络相适应的交通气象灾害监测网络体系，进一步加强交通气象信息的共享和预警服务，更好地服务经济社会发展和人民群众安全便捷出行。丁汉译等(1998)、郭洁等(2007)、刘宇等(2008)等对交通气象服务效益评估做了深入研究。

案例7-11：气象在民用航空中的作用评估

丁汉译等(1998)针对民用航空的飞速发展和航空运输成本投入的迅速增加现状，从气象是影响民用航空安全的重要因素、气象是影响民航经济效益的重要条件和气象是民用航空重大事件、重大项目决策的重要依据三个角度论述了气象在民用航空中的重要作用。

案例7-12：铁路气象服务作用与效益调查评估

郭洁等(2007)认为铁路运输是西南地区高气象敏感行业，对成都市铁路局防洪指挥中心进行了一次深入调查，调查的重点内容：(1)气象服务的重要性及地位；(2)山区铁路汛期安全行车保障体系的流程；(3)气象预测预报在铁路汛期安全行车保障体系中的作用;(4)最近5年汛期行车运营情况;(5)对气象服务的满意程度、气象服务需求情况等。通过对这些项目的调查,对交通气象服务进行了初步分析评估,为今后开展铁路气象保障服务提供了科学依据。并提出了如下结论和建议:(1)加强铁路与气象资料的分析研究;(2)加强铁路气象监测网建设;(3)加强铁路气象保障预报系统的建设;(4)开展铁路气象保障服务评估服务;(5)加强部门之间的交流与协作。

案例7-13:陕西交通气象服务效益个例调查评估

刘宇等(2008)以西临高速公路为典型个例,成立调查评估小组,通过对西临高速公路气象服务效益调查,分析影响高速公路运营、养护的主要气象因子是降水、温度、低能见度。影响高速公路的主要气象因子是大雾、降雪,且只对冬季有明显的影响,其他季节气象因子对高速公路的影响不是很明显。根据2001—2004年的18次个例对交通运营影响明显的天气现象分析,估算交通气象服务的投入产出比为1∶15.09。结论和建议:(1)西临高速公路的主要业务是公路运营和养护,气象条件对养护影响不明显,对运营有不同程度的影响,但对收入影响不明显。(2)西临高速公路对气象信息的应用可提前采取预防措施,减少交通事故,但气象信息对高速公路的运营收入占的比例较小,对气象信息的重视程度不够。(3)通过对西临高速公路对气象信息的投入和产出的分析,投资效益比为1∶15.09,说明合理利用气象信息,可以减少损失,提高收益。

五、其他行业气象服务效益评估

气候变化除了对农业、工业、建筑业和交通运输业有突出影响外,还对保险业、餐饮住宿等行业有重要影响。对保险业和餐饮住宿行业进行气象服务效益评估,有助于推动这些行业的发展。

案例7-14:陕西2005年汛期保险行业气象服务及效益分析评估

吕红等(2007)通过对中国财产保险公司西安未央支公司2001—2005年气象服务的高敏感程度和效益调查,以该公司2005年5—10月企业财产保险理赔案为例,分析了气象因素对保险经营环节的影响及气象灾害对其经营环节的影响。总结出:(1)财产保险是对气象条件敏感度比较高的行业。导致陕西财产保险受影响的主要气象灾害:暴雨、大风、大雨、雷击、滑坡、塌方等。汛期财产保险理赔中受天气影响最大的是暴雨,占56.3%;其次是大风,占22.5%;第三是由连阴雨致洪暴雨引起的滑坡、塌方,占12.6%,虽然发生次数较少,但影响程度大。(2)灾害天气更长时效的天气预报准确率和预报精度有待进一步提高。暴雨、大风、雷电等灾害天气的预报、预警服务在未来的保险业服务保障功能上,有巨大的市场发展潜力。(3)气象灾害发生的时间、地域分布与财产保险企业的产值波动有非常密切的关系。(4)保险业气象服务效益评估有待于对多年的保险理赔案件做进一步的分析。

案例 7-15:气象服务在餐饮住宿行业中的作用及效益分析评估

格央等(2008)选择了西藏餐饮住宿行业颇有代表性的西藏宾馆为对象,用专家评估法对其近5年来对各类气象服务的敏感度、需求度、满意度等做了调查评估,结果表明:住宿餐饮企业对各类气象服务中的月、季、年的气候预测服务最为敏感,其次也很需要综合服务评估、气象灾害预警、3天以内的天气预报、4～7天的天气预报、雷电防护服务等。餐饮住宿行业应用气象服务生产年增值占行业产值比率为1.1%。

六、专项气象服务效益评估

专项气象服务效益评估是对各种专项气象服务进行的效益评估,旨在提高类似专项服务的顾客满意度。

案例 7-16:奥运气象服务社会经济效益评估个例分析

罗慧等(2007)在简要评述了近年来有关评估研究工作的基础上,综合应用了社会问卷调查、高端用户深度访谈等定量和定性研究相结合的方法,构建了满意度指数体系,包括:了解和满足用户的需求,预报发布时间和时效,用户对气象服务所产生效益的判断,奥运气象服务手册、用户指南和网站等服务和宣传手段,服务人员能力,针对不同预报要素的预报准确度,用户的未来意向,以及对气象部门的整体印象等8类综合指标。首次提出了天气服务用户满意度指数(CSIWS),并以2006年女垒奥运测试为例进行实证分析,访谈了BOCOG官员中的16位,通过数学模型计算了奥组委等高端用户群的满意指数,来定量测量用户群对奥运气象信息服务的期望度和满意度。结果显示,用户对气象部门整体印象最满意,也发现目前奥运气象信息服务中存在的问题和改善的契机,认为在引导和挖掘用户需求、完善奥运气象宣传手册或用户服务指南及广为宣传奥运气象官方网站等方面还要下功夫。

参考文献

陈德群,朱双,严明良,等.1997.国家气象中心降水数值预报信息效益评估.南京气象学院学报,**20**(4):529-533.

丁汉译,李书文,王天奎,等.1998.气象在民用航空中的作用评估.空中交通管理(2):14-15.

杜莉丽,吴林荣,李美荣,等.2014.陕西2012年省级决策气象服务效益评估.科技与创新(15):138-140.

方立清,姚胜,尚胜利,等.1998.河南主要农作物气象科技服务效益评估方法.河南气象(2):40-41.

格央,德庆卓嘎,罗布次仁,等.2008.气象服务在餐饮住宿行业中的作用及效益分析评估.西藏科技(1):60,72.

格央,洛桑曲珍.2007.气象服务在建筑业中的作用及效益分析评估.西藏科技(7):68-69,72.

耿勃，陈秀杰．1996．天气预报在砖瓦生产中的应用及效益评估方案．山东气象，**16**(2)：3-5．

广西气象服务效益评估课题组．1995．广西公众气象服务效益评估．广西气象，**16**(4)：38-41．

郭洁，晋冀蜀，蒲吉光，等．2007．铁路气象服务作用与效益调查评估．四川气象，**27**(2)：41-44．

扈海波，王迎春，李青春．2008．采用 AHP 方法的气象服务社会经济效益定量评估分析．气象，**34**(3)：86-92．

贾朋群，刘英金．2008．美国气象现代化历程和发达国家气象现代化指标体系．气象软科学(2)：57-93．

贾朋群，任振和，周京平．2006．国际上气象预报和服务效益评估综述．气象软科学(4)：84-120．

李峰，郑明玺，黄敏，等．2007．山东公众气象服务效益评估．山东气象，**27**(1)：22-24．

李有宏，李锡福，罗生洲，等．2008．青海省行业气象服务效益评估的初步分析．青海气象(2)：24-27．

刘宇，高红燕，寇小兰，等．2008．陕西交通气象服务效益个例调查评估报告．陕西气象(2)：40-41．

刘志明，晏明，张文哲，等．1998．吉林省气象卫星遥感技术服务效益评估研究．遥感技术与应用，**13**(2)：21-26．

吕红，刘宇，寇小兰，等．2007．陕西 2005 年汛期保险行业气象服务及效益分析评估．陕西气象(5)：33-35．

罗慧，谢璞，俞小鼎，等．2007．奥运气象服务社会经济效益评估个例分析．气象，**33**(3)：89-94．

罗慧，谢璞，薛允传，等．2008．奥运气象服务社会经济效益评估的 AHP/BCG 组合分析．气象，**34**(1)：59-65．

马琼．1996．丰满水库气象服务直接经济效益的评估方法．吉林气象(1)：36-37．

濮梅娟，解令运，刘立忠，等．1997．江苏省气象服务效益研究(Ⅰ)——公众气象服务效益评估．气象科学，**17**(2)：196-203．

王新生，陆大春，汪腊宝，等．2007．安徽省公众气象服务效益评估．气象科学，**35**(6)：853-857．

武艳娟．2008．气候变化对宁夏农户生计的影响．北京：中国农业科学院．

解令运，濮梅娟，刘立忠，等．1997．江苏省气象服务效益研究(Ⅱ)行业气象服务效益评估．气象科学，**17**(4)：401-408．

薛晓萍，陈文选，等．1999．山东主要农作物人工增雨效益评估．南京气象学院学报，**22**(2)：254-259．

姚秀萍，吕明辉，张晓美，等．2012．气象服务效益评估研究和业务进展．气象科技进展，**2**(3)：39-44．

章国材．2004．美国国家天气局天气预报准确率及现代化计划．气象科技，**32**(5)：1-2．

周福．1996．德尔菲法在行业气象服务效益评估中的应用及结果分析．浙江气象科技，**17**(3)：38-41．

周逸萍．2001．气象科技服务经济效益评估模型及其应用．山东气象(1)：51-54．

邹建新．2015．浅谈提高决策气象服务效益和满意度//第 32 届中国气象学会年会 S14 第五届气象服务发展论坛——气象服务与信息化．北京：中国气象学会．

Dutton J R. 2002. Opportunities and priorities in a new era for weather and climate services. Bull Am Meteorol Soc, **83**: 1303-1311.

Larsen P H. 2006. An Evaluation of the Sensitivity of U. S. Economic Sectors to Weather. SSRN, 2006 [2006-05-05]. http://ssrn.com/abstract=900901.

Raygor, Scheller. 1993. 美国国家气象局现代化和机构调整计划专题介绍．气象软科学(3)：1-3．

第八章　气象灾害防御与应对气候变化

引入案例:气候变化使牧民购买草料的成本增加①

传统上，牧民在冬季将牲畜转移到冬季草场放牧。随着牲畜和草场承包到户，以及棚圈设施的普及，牲畜在冷季的饲养方式为放养和喂养结合。喂养的饲草主要来自天然打草场，饲料主要是玉米，需从外界购买。调查发现，在产草量较高的年份，打草场产草量即可满足全村牲畜需求，甚至还可向外出售富余的饲草。随着干旱加剧，打草场产草量难以满足内部需求，牧民开始从外界购买饲草。2009 年秋—2010 年春，有 32 户从外界购买了饲草，占调查总数的 91%。在买草的 32 户中，有 27 户是近些年来才开始从外界买草，其中 12 户是 2009 年第一次买草，5 户是 2007—2008 年第一次买草，与“近四五年”和“近二三年”干旱加剧的感知一致。牧民之前没有购买饲草料的开支，而今购买饲草料却成了畜牧业最主要的生产成本，74%(26 户)的牧户购买饲草料开支占其总生产成本的一半以上，其中比例在 60%～70%的最多，占 1/3。

我国是世界上受气象灾害影响最严重的国家之一，气象灾害种类多、频率高，严重威胁人民生命财产安全，给国家和社会造成了巨大损失。随着全球气候持续变暖，超强台风、特大干旱、强降雨等极端天气气候事件发生频率越来越高，破坏程度越来越强，影响越来越复杂，应对难度越来越大；同时，国民经济的持续高速发展、生产规模的扩大也带来了社会财富的大量积累，多种因素的共同作用，使灾害损失呈现日益加重的趋势。

气象灾害的频发及其给经济社会和人民来的巨大损失为制约国民经济持续稳定发展的主要因素之一。如何有效地防灾减灾，最大限度地保障人民群众生命财产安全，是各级政府部门所面临的重要任务。气象部门能够及时向政府部门提供灾害预

① 资料来源：汪韬，李文军，李艳波. 2012. 干旱半干旱区牧民对气候变化的感知及应对行为分析——基于内蒙古克什克腾旗的案例研究. 北京大学学报(自然科学版)(2):285-295.

警、灾情等信息,有效协助政府制定防灾减灾的对策,在防御和减轻气象灾害方面具有重要的地位和作用,对于提高防灾抗灾能力、保护人民生命财产安全具有十分重要的意义。

全球变暖导致的水资源短缺、海平面上升、土地荒漠化、粮食产量波动、流行病传播等对粮食、能源、水资源、生态环境等构成了严重威胁,已成为人类社会面临的共同问题。我国本身又是一个气候条件复杂、生态环境脆弱、自然灾害频发、易受气候变化影响的国家,尤其是水利、农业、海洋、卫生、林业、交通、旅游和能源等部门或行业,对气候变化和变率、风险和不利影响更加敏感,也更加关注。因此,如何采取有效措施提高应对气候变化的针对性和科学性是我国面临的重大课题。气象部门作为国家应对气候变化的基础性科技支撑部门,通过开展有针对性、关键性的科学研究及气候监测、预测和预警,能够提供气候变化方面技术和信息保障,为国家制定应对气候变化战略提供科学依据,并促进气候信息在经济和社会生活中的应用,对加强我国应对气候变化能力建设具有十分重大的意义。

气候变化和应对气象灾害已经渗透到气象业务每一个环节中,为了从整体上对该领域进行学习,本章专门对此进行描述。

第一节 气象灾害防御法律法规

我国气象灾害种类多、强度大、频率高,台风、暴雨(雪)、雷电、干旱、大风、冰雹、大雾、霾、沙尘暴、高温热浪、低温冻害等灾害时有发生,由气象灾害引发的滑坡、泥石流、山洪及海洋灾害、生物灾害、森林草原火灾等也相当频繁,严重威胁人民群众生命财产安全,给国家和社会造成巨大损失。近年来,随着全球气候变暖趋势的加剧,极端天气气候事件不断发生,造成的损失和影响不断加重,我国面临着越来越严重的气象灾害威胁。因此,建立“政府主导、部门联动、社会参与”的气象灾害防御机制是构建生态文明社会的必然要求(王妍文,2015)。

法律以各种方式全面影响着每个人的日常生活与整个人类社会。依照法律治理国家和管理社会的方式被称为法治,法治是现代文明社会最科学的治理方式,也是衡量一个国家或地区发展程度最重要的方面之一。

2000 年 1 月 1 日正式实施的《中华人民共和国气象法》中专门设置了气象灾害防御一章,明确了各人民政府及其有关部门在编制气象灾害防御规划、制定防御方案、组织实施气象灾害防御方面;主管机构及其所属气象台站在加强气象灾害监测、预警、灾害评估方面,有关组织和个人在气象灾害防御方面的权利、义务和法律责任。

《中华人民共和国气象法》第五章的具体内容如下:

“第二十七条　县级以上人民政府应当加强气象灾害监测、预警系统建设，组织有关部门编制气象灾害防御规划，并采取有效措施，提高防御气象灾害的能力。有关组织和个人应当服从人民政府的指挥和安排，做好气象灾害防御工作。

第二十八条　各级气象主管机构应当组织对重大灾害性天气的跨地区、跨部门的联合监测、预报工作，及时提出气象灾害防御措施，并对重大气象灾害做出评估，为本级人民政府组织防御气象灾害提供决策依据。

各级气象主管机构所属的气象台站应当加强对可能影响当地的灾害性天气的监测和预报，并及时报告有关气象主管机构。其他有关部门所属的气象台站和与灾害性天气监测、预报有关的单位应当及时向气象主管机构提供监测、预报气象灾害所需要的气象探测信息和有关的水情、风暴潮等监测信息。

第二十九条　县级以上地方人民政府应当根据防御气象灾害的需要，制定气象灾害防御方案，并根据气象主管机构提供的气象信息，组织实施气象灾害防御方案，避免或者减轻气象灾害。

第三十条　县级以上人民政府应当加强对人工影响天气工作的领导，并根据实际情况，有组织、有计划地开展人工影响天气工作。

国务院气象主管机构应当加强对全国人工影响天气工作的管理和指导。地方各级气象主管机构应当制定人工影响天气作业方案，并在本级人民政府的领导和协调下，管理、指导和组织实施人工影响天气作业。有关部门应当按照职责分工，配合气象主管机构做好人工影响天气的有关工作。

实施人工影响天气作业的组织必须具备省、自治区、直辖市气象主管机构规定的资格条件，并使用符合国务院气象主管机构要求的技术标准的作业设备，遵守作业规范。

第三十一条　各级气象主管机构应当加强对雷电灾害防御工作的组织管理，并会同有关部门指导对可能遭受雷击的建筑物、构筑物和其他设施安装的雷电灾害防护装置的检测工作。

安装的雷电灾害防护装置应当符合国务院气象主管机构规定的使用要求。”

为了保障《气象法》的落实，2005年，中国气象局成立了应急管理办公室，2006年实施“重大气象灾害预警应急预案”，2006年，国务院印发了《关于加快气象事业发展的若干意见》（国发〔2006〕3号），2007年，国务院印发了《关于进一步加强气象灾害防御工作的意见》（国办发〔2007〕49号）明确提出加强气象灾害防御工作的总体要求。2009年10月18日，国务院办公厅印发了《关于加强基层应急队伍建设的意见》（国办发〔2009〕59号），明确提出加强气象灾害应急队伍建设，并要求气象灾害基层应急队伍工作经费，由地方政府给予保障。2009年12月11日，国务院办公厅印发实施《国家气象灾害应急预案》（国办函〔2009〕120号）。作为国家专项应急预案之一，《国家气象灾害应急预案》涵盖了从气象灾害预警、应急响应、应急处置到恢复重建的全过程，目的是建立健全气象灾害应急响应机制，提高气象灾害防范、处置能力，最大限度地减轻或者避免气象灾害造成的人员伤亡、财产损失，为经济和社会发展提供保障。2010 年 1 月 27 日颁布《气象灾害防御条例》，2010 年 4 月 1 日起施行。2010 年以后，各省（区、市）也先后颁布了地方条例（洪演，2014；陈亭利，2015）。

在气象灾害防御方面凸显三大特点：一是体现了政府主导的气象灾害防御体系，确定了地方政府建立气象灾害政府专项应急预案体系的重要任务；二是建立气象灾害防御的部门联动机制，首次以国务院规范文件形式明确了气象灾害从预警到响应部门联动的职责；三是充分发挥社会参与作用，强化了气象部门有关气象灾害预警信息的地位。《国家气象灾害应急预案》适用于我国范围内台风、暴雨（雪）、寒潮、大风（沙尘暴）、低温、高温、干旱、雷电、冰雹、霜冻、冰冻、大雾、霾等气象灾害事件的防范和应对，并对气象灾害防范和应对的组织体系、监测预警、应急处置、恢复与重建、应急保障、预案管理等方面进行了详细规定。根据分级管理、属地为主的原则，确立了国家和地方应急指挥机制，规定当发生跨省区域大范围的气象灾害，并造成较大危害时，由国务院决定启动相应的国家应急指挥机制，统一领导和指挥气象灾害及其次生、衍生灾害的应急处置工作。还强化了气象部门在监测预报、信息共享、灾害普查、预警信息发布、部门响应等工作中的作用，明确气象灾害预警信息由气象部门负责制作并按预警级别分级发布。其他任何组织、个人不得制作和向社会发布气象灾害预警信息。《气象灾害防御条例》的颁布实施是科学防灾、依法防灾的具体体现，标志着我国自然灾害防御法律体系更加完善。

第二节　气象灾害防御参与主体及职责

气象灾害防御是一项十分复杂的社会系统工程，其参与主体是全体公民，全体公民在政府的统一指挥、调度的基础上，相关部门执行各自的防灾责任，才能实现对气象灾害的整体防御，因此，气象灾害防御最重要的是明确各相关部门在气象灾害防御工作的责任。

一、各级人民政府的责任

中央和地方人民政府以最大限度地减轻人员伤亡、减少财产损失、保障经济发展和社会安定作为基本目标，对气象灾害防御工作负有领导的责任，在统一组织和协调的基础上，投入资金和人力进行气象灾害防御工程建设和抗灾救灾，并将气象灾害防御工作落实到国民经济和社会发展的中长期规划和年度计划中，确保气象防灾减灾工作的积极开展。

各级政府应协调各有关组织部门，组建由多部门、多学科专家组成的气象防灾减灾综合队伍，建立基层气象信息员队伍，组织开展气象灾害防御示范社区（村镇）创建活动，逐步完善政府主导、部门联动、社会参与、功能齐全、科学高效、覆盖城乡的气象灾害防御机制。

各级人民政府应当编制和实施气象灾害防御规划，明确灾害防范应对工作的主要任务和措施，加强气象灾害防御基础设施建设，切实增强对各类气象灾害监测预警、综合防御、应急处置和救助的全社会防灾减灾水平。县级以上人民政府应当根据气象灾害防御规划，组织制定本行政区灾害应急预案；组织有关部门建立专职或者兼职气象灾害应急救援队伍和志愿者队伍，提高应急救援能力。

各级人民政府应当根据灾害性天气警报、预警信号所涉及的范围、强度、影响程度，对可能造成人员伤亡或者重大财产损失的区域，及时确定气象灾害危险区，并及时予以公告。并应当依据灾前预评估结果和灾中滚动评估，采取合适的防灾减灾应对措施；应当依据灾后评估、总结气象灾害应对处置工作经验教训，制定恢复重建计划和改进措施。

县级以上人民政府根据本级气象主管机构的建议，滚动传达气象灾害应急预案的决定，及时向社会发布，并报告上级人民政府；必要时可以越级上报，使受到危害的毗邻地区的人民政府根据本级气象主管机构提供的灾害性天气发生、发展趋势信息和灾情发展情况，按照有关规定适时调整级别或者决定终止气象灾害应急预案，并解除已经采取的有关措施。

发生重大气象灾害，当地人民政府及有关部门应当根据灾害性天气实况和变化趋势，及时采取停工、停业、停课、交通管制等必要的应急处置措施。情况紧急时，当地人民政府应当及时动员、组织遭受威胁的人员转移、疏散，并开展自救和互救，协助维护社会秩序。

二、政府相关部门的责任

在气象灾害防御工作中，国务院气象主管机构和国务院有关部门在国务院的领导下，按照职责分工，密切协作，共同做好全国气象灾害防御工作。地方各级气象主管机构和地方各级人民政府有关部门在本级人民政府领导下，按照职责分工，共同做好本行政区域内气象灾害防御工作。各有关部门和机构要按照职责分工和相关预案，切实做好气象灾害防御的人力、物力运输和医疗卫生及交通通信保障等工作。

公安部负责灾区的社会治安工作，协助组织灾区群众的紧急转移工作。民政部负责组织、协调全国气象灾害的救灾工作；组织核查灾情，统一发布灾情及救灾工作情况，及时向国家气象灾害应急总指挥部提供灾情信息；负责组织、协调救灾工作；管理、分配中央救灾款物并监督检查其使用情况；组织开展救灾捐赠等工作；财政部负责气象灾害防御应急准备和救援工作资金。对受灾较大的行业、企事业单位和个人要及时研究提出相应的补偿或救助政策。政府要对气象灾害防御专向应用的财政应急保障资金的使用和效果进行监管和评估。国土资源部负责地质灾害监测，预防地质灾害；协助抢险救灾，协助重大地质灾害防治的监督管理。交通运输部负责抢险救灾人员、物资的运输，抢修被毁的交通道路。水利部负责对主要河流、水库实施调度，负责灾后水利设施的修复。农业部负责指导灾后农业生产恢复。卫生部负责灾区疾病预防控制和医疗救护工作，及时向国家气象灾害应急总指挥部提供水旱灾区疫情与防治信息，组织卫生部门和医疗卫生人员赶赴灾区，开展防病治病，预防、控制疫病的发生和流行。宣传、教育、文化、广电、新闻出版等有关部门要通过图书、报刊、音像制品和电子出版物、广播、电视、网络等，及时、准确地向社会传播各级人民政府及有关部门发布的气象灾害信息，广泛宣传应急法规和预防、避险、自救、互救、减灾等常识。

三、气象部门的责任

首先，做好对基层气象灾害应急队伍的指导和管理。县级以上部门要在当地政府的领导下，组织村干部和有经验的相关人员组建气象减灾队伍，加强对基层应急队伍的技术指导和业务管理。做好气象灾害预警信息发布管理。加快建设突发公共事件预警信息发布系统，完善突发气象灾害预警信息发布制度，规范预警信号发布的内容和形式，统一发布口径。各地要因地制宜地在交通枢纽、公共活动场所等人口密集区建立灾害性天气预警信号接收和播发设施。加快信息传递薄弱地区的设施建设，确保在重大灾害发生时，能将预警信息发送到农村、牧区、山区、海上等边远地区。

其次，做好气象灾害风险管理。强化部门协作，加强气象灾情普查和隐患排查，开展气象灾害风险区划和评估，开展城乡规划、重大工程等的气象灾害风险评估和气候可行性论证，为各级编制地方经济社会发展规划、气象灾害防御方案、应急预案和应急处置对策措施等提供依据。

第三，提高公众气象防灾减灾意识。广泛开展气象灾害防御知识的宣传，重点加强学校、农村和气象灾害重点防御地区防灾减灾知识和技能的宣传教育，将气象灾害防御知识纳入国民教育体系，纳入文化、科技、卫生“三下乡”活动，提高公众抗御气象灾害的能力。

第四，完善气象灾害防御措施。联合有关部门，完善山洪地质灾害、风暴潮、森林火灾、农林病虫害等气象次生和衍生灾害的防御标准和措施；地方政府建成一批对经济社会具有基础性、全局性、关键性作用的气象灾害防御工程，提高气象灾害综合防御能力。

四、基层气象应急队伍的责任

基层气象应急队伍的主要任务是接收并传达预警信息，收集并向政府报告灾害性天气实况和灾情，组织本村、本单位、本区域群众转移避险，做好台风、强降雨、大风、沙尘暴、冰雹、雷电等极端天气防范的科普知识宣传工作，参与本乡镇、村屯和城市街道、社区的气象灾害防御方案的制订及应急处置和调查评估等工作。

容易受气象灾害影响的乡村、企业、学校等基层组织单位，要在相关部门的组织下，明确参与应急队伍的人员及其职责，定期开展相关知识培训。

第三节 气象灾害防御措施

我国幅员辽阔，地形复杂，城市、农村、沿海地区、主要江河流域的气象灾害防御侧重点各不相同，而交通、水利、电力、农业等国民经济关键行业和以珠三角、长三角和环渤海等地区为代表的主要战略经济气象灾害影响的敏感程度极高。因此，需要区分城市、农村、沿海、重要江河流域、主要战略经济区、重要交通与输变电线沿线，按照点面结合、全面防御、突出重点的战略布局，有组织地开展气象灾害防御工作。

一、城市

城市气象灾害是城市主要自然灾害之一，发生灾害的次数多、频率高、危机面广、损失大。在城市现代化的进程中，城市内涝、干旱缺水、高温、雾霾等灾害日益严重，导致人居气象环境恶化等问题日益突出，因此，应重视城市气象灾害的防灾减灾工作，弄清气象灾害对城市的影响，提高公众防灾减灾意识，加强城市防御气象灾害的能力。

城市气象灾害防御既要开展灾害机制方面的自然科学研究，又要开展减灾管理方面的社会科学研究，改善城市气象观测网络，研究城市特殊下垫面的灾害性天气预报技术，把握城市气象灾害发生机理；大力开展城市气象灾害风险评估，并向有关部门提供相应的气象数据和参数，为科学编制城市规划及研究制定相关基础设施防御标准提供依据，加强城市生命线工程的抗灾能力建设；建立健全城市气象灾害应急管理机构，完善气象部门与城市其他相关部门的重大气象灾害应急联动预案；加强城市气象灾害的监测预警系统建设，增强早期预警、提前防范的能力；向市民提供便捷及时、更加个性的气象灾害防范服务，帮助社区和家庭编制具有可操作性的气象防灾减灾预案，提高城市的气象防灾减灾和应急能力。

二、农村

农村是气象灾害防御的薄弱地区，干旱、洪涝、低温、霜冻等气象灾害对粮食、经济作物、林业、渔业生产及生态环境造成严重影响，对新农村建设和国家粮食安全造成严重威胁。然而农村接收气象灾害预警信息不畅，农业和农村基础设施抗灾能力薄弱，部分村屯、民宅建造在气象灾害易发区防灾意识不强，防灾避灾技能不高，农村减灾工作亟待加强。

农村气象灾害防御主要是加强气象灾害预测、预警发布能力建设，提高农村气象灾害预警信息的覆盖面，保障气象灾害预警信息能够深入到村入户；加强农村防灾科普宣传和农民防灾避灾技能，建设乡村防灾科普宣传与技术培训基地；增加气象科技的贡献率，保障粮食等农产品稳产高产；开展农村气象灾害风险评估，开展农业和农村基础设施防御气象灾害普查，修改完善农村建筑物和农业生产设施防灾标准；指导地方科学规划农业生产布局和新农村小区，加固和改造现有的农业与农村防灾基础设施和民宅等建(构)筑物。

三、沿海地区

我国沿海地区气象灾害多、损失大。每年平均有 7 个热带气旋登陆我国，对经济社会和人民生命财产安全构成严重威胁。海洋大风、海雾、海冰对航运和渔业生产的安全影响很大。由气象灾害引发的风暴潮和地质灾害造成的损失呈上升势头。但目前海洋气象灾害监测预警能力相对薄弱，海上气象灾害预警信息发布范围不广。许多渔业和海上运输的船舶难以及时获取台风等预警信息。沿海许多建(构)物防浪、防风暴潮和防风标准偏低，防灾设施特别是民宅建筑防灾能力弱，避难设施不够完善。

沿海地区气象灾害防御主要是以防御台风、大风及其产生的风暴潮、地质灾害和海平面上升为重点，加强海洋气象灾害监测网和多部门联合的海洋监测信息共享平台建设，建立海洋气象灾害监测预警业务和应急服务系统；建设由海洋气象预警广播电台、卫星广播等组成的气象灾害预警信息网；提高预警发布能力；开展沿海地区气象灾害风险评估和海洋气象资源可持续开发利用的综合评估；开展重点工程建设气候可行性论证；加强沿海气象灾害防御基础设施建设。

四、重要江河流域

在地理分布上，我国自北向南有松花江、辽河、海河、黄河、淮河、长江、珠江等七大主要江河流域。东亚地区独特的季风气候，造成流域降水量时空分布不均，夏季易发生流域性洪涝。冬春季节北方河流还易发生凌汛灾害。在全球气候变暖背景下，极端强降水和干旱发生概率均呈增大趋势，洪涝灾害重现期缩短，流域大面积干旱时有发生，严重威胁流域内人民生命财产安全和区域经济发展。

重要江河流域气象灾害防御主要防御由于大范围暴雨和持续降水引发的流域性洪涝，大面积干旱、严重的季节性干旱。实现工程性与非工程性防御措施有机结合，构成完善的流域防洪抗旱减灾体系：建立跨地区、跨部门的流域洪涝干旱联防工程，合理布设流域气象、水文监测网，确保及时获取流域面雨量信息，并实现部门间信息共享；提高流域天气预报的准确率和精细化水平，开展流域降水过程预报；建立洪涝、干旱灾害预警机制和应急响应预案；编制和更新流域洪涝、干旱风险区划，调整流域防洪标准，提高抗御洪水的能力，提高抗旱能力。

五、重要铁路公路沿线和输变电线路

交通运输和电力供应业是国民经济的重要基础性行业，同时也是易受气象灾害影响的行业。低温、霜冻、暴雪、大雾等对铁路、公路和输变电线路的影响尤为显著，容易造成道路结冰、交通瘫痪、电力供应中断等严重后果。随着我国经济一体化程度的不断提高，不同行业、不同经济生产部门的相互依存度越来越高。某一经济部门或行业受灾后，不利影响会迅速传递到其他部门或行业，灾害影响范围和严重程度明显放大。

重要铁路公路沿线和输变电线路的气象灾害防御重点是建立交通气象观测、预测等专业专项气象灾害监测网络体系，发展专业专项气象灾害监测预警技术和预警服务，实现部门间、行业间的信息与资源共享及灾害协同防御；开展铁路、公路沿线和输变电沿线精细化气象灾害影响风险评估，在此基础上建立气象灾害防御的设计标准；建立铁路、公路和输变电线路工程设计气候可行性论证制度，合理规划和布局，科学防灾避灾。

六、重点战略经济区

以长三角、珠三角、环渤海、武汉城市圈、长株潭城市群、成渝地区等为代表的我国主要战略经济区，交通发达，城市化与经济一体化程度高，综合经济实力强，是我国人口稠密区和经济密集区，但也是灾害频发区。这些地区气象灾害的区域性十分明显，干旱、台风、暴雨、雷电等气象灾害危害程度高，造成的经济损失大，是气象灾害防御的重点区域。

重点战略经济区的气象灾害防御主要突出区域联防，点面结合，统筹规划区域性加密气象观测网络，加强区域内先进探测技术和移动观测系统的协同建设，提高对突发性气象灾害的监测能力；建立区域一体化的精细化预报预测业务和灾害性天气短时临近预警业务，开展气象灾害高影响行业的专项预警技术和服务；开展区域气象灾害影响风险评估，合理布局重大工程建设项目；根据风险评估结果，及时调整气象灾害防御标准，加强重点战略经济区气象灾害防御基础设施能力建设，提高防御气象灾害的能力。

第四节　气象灾害风险管理能力发展

在气候变化背景下，极端天气气候事件日益频发，导致的气象灾害及其衍生灾害对人类社会造成的危害和损失越来越大，同时气候变化（全球变暖）对全球及各国的社会经济安全造成的这种重大负面影响将持续长远地发生作用，因此，有关气象灾害风险管理能力的发展已经成为未来公共气象服务创新发展的重要一环。

一、基本概念

（一）气象灾害的概念

气象灾害，是由各种天气气候事件所引致的灾害及其衍生灾害。阮均石（2000）认为，“能对人类生命财产及社会经济发展造成损失的气象事件就是气象灾害”；张继权等（2007）则认为，“大气变化产生的各种天气现象给人类的生命财产和国民经济建设及国防建设等造成了直接或间接的损失，这种天气现象就是气象灾害”。

典型的由各种天气气候事件所引致的灾害包括台风（热带风暴、强热带风暴）、暴雨（雪）、雷暴、冰雹、大风、沙尘、龙卷、雾、霾、高温、低温、连阴雨、冻雨、霜冻、结（积）冰、寒潮、干旱、干热风、热浪、洪涝、积涝等。气象衍生灾害一般指由气象因素导致的其他类型的灾害，如暴雨发生后产生的泥石流、山体滑坡、城市内涝，干旱引发的森林火灾，大风导致的风暴潮等。

（二）气象灾害风险

风险（RISK）一词通常指从事某项活动结果的不确定性。史培军（1991）认为，气象灾害风险是自然灾害环境和承灾体共同组成的复杂系统，是天、地、人综合作用的结果；张俊香等（2004）认为，风险等于致灾因子加易损性，致灾因子是导致自然灾害风险的要素，易损性和社会经济条件决定是否成灾。

刘小艳等（2009）认为，气象灾害系统是由致灾因子、孕灾环境、承灾体和灾情四部分组成的一个特殊的变异系统。气象灾害的致灾因子是指引发灾害的天气气候事件。对气象灾害致灾因子的分析，主要是分析引发灾害的气象事件强度及时空特征。气象灾害的孕灾环境是指环境对气象灾害风险的作用。不同的气象灾害及其衍生灾害由于孕灾环境不同，其风险亦有所区别。气象灾害承灾体指的是气象灾害所影响的对象。承灾体脆弱性(易损性)能够衡量其易于遭受气象灾害影响的程度。显然，气象灾害承灾体的脆弱性水平是影响灾害风险大小的基本因素。气象灾害灾情是指承灾体遭受气象灾害致灾因子作用后所造成的灾损情况。灾情的大小也是衡量气象灾害风险的基本因素。

另外，气象灾害风险不仅仅与上述因子有关，还与人类活动有关。刘丽(2006)在进行灾害风险评判时，在危险性、易损性等分析的基础上，提出了工程防御能力评判。因此，气象灾害风险是风险源及其危险性、风险载体及其脆弱性和人类社会防减灾措施及其防减灾有效度等要素等相互作用形成，这些要素首先决定了灾害风险是否存在，然后影响着灾害风险的类型、特点和大小，因此，气象灾害风险具有自然和社会的双重属性特征。

(三)气象灾害风险管理

李世奎等(2004)认为，狭义的气象灾害风险管理是指综合考虑法律、政治、经济和社会等因素后根据风险评估的结果采取的一种风险控制措施，其目的是避免灾难、规避风险。张继权等(2007)认为，广义上的气象灾害风险管理，包括早期预警、应急计划、应急反应和最终恢复四个部分。

作者认为，气象灾害风险管理是主要研究气象风险控制的管理科学。按照管理学的理念，通过对气象灾害风险实施有效的控制(包括灾前防范和灾后处理)，从而以最经济的方式获得最大限度的气象灾害风险的规避。借鉴 Renn(2008)提出现代灾害风险管理的目标，气象灾害风险管理目标一般可包括四个方面：(1)气象灾害风险识别，认清气象灾害的风险内涵及外延，摸清其风险来源、特征和规律；(2)气象灾害风险转移，气象灾害及其衍生灾害发生发展过程中，风险随之的转移变化；(3)气象灾害减灾，研究如何尽可能降低气象灾害造成的损失；(4)气象灾害管理，围绕气象灾害发生前后展开一系列管理活动，以期以最小的代价尽量规避气象灾害风险。

(四)气象灾害风险管理能力均衡发展

秦大河等(2007)指出，“应对气候变化是个反复的风险管理过程，既包括制定减缓和适应措施，同时也要考虑气候变化的负面影响、综合效益、可持续性、公平性和对待风险的态度”。作者认为，很大程度上，气象灾害可以视为气候变化的衍生品，因此针对气象灾害的风险管理能力发展可以借鉴秦大河等(2007)提出的上述要点，即主要包括气象灾害风险识别能力、气象灾害风险评估能力、气象灾害风险应对能力和气象灾害风险普及教育这四个方面。

二、气象灾害风险识别能力

气象灾害风险识别能力主要体现在针对各种气象灾害及其衍生灾害的成灾原理研究上。防治气象灾害的关键是认识其成灾原理和演变规律。可以根据现有的历史数据资料，进行主要气象灾害及其衍生灾害成灾原理研究，厘清我国主要气象灾害的时空分布，揭示其发生发展的基本规律，注重全球气候变化背景下的气象灾害新的特征及机理研究。

气象灾害风险识别能力还体现在针对各种气象灾害及其衍生灾害的监测上面。一方面是监测气象灾害的发生发展，另一方面是监测气象灾害所造成的负面影响。作者认为，在监测气象灾害的发生发展方面，国内已经做得相对比较完善，气象部门目前初步建立了一整套包含常规和非常规资料、运用多种探测手段的监测体系，如我国已经建成新一代多普勒天气雷达观测网，理论上能够比较及时准确地监测到导致气象灾害的天气系统。未来我国需要重点加强提升针对气象灾害灾损的监测和统计。目前我国针对气象灾害的影响尚未建立起规范的灾损统计数据库，仅有的数据非常笼统宽泛，应用价值不大。例如，针对气象灾害的经济损失统计往往没有考虑经济增长率、物价变化等诸多因素。在利用历史经济损失的数据资料时至少应当进行GDP增长率订正和物价订正，以便抵消这两种因素的影响。总之应该认识到由于缺乏科学详细的气象灾害灾损数据，围绕气象灾害的相关研究就无法顺利展开，这就极大限制了气象灾害综合管理能力的提升。

三、气象灾害风险评估能力

气象灾害风险评估主要是根据气象灾害成灾原理，进行气象灾害致灾因子危险性、承灾体暴露性与脆弱性和区域防灾减灾能力的评估，从而实现针对各种气象灾害及其衍生灾害的预报及预警。作者认为，评估能力是气象灾害风险管理的核心能力，把评估做好了，气象灾害的其他问题就基本迎刃而解了。2010年6月，中国气象局印发了《国家气象灾害防御规划(2009—2020年)》，明确指出"气象灾害风险评估制度尚未建立，缺乏精细的气象灾害风险区划，城乡规划与重点工程建设的气象灾害风险评估和气候可行性论证尚未全面开展"。可见我国亟待提升气象灾害风险评估能力。

要做好评估，首先要理清气象灾害的内在机理，摸清每一种气象灾害及其衍生灾害发生发展的特征及规律，然后结合相关监测数据，做出灾害发生及其造成影响的预报和预警。纵观国内历年发生的重大气象灾害事件，造成巨大负面影响的无一不是缺乏客观的评估，如2008年的南方低温冻雨，就是没有充分认识到冻雨的严重危害，最终酿成有史以来影响最大的一次冻雨灾害。

客观的评估需要科学方法的支持，未来需要着重研发更加合理的气象灾害评估技术。向静(2012)指出，气象灾害风险评估方法应该在"气象灾害危险性分析、脆弱性分析、暴露性评估和防灾减灾能力评估的基础之上，借助虚拟技术、可视化技术、现在"3S"技术、计算机模拟与仿真技术、灰色系统法、模糊数学法、信息扩散技术等数量分析方法来研究气象灾害评估的指标系统、评估模型和基本程式，研究气象灾害风险情景可视化技术和仿真模拟技术，开发出可以进行气象灾害风险评估的软件，确定气象灾害风险灾情等级划分的标准，并进行气象灾害风险区划"。

但也应该认识到，评估是一个系统工程，不仅要考虑科学问题，还涉及人类社会的方方面面，需要通盘考虑。如需要评估气象灾害风险管理的综合效益问题，围绕气象灾害管理，特别是防灾救灾工作，需要大量的人力物力财力的支撑，必须评估其综合效益，找出一条经济高效的路径，做到人尽其力、物尽其用，把钱花在刀刃上。

四、气象灾害风险应对能力

气象灾害风险应对能力主要体现在针对各种气象灾害及其衍生灾害的防范和治理上。主要的气象灾害防治策略可分为控制型与财务型两种。前者注重降低气象灾害的危害程度，通过相关灾害防范和治理措施来降低气象灾害的风险，或者通过统筹规划来降低区域承灾体的脆弱性，从而间接地减少灾损。控制型的气象灾害风险应对策略讲究防患于未然，即在灾害发生前就围绕降低灾害风险展开各种相关工作；后者则相反，财务型的气象灾害风险应对策略着重在灾后展开各种补救工作，通过保险、政府转移支付等各种经济补偿来弥补气象灾害造成的损失，这种策略实际上属于气象灾害风险的转移与规避。作者认为，将上述两种应对策略有机结合是未来比较可取的气象灾害风险应对策略，可以做到既可以防患于未然，又能够事后及时补偿，是提升气象灾害风险应对能力的宏观指导思路。

对比国外发达国家在灾害应对方面的先进经验，具体的气象灾害风险应对能力则应在气象灾害应急反应与救援工作决策的自动化、信息化、数字化和可视化水平等方面下功夫。通过吸收消化国内外先进的研究成果，开展主要气象灾害应急反应及救灾技术研究，如气象灾害应急反应管理能力评估指标及方法的研究、气象灾害救援力量布局的优化分析方法的研究、基于风险评估的气象灾害应急反应预案编制与防灾减灾规划制定的研究、气象灾害防灾减灾资源布局的优化分析方法的研究、气象灾害投资效益评估与最优化对策的研究、气象灾害风险决策分析方法的研究等，从而建立起具有中国特色的气象灾害应急反应管理决策支持系统。

五、气象灾害风险普及教育

气象灾害风险普及教育是提升气象灾害风险综合管理能力的重要辅助。日本针对地震灾害风险的普及教育就是很好的明证，日本人民在地震发生时临危不乱、训练有素的画面让人震撼，这充分说明做好气象灾害风险普及教育可以大幅度降低灾损。未来我国政府可以在以下两个方面努力：一是通过学校教育普及气象灾害风险，这是最有效的途径，将有关气象灾害风险的内容纳入学生的必修科目，甚至纳入考核，如此必然可以在较短的时间内提升气象灾害风险的普及度；二是通过媒体扩大气象灾害风险的宣传，主流媒体有必要加强这方面的宣传，有关部门可以督促媒体普及气象灾害风险知识，也可以自主的通过网络等新媒体发布相关气象灾害风险知识，如发布相关微博、微信，发放气象灾害防范手册等。

第五节　应对气候变化的主要措施

工业革命以来的人类活动，尤其是发达国家在工业化过程中大量消耗化石能源，导致大气中温室气体浓度增加，使人类社会面临着以气候变暖为主要特征的全球变化问题。气候变化问题不仅是单纯的科学问题、环境问题，而且也是能源问题、经济问题、政治问题和外交问题等影响国家公共安全的重要问题，是经济社会可持续发展必须重视和解决的紧迫问题。下面主要介绍应对气候变化的气象服务工作。

一、气候变化对我国可能造成的影响

我国是一个发展中国家，人口众多、经济发展低、气候条件复杂、生态环境脆弱，易受气候变化的不利影响；同时，我国正处于经济快速发展阶段，面临着发展经济、消除贫困和减缓温室气体排放的多重压力，应对气候变化的形势严峻，任务繁重。气候变化对我国自然生态系统和经济社会发展造成威胁，主要体现在农牧业、森林与自然生态系统、水资源等领域及海岸带地区。

气候变化对我国农牧业生产的负面影响表现为：农牧业生产不稳定性增加；局部干旱、高温危害严重；因气候变暖引起农作物发育期提前而加大早春冻害；草原产量和质量有所下降；气象灾害造成的农牧业损失增大。未来气候变化对农牧业的影响仍以负面影响为主。小麦、水稻和玉米三大作物均可能以减产为主。农业生产布局和结构将出现变化；土壤有机质分解加快；农作物病虫害出现面积可能扩大；草地潜在荒漠化趋势加剧；草原火灾发生频率将呈增加趋势；畜禽生产和繁殖能力可能受到影响，畜禽疫情发生风险加大。

气候变化对地球生态环境产生巨大影响。气候变化对我国森林和其他生态系统的影响表现在：东部亚热带、温带北界北移，物候期提前；部分地区林带下限上升；山地冻土海拔下限升高，冻土面积减少；全国动植物病虫害发生频率上升，且分布变化

显著;西北冰川面积减少,呈全面退缩的趋势,积雪的加速融化使绿洲生态系统受到威胁。未来气候变化将使生态系统脆弱性进一步增加:主要可能造成一些珍稀树种分布区缩小,森林病虫害的爆发范围扩大,森林火灾发生频率和受灾面积可能扩大,湿地资源减少且功能退化;冰川和冻土面积加速缩减,青藏高原生态系统时空分布格局将发生较大变化;生物多样性减少。

气候变化会影响冰川,会增大区域水资源供需矛盾,加剧一些流域洪涝和干旱的风险。气候变化及近年来“南涝北旱”的降水分布格局致使许多大河的径流量发生显著变化。预计未来气候变化将对我国水资源时空分布产生较大的影响,加大水资源年内和年际变化,增加洪涝和干旱等极端自然灾害发生的概率,特别是气候变暖将导致西部地区的冰川加速融化,冰川面积和冰储量对以冰川融水为主要来源的河川径流将产生较大影响。气候变暖可能将增加北方地区干旱化趋势,进一步加剧水资源短缺形势和水资源供需矛盾。

全球变化和海平面加速上升将极大地改变未来海岸人居环境和经济社会发展的风险状况。近 30 年来,我国海平面上升趋势加剧。海平面上升引发海水入侵、土壤盐渍化、海岸侵蚀,损害了滨海红树林和珊瑚礁等典型生态系统,降低了海岸带生态系统的服务功能和海岸带生物多样性;气候变化引起的海温升高、海水酸化使局部海域形成贫氧区,海洋渔业资源和珍稀资源衰退。据预测,未来我国沿海海平面将继续升高。海平面上升还将造成沿海城市市政排水工程的排水能力降低。

气候变化影响人类居住环境,增加地质灾害和气象灾害的形成概率,对社会经济等其他领域产生深远影响,给国民经济带来巨大损失(马欣等,2014;何霄嘉等,2014;宗昆昆,2014)。

二、我国应对气候变化的措施

目前,我国的气候变化服务以国家、区域、省级二级布局为主,市(地)、县级在省级指导下开展影响评估、决策服务等工作。

国家级组织开展气候变化监测、检测与分析业务,尤其是加强全球变暖背景下极端天气,气候事件监测和诊断;开展气候变化情景模拟和预估,集成气候变化对敏感经济社会领域和区域影响评估成果,着力加强我国气候变化适应和减缓对策综合分析,深入分析气候变化对经济布局、农业生产、重要物资运输、生态环境、土地利用、能源政策调整、国际谈判的影响,为国家制定科学的战略对策提供决策依据,提高我国对气候变化的适应能力和气象灾害的防御能力。

区域级、省级气象部门建设区域级、省级气候变化数据集,包括现有台站气候观测资料的均一化处理和长序列气候资料的构建;组织开展气候变化事实的分析,加强气候变化对当地农业、水资源、能源、生态系统的影响评估,开展区域人口、经济、农业、水资源、交通、能源等气候承载力分析，提出调整经济生产布局和优化功能分区的适应与应对措施，提供具有地方特色的气候变化决策服务产品；为风能、太阳能等清洁能源开发利用提供优质气象服务；针对当地经济发展实际和促进经济平稳较快发展的紧迫要求，研究制定气候变化和气象灾害对经济发展不利影响的措施。

区域级、省级气候变化服务要在现有业务条件的基础上，拓展业务服务领域，并注重区域级、省级气候变化的科研和业务发展特点，主要解决区域级、省级范围内的气候变化问题，为区域社会、经济的可持续发展和大中型工程项目建设提供服务。

三、我国应对气候变化的相关服务

随着我国经济社会的快速发展，国家、社会、企业和公众对气候变化服务工作提出了更多的需求。一方面，我国经济社会可持续发展迫切需要气象部门提供气候变化和防灾减灾方面的技术和信息保障，为国家制定应对气候变化战略、国家安全提供科学依据；另一方面，国家制定的应对气候变化政策和措施，需要由企业和公众直接具体实施，其需要了解气候变化及相关问题，认识气候变化的多种有利或不利的影响，以便更积极主动地参与到国家应对气候变化问题的主体框架内。

应对气候变化服务的对象主要包括政府、公众、企业和非政府组织，以及从事气候变化领域科研和业务工作的单位和专家，因此应对气候变化服务可以分为决策服务、公众服务和科研服务。

决策服务以政府决策者为主要服务对象，一般采用决策咨询报告的方式，向政府和有关部委领导传递气候变化有关信息。信息的内容主要包括：针对政府所关心的重大气候变化问题的专项报告；针对气候变化某些层面上的热点和焦点问题的“解惑”性质的材料；防灾减灾工作、气候系统观测、气候系统模式模拟等相关材料。决策咨询报告具有主题鲜明，文字通俗简练，整体结构的完整性和逻辑性强，传达信息明确，内容言简意赅的特点。

公众服务以社会公众、企业及有关非政府组织等为服务对象，在服务方式上有许多种，如电视、报、网站、画册、纸质出版物等。公众服务的目的是满足公众了解气候变化的核心问题的需求，并以个体为单位，积极参与到国家各个层面的应对气候变化具体行动中。在应对气候变化公众服务工作中，在向公众宣传普及时应注意：一是注重简单通俗。使用通俗的语言讲述气候变化问题，注重使用一些日常的事例来进行说明，尽量避免通篇采用专业化术语。二是强调个体作用。应对气候变化不只是政府行为，即便是由政府出台各项应对气候变化的政策和措施，仍然需要由企业、公众等个体来具体实施。因此，要重视阐述公众在应对气候变化工作中的地位。同时，还要注重提高公众在极端天气气候事件及相关自然灾害面前的安全意识，注重提高其自我防护意识。三是力求轻松活泼。公众并非从事气候变化科研和业务工作的专业人士，因此，要尽量采用轻松活泼的表达方式，例如，动画片、画册、讲故事等，特别是针对中小学学生。

科研服务的对象主要是从事气候变化领域科学研究和技术开发的科研、业务和服务单位，一般采用资料、数据等相关信息的有效传递和共享的服务方式。这类数据信息产品的可靠性高。基础数据信息是否可靠，直接关系到科研成果的可信度。针对目前气候系统观测现状及观测数据中存在的主要问题，需要切实加强观测数据的质量控制和均一化处理，并针对气候变化观测、预估、影响等数据的适用范围提供明确的说明信息。这类数据还具有实时性和系统性特征。不仅包括全球、亚洲和中国区域气候变化趋势数据集，同时包括水资源、农业、生态、林业、风能和太阳能资源等有关方面的影响评估数据集等，方便从事不同气候变化研究的科研工作者使用。

第六节 应对气候变化的低碳经济策略

低碳经济是低碳发展、低碳产业、低碳技术、低碳生活等一类经济形态的总称。低碳经济以低能耗、低排放、低污染为基本特征，以应对碳基能源对于气候变暖影响为基本要求，以实现经济社会的可持续发展为基本目的。低碳经济的实质在于促进能源的高效利用、推行区域的清洁发展、促进产品的低碳开发和维持全球的生态平衡，是从高碳能源时代向低碳能源时代演化的一种经济发展模式。

一、低碳经济发展的国际背景

为应对气候变化，低碳经济正在全球范围内得到广泛认同。当前，发达国家已经纷纷向低碳经济转型。我国虽然对低碳经济、低碳消费的重要性有了一定的认识，但在实践操作方面还缺乏统筹考虑，有必要借鉴和参考先行国家的有益经验，以求更扎实地推进相关方面的实施。

2008 年国际金融危机爆发以来，全球化呈现出的新特点之一就是气候变暖、温室效应问题凸显。减缓及适应气候变化已经成为世界各国都无法回避的责任。政府间气候变化专门委员会(IPCC)第四次评估报告表明，气候变暖的原因除了自然因素影响以外，主要归因于人类活动，特别是与人类活动中排放二氧化碳的程度密切相关。在人类生产、生活中，为了满足需求而大量消耗化石能源，致使地层中沉积碳库的碳以较快速度流向大气碳库，从而引发了温室效应、环境污染等灾难性问题。

“低碳经济”概念最早正式出现，是在 2003 年的英国能源白皮书《我们能源的未来：创建低碳经济》中，在其后的《巴厘路线图》中被进一步肯定。2008 年世界环境日主题定为“转变传统观念，推行低碳经济”，更是希望国际社会能够重视并采取措施使低碳经济进入决策之中。在经济社会发展日益受到能源和环境制约的背景下，低碳经济作为应对全球气候变化、保障能源安全的基本途径和战略选择，正在全球范围内得到广泛认同。

进入新世纪之后，英国成为全球低碳经济的积极倡导者和先行者。目前，英国已初步形成了以市场为基础，以政府为主导，以全体企业、公共部门和居民为主体的互动体系，从低碳技术研发、推广到国民认知程度等诸多方面，都处在了世界领先位置。从某种程度上讲，英国已突破了发展低碳经济最初瓶颈，走出了一条崭新的可持续发展之路。

我国各级政府、各类企业要提高敏感性，积极应对温室气体减排导致的国际经济格局和贸易规则的变化，充分认识低碳革命给产业发展、国际贸易、生活消费等带来的一系列重大影响，切实转变发展观念，创新发展模式，提高发展质量。这不仅关系到我们的产业繁荣、国家实力和生存环境，也关系到我们每个人的财富、健康和未来。

二、我国低碳经济发展现状

我国发展低碳经济有着自身的潜在优势，在调整经济结构、发展循环经济、淘汰落后产能、发展可持续能源、优化能源结构等方面采取了一系列政策措施，取得了显著成果。目前，我国正在深入实践科学发展观，努力建设资源节约型与环境友好型社会，推行低碳经济作为国家发展的重要任务。未来30年，我国的工业化、城市化和现代化仍处于加速推进的阶段，也是能源需求快速增长的时期，这将使得我们必须把推行低碳经济模式提到国家战略层面上加以考虑。

《巴厘路线图》之后，我国推行低碳经济、实现节能减排目标的步伐明显加快。在"十一五"规划中，特别提出了单位国内生产总值GDP能耗降低20%，主要污染物排放总量减少10%左右的约束性指标。2007年，我国政府发布实施了《应对气候变化国家方案》，成为第一个制定应对气候变化国家方案的发展中国家，明确了到2010年应对气候变化的具体目标、基本原则、重点领域和政策措施。

我国作为一个发展中的大国，人口数量众多，发展经济、消除贫困、保障民生的任务极为繁重，而且我国能源消费中煤炭所占比重远远超过石油、天然气等相对洁净的能源，煤炭与天然气、石油相比，能源禀赋较差，其温室气体排放的强度和控制的难度都更大，加上我国能源技术相对落后，与发达国家相比还有差距，实施技术改造和产业转型升级的难度也比较大。因此，我们必须清醒地认识到，对于发展中的中国而言，发展低碳经济面临着相当大的挑战。

三、发展低碳经济可以采取的措施

我国发展低碳经济也有着自身的潜势：一是减排空间比较大。我国目前的能耗强度和能源利用率明显偏低，通过结构调整、技术革新和改善管理等途径，实现节能减排的余地较大。二是减排成本比较低。从国际上看看，《联合国气候变化框架公约》规定每吨减排成本超过30美元。我国能源需求增长较快，符合减排条件的项目多，规模经济效应非常明显，有利于开展国际碳排放交易，吸引国际资金参与减排项目。

针对我国目前经济社会发展的现状，总结起来，发展低碳经不仅是我国转变发展方式、调整产业结构、提高资源能源使用效率、保护生态环境的需要，也是在国际金融危机的情况下增强国内产品国际竞争力、扩大出口的需要，还是缓解在全球温室气体排放等问题上面临的国际压力的需要。这既符合我国现代化进程的要求，又可以面对来自国际上的挑战。

(1)以观念创新推进低碳经济。切实贯彻低碳经济是落实科学发展观重要途径的思想，大力宣传低碳经济的概念、内涵、措施和发展低碳经济的重要性、必要性，通过产业结构调整、能源结构调整、科学技术创新、消费过程优化、政策法规完善等措施，全面推行低碳经济，促进发展节约型、环境友好型社会，实现我国经济社会又好又快发展。

(2)以结构创新推进低碳经济。通过实现产业结构和能源结构的调整，促进低碳经济发展。

(3)以科技创新推进低碳经济。科学技术特别是能源科技，是解决日益严重的环境和能源问题的根本出路。发展能源科技，要早谋划、早安排，建立能源科技储备，当前要瞄准低碳能源和低碳能源技术积极开展研究开发和示范工作。

(4)以消费方式创新推进低碳经济。在不降低社会人群生活质量的前提下，进行消费领域节能和减少二氧化碳排放也有巨大潜力。我国建筑及居民生活能耗很大，节能问题值得重视。联合国环境规划署执行主任施泰纳说，在二氧化碳减排的过程中，“普通民众拥有改变未来的力量”。

(5)以管理创新推进低碳经济。建立科学合理的“碳预算”制度，进一步完成具有中国特色的低碳模式；将发展低碳经济纳入政府规划，制定出低碳经济的“国家方案”和行动路线，与国家的“发展规划”“能源规划”“循环经济规划”和“节能减排规划”相衔接，形成一个可操作的低碳经济发展蓝图；应突出主要工业行业和重点企业的发展责任，尤其对六大高耗能产业和东部发达地区进一步制定出分阶段实施目标的重大措施，着力解决影响经济发展的重大问题；注重发挥政府、行业协会、企业和公众等各类主体的积极性，形成推进低碳经济发展的整体合力。

第七节　气候服务能力建设

一、气候服务的内涵

近几十年来，由于人类活动造成的温室气体持续增长形成的全球气候变化，特别是全球性增暖，已成为导致自然生态系统变化与破坏的重要原因。全球气候变化问题受到各国政府与公众的极大关注，气候以及与气候变化相关的科学研究也取得了长足的进步，但与之不相适应的是公众尚不能利用这些成果进行有效的科学决策，一些决策者更是无法科学识别有效信息。为了更为科学、合理地应对气候变化问题，气候服务这一概念得以提出，随之世界各国纷纷开展了气候服务工作。

气候服务(Climate Services)是为了应对气候变化，使决策者和用户能准确、科学地运用气候信息进行合理决策而适时提出的。关于气候服务的概念，目前还没有统一、准确的科学表述，对气候服务概念的理解也存在不同意见。世界气象组织(World Meteorological Organization，WMO)在世界气候大会上对气候服务有不同程度的表述。第二次世界气候大会指出，气候服务是指为用户获得有用的气候资料和情报所需的所有服务，一般包括对气候资料的管理，将资料转换成信息的能力，提供气候应用信息服务，对气候影响进行评价等。第三次世界气候大会指出，气候服务是指各种各样的气候信息(过去、现在和未来的气候及其对自然系统、人类系统的影响，以及社会各阶层决策者对信息的应用)的生成和提供。美国国家海洋和大气管理局(National Occanic and Atmospheric Administration，NOAA)下属的国家气候局(NOAA's Climate Services，NCS)对气候服务的表述为，气候服务是指面向各类决策者及时制作和传递的有用的气候资料、气候分析信息和气候应用知识。

二、全球气候服务框架

全球气候服务框架被视为是一种长期合作安排，通过该框架，国际社会和利益相关方将通力合作实现既定目标——将科学的气候信息和预测纳入所有层面的政策和规范，以便能开展气候适应和气候风险管理。

(一)全球气候服务框架的建设内容

全球气候服务框架的目标是建立一个端到端的系统，以提供有效气候服务，并广泛应用于社会各阶层的决策，从而避免和管理气候风险。其核心思想包括两方面：一是气候风险应由所有的国家、行业和社区进行系统管理；二是需要新的合作，以有助于在全球范围内提高气候风险管理能力。全球气候服务框架由用户界面平台、气候服务信息系统、观测和监测、研究模拟和预测、能力建设五个部分组成。

1. 用户界面平台

为用户、气候服务提供方和研究人员提供开展互动的平台。用户界面平台是全球气候服务框架关注气候服务如何开发和使用的焦点。其重点是确定用户对气候服务的需求,以改进气候服务。框架的设计必须符合用户的需求,必须灵活地实施用户界面平台,以满足各类利益攸关方的利益和要求。因此,它要求确定和涵盖不同用户群,并鼓励与用户、服务提供方和研究人员开展互动(如通过区域气候展望论坛、部门协作、研究小组和网络等方式)。

2. 气候服务信息系统

这是一个交换资料和产品的网络化系统。它主要由用于资料和产品交换的计算机网络与通信渠道、统一的资料交换电码和格式,以及资料交换的国际协议组成。这个系统需要根据用户需求及国家政府与其他资料提供方达成的协议,收集、加工和分发气候资料与产品。

3. 观测和监测

旨在确保必要的气候观测以满足气候服务的需求。为了支持气候服务,需要对整个气候系统和相关的社会经济变量进行高质量的观测。气候观测的现有能力为改进全球气候服务提供了坚实的基础,目前全球气候观测系统可以进行全天 24 小时观测。但是,在最不发达国家、海洋和极地地区的观测能力还不足,与气候服务的需求尚存在较大差距,有些类别的资料甚至完全缺失。因此,框架的主要任务就是确定观测和监测在这方面的差距,重视这些不足并协助予以弥补。

4. 研究、模拟和预测

促进核心预测工具、应用和产品的开发,尤其是不同时空尺度的气候预测。这对于发展和不断改进气候服务至关重要。研究团体在模式资料标准、气候变化影响研究、区域尺度预测预估产品等方面将做出重要贡献。

5. 能力建设

支持必要的机构、基础设施和人力资源的系统发展,以提供有效的气候服务。能力建设不仅限于发展中国家,它涉及所有的国家和部门。目前,框架涵盖的许多要素的能力还不足,需要进一步改进,特别是在脆弱的发展中国家。因此,继续分析框架中不同要素的需求是框架的一项任务,特别是在国家层面。

(二)全球气候服务框架的实施原则

为有效地使用气候信息,降低脆弱性和管理气候风险,确保全球气候服务框架为最需要气候服务的用户提供最大效益,气候框架在实施过程中应坚持以下八项原则。

原则1:所有国家均受益,但优先考虑气候脆弱的发展中国家的能力。建设全球气候服务框架优先考虑对气候最脆弱的国家,特别是要关注非洲国家、最不发达国家、内陆发展中国家和小岛屿发展中国家的特殊需要。框架应着手满足它们对实际气候服务和对现行能力建设的需要,发达国家要向发展中国家转让技术和资金,缩小两者之间的差距,以应对气候变化的挑战和实现"千年发展目标"。

原则2:框架的主要目标是确保所有国家更好地提供、获取和利用气候信息。框架的设计必须要满足用户的需求。用户界面平台的一个主要任务就是确定不同用户群并与其进行沟通和交流,以此提高气候服务能力。

原则3:框架活动针对三个地理区域:全球、区域和国家。气候影响是国家和地方层面最为关切的问题。气候变率、气候影响、气候变化、观测系统协调和科学研究是全球层面关切的问题。在这两个层面之间还有区域机构,它们一般处理自己区域共同关心的问题。三个层面在信息的制作和交换方面具有特定的要求和职责。因此,全球气候服务框架要处理好全球、区域和国家三个层面的作用,以使其履行各自的责任。

原则4:气候服务业务化是框架的核心内容。气候服务需要连续的气候资料和产品。全球气候服务框架应支持参与的组织机构积极实施满足用户需求的业务内容,从而为用户提供可持续的气候服务。

原则5:气候信息主要是一种由各国政府提供的国际公益产品,政府通过框架在气候信息管理中发挥核心作用。气候信息很大程度上由公共资金资助,它在公益领域(如公共安全、卫生、农业、工业和国家规划)所产生的效益远远超过投入成本。由于这种公益性质,政府需要在框架管理中发挥核心作用。

原则6:框架将促进免费和开放地交换与气候有关的观测资料,同时尊重国家和国际资料政策。免费和开放的资料交换是提高气候信息实际效益的基础,也有利于科学研究和新产品研发应用。因此,框架下的政策与活动在尊重现有的资料政策的基础上,尽可能鼓励免费和开放地交换资料。

原则7:框架的作用是促进和加强,而不是重复建设。框架是一个促进合作、协调、知识转让和日常信息交换的全球工具。作为一个合作实体,框架的工作主要是靠能够制作和提供气候资料与服务的机构的现有基础和未来贡献来实现。许多机构目前已具备良好的能力和服务,加强现有的能力建设是实施气候框架的快速途径。发展中国家可能需要援助,以使它们发挥作用。

原则8:框架以"用户—提供方"合作伙伴关系为基础。框架成功实施的关键在于支持实施一个响应迅速的业务系统,使之能为社会每一个部门提供一系列新的气候服务。鼓励需要制定气候相关决策的个人、组织和团体通过用户界面平台成为新的合作伙伴,这既有助于框架满足他们的需求,也利于有效地提供气候服务。

(三)全球、区域和国家层面的作用和责任

全球气候服务框架的重点是提供气候服务,它应在全球、区域和国家三个层面运行,以支持全球、区域和国家不同层次的利益攸关方及其之间的协作。用户可以根据自身的需求和能力,从现有的全球、区域和国家渠道获取气候信息。全球气候服务框架将对全球、区域和国家三个层面的气候服务进行组织和管理。总体来讲,三个层面都需要参与全球气候服务框架的五个主要功能部分,但会有一定的侧重。

1. 全球层面

侧重于制作全球预测产品,协调并支持资料交换,开展重大能力建设活动,建立标准和规程,为全球用户提供服务。

2. 区域层面

侧重于多边努力,以确定和针对区域需要提供区域服务,例如,通过区域政策,产品、知识和资料交换,基础设施建设、研究和培训等。

3. 国家层面

侧重于资料和知识产品的获取,根据用户要求定制信息,确保在规划和管理中有效地利用这些信息,并且在这些方面开发可持续的能力,以满足国家需求。

三、全球气候服务能力建设

在全球气候服务框架下,能力建设是指在人、规范和机构方面予以投入,有系统地激发和培养能力,以便有效地把握和评估气候风险,提供决策性信息。在供应方,能力建设工作必须针对气候资料信息的安全存档和制作,以及将其转化为行动。全面的能力建设活动必须包括有关气候产品生成和提供、咨询和决策,以及需求方的筹备和利用等方面。

能力建设活动通过双边渠道获得了大量资金。2009 年,经济合作与发展组织发展援助委员会成员所提供的官方发展援助净总额为 1196 亿美元。经济合作与发展组织以外的国家也通过双边渠道为能力建设提供越来越多的资金,因为私人慈善家和基金会的数量越来越多,这类资金分散于许多不同行业,如农业、水业、卫生、减灾和医疗。然而,双边捐助方越来越多地集中在气候和气候变化问题上,并可望成为气候服务能力建设方面的重大资金来源。然而,如果不通过全球框架对这些努力加以协调,则有效气候服务的建设仍将很分散。

每年世界气象组织为气象部门和人员的能力建设提供支持和协调,价值约为1000 万美元。这种支持主要用于现有气候服务框架中的信息生成部分,例如观测、资料拯救和管理、研究和对气候敏感行业的服务。

（一）气候信息用户的能力建设

无论对气候认识的水平如何，气候预报和预估结果的利用都是难事，因为信息的不确定性水平大大高于天气预报，预测结果很少甚至根本就与使用者没有直接关系。大多数气候信息提供方缺乏经验，不懂得如何将气候信息变得简明易懂，因此，如果没有与信息用户建立密切的伙伴关系，则不可能将信息与决策联系起来。

由于用户方面对气候信息的重要性认识不足，提供方对决策过程不甚了解，结果对气候信息的需求往往较低和/或所知甚少。为了解决这些困难，需要做出大量努力，以确保所提供的气候信息能够转化为有效的利用。为了实现这一目标，需要在气候信息提供方和使用方之间建立伙伴关系，以确定对气候服务的需求。具体来说，以下问题需要通过上述伙伴关系加以解决：(1)气候变率和变化如何与用户利益相联系？(2)气候信息如何用于决策，改进结果？(3)在资金和政策上是否有限制，从而无法采取应对之策，这些限制问题能否得到解决？(4)在科学上、后勤上提供理想的气候服务是否可行？

为解决这些问题而带来的问题可造成瓶颈，可使服务提供质量变差，或可使评估结果有失准确，从而无法实现效益。许多用户缺乏能力，在这些步骤中无法发挥作用，所需努力的规模远远超出大多数国家气象部门的职权和能力。在大多数情况下，像非政府组织或大学这样的中介机构与最终用户关系密切，需要这样的机构发挥积极作用。在一般情况下，所需努力的规模大大超出了几乎所有国家的现有能力。在许多情况下，与用户的接触可能是在当地发生，各国政府需要为地方开展的气候服务提供支持。

1. 人员能力建设

虽然建立联系对实现有益信息流至关重要，但是还需要提高各学科人员能力，以便形成这种伙伴关系，并形成气候信息的利用能力。在人员能力建设方面，联合国资助了许多行动。全球变化分析、研究和培训系统，联合国教育、科学和文化组织，以及美洲全球变化研究所提供行动实例：提高发展中国家科学工作者、决策者、技术专家和地方社区的人员能力，加强气候变化的应变能力。通过双方在教育、研究和评估、培训、课程编制及沟通方面的共同努力，在全球环境变化与发展问题上的决策更为科学合理。

2. 基础设施和程序能力建设

众所周知，有效的气候服务需要不同学科利益相关方的大力参与。用户方须了解可获取哪些气候信息，如何正确解读，并了解其基本假设和限制。吸收信息提供方参与该过程十分重要。目前，许多国家，包括发达国家和发展中国家，在建立这种关系方面工作很薄弱。对于未来的气候服务，在气候服务和最终用户之间，以及在研究机构和最终用户公司或协会之间，中介机构具有关键意义。为了创建有效的多学科工作环境，需要加强与其他组织群体或多边机制的伙伴关系。

关于如何将气候资料转化为决策信息，政府间气候变化专门委员会评估报告可能是最明显的最佳做法实例，这需要气候与行业科学工作者之间广泛合作。然而，需要不计科学类别，按区域、国家和地方层面将制作方和用户方组织起来。在这方面，联合国已经做出努力，开展了一些推动工作，包括粮食和农业组织及世界气象组织所做的努力，但是，这种努力需要得到扩大，并至少在最初最好通过联合国机构之间的合作开展。

在将气候信息转化为影响评估和政策指导方面，联合国机构和一些国家都提供了有效的例子。例如，粮食和农业组织的农业技术信息和宣传系统，在加拿大的太平洋气候影响联盟和乌拉诺斯联盟根据气候变率和可能趋势编制了气候影响评估材料。美国区域综合科学和评估机构开展了类似研究，更侧重于季节性气候变率。同样，欧洲 ENSEMBLES 项目汇聚了广泛学科领域的科学家，为可靠估算气候变化和变率的影响编制程序。在所有这些例子中，跨学科界限的合作与协作为确保信息的科学性和决策的针对性具有关键意义。

3. 机构能力建设

国际气候与社会研究所为发展中国家气候科学家与用户界建立关系做了推动工作。举例来说，该研究所曾帮助埃塞俄比亚卫生部和中国气象局在开发针对气候敏感性疾病如疟疾的气候信息预警和应对系统方面取得了重要进展。气候与健康工作组的成立为取得进展发挥了关键作用。该工作组由跨行业的合作单位组成，设立的目的是率先利用气候信息制订卫生方面的措施。埃塞俄比亚卫生部的领导已保证根据需求寻求解决公众健康问题的办法，该部门重点事项繁多，都想得到优先考虑，在这种形势下，上述办法对于保持发展势头至关重要。如果这样的工作组要在发展中国家取得成功，需要考虑一些关键因素：(1)用户承诺协助确保服务供应的持续性，而且服务是来自权威渠道，例如，气候服务是来自指定的国家主管部门，而不是来自其他渠道；(2)向国家气候部门提供授权，分配资金，收集必要的资料，并开发工具和产品，满足对气候服务的需求；(3)配备具有必要专业知识的专职工作人员，做好提供方和用户方双方的工作；(4)跨境合作由有关联合国组织(例如，世界卫生组织和世界气象组织)予以协调；(5)管理好项目，维持提供方和用户方之间的持续工作关系，这很可能不仅需要一份合同协议；(6)设立机制，确定为解决问题而设立的伙伴关系和流程的优势、弱点、机会和威胁。

在大多数情况下，气候信息提供方不太可能对决策者的需要有足够的了解，无法开发与决策有明显关系的信息产品。如果气候仅仅是气候敏感部门必须考虑的众多因素之一，并鉴于决策者往往受到资源的严重制约，特别是在发展中国家，留住用户的心是非常困难的，除非用需求来主导气候信息提供方与用户方之间的伙伴关系。

（二）制作气候信息的能力建设

1．人员能力建设

世界气象组织在协调天气和气候科技工作者技能培养方面发挥着主导作用：推动参与培训；协助掌握技术；协助获取手册、指导文件、技术报告，并协助参与会议。目前设有23个世界气象组织区域培训中心，还设有一个合作大学及高级培训机构网络，促进气象水文教育培训事业的开展，并促进各区域设立专业优秀中心，并推动其发展。

这些中心中大多数的重点是对从事天气预报活动的气象工作者开展技术培训。这些课程的范围需要扩大，应包括气候信息和产品开发方面的培训需求，以及与边缘机构和行业用户互动的培训需求。为了提高人员能力，满足框架的需要，有必要对教育资格、技能需求和在职培训情况进行评审。通过评审，为气候服务教育、技能和培训工作设立与世界气象组织目前在天气服务方面类似的最起码的标准。应确定对认证的要求，应组织培训活动，拟定课程，合理组织，并列入区域培训中心的工作计划。应鼓励并协助大学与各国气象局开展密切合作，并予长期坚持。

2．基础设施能力建设

目前1/3以上的国家无法提供比最基础气候服务多很多的服务，有些甚至连这个水平也达不到。没有达到第一类的国家是部分刚经历复杂灾害包括内战的国家，其观测系统和资料记录大部分或者几乎全部被毁。重建气候观测记录需要若干年时间，所以如果要提供短期到中期的气候信息，用遥感资料重建历史观测资料工作十分重要。事实上通过一些类似的工作，将卫星测量与实地测量相结合建设高分辨率资料集，会使大多数国家受益。因此，这项工作需要加大力度。

3．对制作气候信息提供支持的全球和区域性举措

短期内提高每个国家气象部门的能力，使其提供或支持高级气候服务，是难以做到的，鉴于此，世界气象组织正在建立一个全球和区域服务供应方网络，以满足世界气象组织会员的需要，提高服务能力。这个呈三个层次的全球性结构涉及国家气象和水文部门（国内）、区域气候中心（提供区域、大陆气候信息和服务），以及全球制作中心（提供全球尺度信息和服务）。

目前全球制作中心可提供全球尺度的季节预测产品，区域气候中心和国家气象部门可以将其用于自己的预报服务中。全球制作中心由世界气象组织会员提出，并严格遵循指定程序，即这类中心要达到某些明确规定的标准，鼓励输出内容统一一致、切实可用。这些标准包括一个固定的预报制作过程、一套标准的预报产品和世界气象组织规定的检验标准。

4. 程序能力建设——确定并落实最佳规范

世界气象组织气候学委员会发布了《气候实践指南》，对观测、资料处理、基础统计分析及气候信息解释和展示等规定了标准。该指南正在更新，因为其只涉及了与气候服务提供有关的一小部分问题。世界气象组织基本系统委员会对全球模式的季节预报产品制作规定了标准，并且在很大程度上得到了实施，但是对于以统计模式为基础的区域或国家预报或者以模式为基础的降尺度预报，则还没有制定这样的标准。同样，对于年代际及更长期预报和预估尚未制定标准，而这些时间尺度的程序仍是活跃的研究领域。在过渡时期，需要有关最佳规范的指南，因为这些时间尺度的预报有较大的不确定性，而且对这一不确定性有低估的可能，特别是当计算资源有限时。

一般而言，目前一些时间尺度的气候预报和预估数量相对较多，但关于它们质量的信息相对较少，这是目前迫切需要解决的问题。虽然在许多情况下，气候信息评估程序和制定程序的最佳规范仍然是活跃的研究领域，如果研究界能提供更明确的指导，这类标准可得到进一步提炼。需要采用的原则是任何预报或预估应附带关于其质量的说明。

5. 机构能力建设

许多国家由于对气候问题没有明确规定授权，因此，阻碍了气候服务的正常开展。各机构在国家气候服务中应发挥的作用需要加以界定，以便确定权威的信息提供方。显然，国家气象和水文部门将发挥关键作用，但在有些国家，其管理结构和程序首先需要予以改进。其气候服务的任何其他部分也同样需要加以改进。这些机构内的管理流程和程序需要修改，以便其能积极参与国际社会。根据气候服务开展较先进国家的经验，需要制定基本的内部组织标准，为发展中国家政府提供指导。

（三）能力建设的国际合作

气候问题全球先进机构与发展中国家机构之间的伙伴关系比较薄弱，使发展中国家提高气候服务质量的能力有所削弱。许多发展中国家的气候服务缺乏足够的知名度，对公共资金和支持缺乏吸引力，而在发达国家，先进技术和最新科技成果得到了利用。在发展中国家开展项目，能力建设仍是必要的重要一块。基础设施薄弱，人才不足，体制不够灵活，跟不上用户需求的变化，这些已成为主要问题，需要通过这些国家实施能力建设战略予以解决。

同样，气候研究和服务的开发和应用，历史上一直集中在主要位于亚热带和热带地区之外的发达国家。由于当地的研究能力缺乏，因此需要加强发达国家资金充足的科学工作者与了解当地情况的发展中国家科技人员之间的合作。在国际科研合作和资源配置方面，需要反映欠发达地区的迫切规划重点。促进资金平衡分配的一个办法就是确保国际研究中有足够的发展中国家的代表性,划拨足够的资金,安排科学重点。例如,让发展中国家科技人员参与诸如政府间气候变化专门委员评估报告这样的项目,这样做对于实现对气候变化和变率影响的观测和预估进行更深入、更全面的评估必不可少。

四、中国气候服务能力建设

在全球气候变暖背景下,极端气候事件发生频繁,充分利用气候信息提高气象灾害风险管理能力,开发利用气候能源,是适应气候变化和管理气候风险的积极有效举措。因此,全球气候服务框架未来将成为国际组织关注的热点,气候服务会像天气服务一样,深入各行各业。借鉴全球气候服务框架的建设理念,中国积极构建以支持面向用户的灾害风险管理和气候风险管理为目标的中国气候服务系统。

(一)中国气候服务系统

中国气候服务系统主要包括气候基础业务、气候应用业务和气候服务业务三个部分。

1. 气候基础业务

以基础综合数据库为信息支撑,包含整个系统所需的气象基础数据、社会经济数据和地理信息等;以气候系统模式为技术支撑,以气候监测、诊断归因、气候预测和气候变化预估为业务内容,提供气候服务所需的基本气候信息。

2. 气候应用业务

基于基本气候信息,开展气候影响评价、气候效应评估、气候区划和气候可行性论证等业务,实现气候风险管理;开展气象灾害监测、灾害风险调查、脆弱性评估、灾害风险识别、灾害预警和灾害风险转移等业务,实现气象灾害风险管理。

3. 气候服务业务

气候服务应加强与各级政府、社会公众和重点行业用户的合作和互动,构建信息交流与共享、用户培训与反馈、联合会商与预警、定制服务与产品业务,建立气候服务流程和标准,确保气候信息更加科学、全面地纳入用户的规划和政策制定,支撑各层面用户更好地适应和减缓气候变异和气候变化,从而降低和管理气候风险。

(二)中国气候服务能力建设

经过多年的努力,目前中国已建成了比较完备的气候观测网、气候监测预测业务和气候研究团队,随着我国现代气候业务发展,气候监测预测能力将不断提升,气候服务在国家防灾减灾和应对气候变化中发挥的作用将越来越重要,气候服务的用户也将越来越广。中国的气候服务也被全球气候服务框架高级别专题组的报告认定为主流化气候服务。尽管如此,我国气候服务在技术上还与发达国家存在较大差距,服务针对性和质量还不能完全满足国家需求。因此,建议中国气候服务系统未来建设中可以加强以下四个方面的工作。

1. 强化基础能力建设

进一步加强和完善气候观测系统建设,加快新一代气候系统模式的研发和业务应用,提升气候预测能力。

2. 以需求为牵引,拓宽气候服务领域,提高气候服务的针对性

加强与用户的沟通和交流,深入了解用户需求。根据不同用户的需求,提供有针对性的气候服务,帮助用户有效利用气候信息来规避和控制气候风险。

3. 改善和提高气候服务的质量与效益

建立气候信息服务效果评估和反馈机制,定期征求用户意见,对气候信息服务效果进行评估,不断提高气候信息服务的质量和水平,以充分发挥气候服务信息的效益。

4. 以科技为支撑,提高气候服务的科学性和权威性

以科学研究和技术开发为基础,增强气候服务信息的科学性与权威性。在此基础上,着力开展面向气候敏感行业的灾害风险和气候风险评估与决策支持等服务,提升中国在气候变化适应和气候风险管理的能力和水平。

参考文献

陈亭利. 2015. 天灾无情 法规有义——《广东省气象灾害防御条例》解读. 人民之声(4):36-38.

丑纪范,徐明. 2001. 短期气候数值预测的进展和前景. 科学通报,**46**(11):890-894.

戴洋. 2010. WMO气候服务框架介绍. 气象软科学(6):73-76.

《第二次气候变化国家评估报告》编写委员会. 2011. 第二次气候变化国家评估报告. 北京:科学出版社.

何霄嘉,马欣,李玉娥,等. 2014. 应对气候变化损失与危害国际机制对中国相关工作的启示. 中国人口.资源与环境(5):14-18.

洪演. 2014. 省人大常委会召开《广东省气象灾害防御条例》论证会. 人民之声(9):16.

李大孝. 2012. 论基层公共气象服务. 北京农业(27):132-133.

李世奎,霍治国,王素艳,等. 2014. 农业气象灾害风险评估体系及模型研究. 自然灾害学报(1):77-87.

李维京. 2012. 现代气候业务. 北京:气象出版社.

刘长友,陈爱丽,巴图,等. 2008. 从IPCC第四次评估报告看全球气候变化及防灾减灾对策. 防灾科技学院学报,**10**(4):140-141.

刘丽. 2006. 自然灾害保险风险分析. 自然灾害学报,**15**(1):86-90.

刘小艳，孙娴，杜继稳，等. 2009. 气象灾害风险评估研究进展. 江西农业学报，**21**(8)：123-125.

马欣，李玉娥，何霄嘉，等. 2014. 气候变化损失与危害的内涵与应对机制. 中国人口. 资源与环境(5)：10-13.

秦大河，罗勇，陈振林，等. 2007. 气候变化科学的最新进展：IPCC 第四次评估综合报告解析. 气候变化研究进展，**3**(6)：311-314.

阮均石. 2000. 气象灾害十讲. 北京：气象出版社.

申丹娜，俞文政. 2011. 国外气候服务组织与管理研究. 世界气象(6)：86-90.

石磊，林跃. 2010. 浅谈基层公共气象服务人员能力的培养. 内蒙古气象(2)：46-47.

史培军. 1991. 论灾害研究的理论与实践. 南京大学学报(专刊)：37-42.

王妍文. 2015. 气象灾害防御融入农村社会综合治理体系的试点探索与思考. 农业与技术(9)：144-146.

向静. 2012. 气象灾害评估与管理. 成都：西南财经大学.

肖子牛. 2010. 我国短期气候监测预测业务进展. 气象，**36**(7)：21-25.

许小峰. 2010. 现代气象服务. 北京：气象出版社.

翟盘茂. 2011. 全球气候变暖背景下的气候服务. 气象，**37**(3)：257-262.

张继权，李宁. 2007. 主要气象灾害风险评价与管理的数量化方法及其应用. 北京：北京师范大学.

张俊香，黄崇福. 2004. 自然灾害区划与风险区划研究进展. 应用基础与工程科学学报(增刊)：55-61.

宗昆昆. 2014. 采矿活动和气候变化对煤矿区生态环境损失的影响. 内蒙古煤炭经济(8)：64-80.

Climate services coordinating committee and four tiger teams. 2009. options for developing a national climate service. NOAA Science Advisory Board：13.

IPCC. 2007a. Climate Change 2007：Impacts，Adaptation and Vulnerability. Contribution of Working Group II to the Fourth Assessment Report of the Intergovernmental Panel on Climate Change. Cambridge，UK and New York，USA：Cambridge University Press.

IPCC. 2007b. Summary for Policymakers of the Synthesis Report of the IPCC Fourth Assessment Report . Cambridge，UK：Cambridge University Press.

Renn O. 2008. Risk governance：coping with uncertainty in a complex world. Routledge.

WMO. 2009. Global framework for climate services . DRAFT global framework：Concept note Ver 3. 4：4.

第九章 公共气象服务能力建设

第一节 公共气象服务人员队伍和组织机构

公共气象服务人员的培养和公共气象服务组织机构的建设与中国气象局从气象事业发展的全局性、战略性高度提出的“公共气象、安全气象、资源气象”理念相符合，将公共气象放在了首要、核心、突出的位置，充分说明了公共气象在现代气象工作中的重要地位，也高度符合科学发展观对气象工作作为社会基础性、公益性事业的基本要求。大力提升公共气象服务能力和水平，是全社会应对气候变化、防御自然灾害、建设和谐社会、实现小康目标的重要举措，也是公共气象服务工作者的最高奋斗目标。

由于气象事业和现代化建设的深入推进及跨越发展，气象部门已经不再是一个纯业务性的部门，已从原来的基础性业务部门发展成为了科技型综合业务部门，涉及和交叉的学科、领域、行业越来越宽广，包罗万象。现代气象业务体系建设进程不断加快，气象服务领域不断拓展，公共气象服务人员面对的服务对象众多，仅了解气象专业知识是远远不够的，明确公共气象服务的目标、任务，努力提高公共气象服务人才队伍质量，各类公共气象服务岗位人员才能发挥自身优势，带动气象内外部知识资源的采集、交流、应用和创新，形成富有特色的气象文化(秦大河等，2004)。

一、公共气象服务人员的素质要求

(一)高度的责任心

公共气象服务是政府公共服务的重要组成部分，属于基础性公共服务范畴，是建设服务型政府的重要内容。服务经济社会发展和人民安全福祉是党和政府对气象工作的总体要求，也是公共气象服务的主要任务。作为公共气象服务人员，必须要有高度的责任心，把为经济建设和防灾减灾工作和自己的工作紧密地结合起来，切实履行好自己的职责，发挥气象服务的应有作用。

（二）丰富的知识面

公共气象服务人员不仅要有很强的责任心，还必须是个“杂家”，什么都要懂点。首先是必须了解区域生产生活习惯、气候概况、气象灾害的种类、频度、主要农作物种植品种、常见病虫害发生种类及发生条件、地形地貌、山洪沟口位置、水体水库位置、数量、面积、蓄滞洪能力、警戒水位、城市排水状况、经济支柱产业等，要如数家珍。这是当好公共气象服务人员必须具备的基本条件。在这个基础上，通过系统培训，使大家熟悉服务流程，掌握服务方法，扩展服务思路。每个基层气象局还要培养一定数量的掌握天气学原理、熟悉预报业务系统、全面了解区域天气气候背景及服务需求的预报服务人员，才能把预测预报产品解释应用好。服务人员具备了这样的素质，服务自然具备了“特色化”。如果不具备这样的条件，尽管服务人员拥有丰富的天气资讯，但由于对预报业务系统及当地天气气候背景、生产状况不熟悉，服务的思路没有建立起来，发挥天气资讯的效益也很难。

（三）树立公共气象服务意识与服务理念

形成一种意识或理念不是一朝一夕可以实现的。树立服务意识养成服务理念不能仅仅停留在口头上，局限在领导层面。必须管理跟上，制度跟上，公共气象服务意识才能逐步增强。气象因社会的需求而存在，无论社会怎样发展，气象工作的服务宗旨不会变。不仅要从思想上、行动上树立和落实“气象以服务为立业之本”的理念，还要将所有的管理和业务纳入到考核范畴中予以保证。理解和认可“气象以服务为立业之本”，也是从气象的角度对“以人为本”最有效的实践，也是气象科技转化为“生产力”的主要途径。如果不能抓住“服务”这个根本，就会失去工作目标。近几年公共气象事业的发展和变化，得益于这样的服务理念对各气象台站的统领。

二、公共气象服务人才队伍建设

公共气象服务的人才队伍建设需要制定和实施具体的人才培养政策和措施，提高服务人才队伍的素质。它是实现中国气象事业发展的重要保障，也是气象服务事业发展的重要力量。树立科学的发展观和科学的人才观，坚持党管人才和以人为本的原则，紧紧抓住培养、引进和使用好人才这三个环节，加强公共气象服务人力资源能力建设，进一步优化人才队伍结构和布局，努力开创人才辈出、人尽其才的局面，必须做好以下几个方面的工作。

（一）加强高层次服务人才的培养

首先，从公共气象服务事业长远发展的战略角度来看，需要研究和制定公共气象服务的人才发展规划；其次，需要加强高层次服务人才培养和引进。例如，培养和吸引在气象和相关专业领域有深度造诣、国内外同行公认的极少数科技带头人；培养和吸引一批在国内一流，在本学科领域有一定影响力的优秀科技业务骨干；培养和凝聚一批有发展潜力和竞争力的青年新秀。同时，加强创新团队的建设，力争在国家级业务和科研单位建设一批具有国内外先进水平的创新团队（石磊等，2010）。

（二）多渠道吸引人才，强化服务队伍建设

立足自主培养和自我发展，采取培训、深造等办法培养高层次服务人才队伍；加强国际合作，通过多种方式、多种渠道，加大学术交流，使得国内的科技业务人才能够及时了解国际上最新的气象科技和管理的信息、经验；选派优秀科技人才和管理骨干出国进修学习，培养一批能够了解国际动态，能够参与国际竞争的高端人才。引进工作主要是引进在国内外大气科学及相关领域已经有了一定的建树并正在处于创造力量比较旺盛时期的一流人才，以带动整个部门业务科研水平的提高，带动整个部门的人才培养工作。

（三）完善服务人才的培养和提升机制

进一步完善人才评价体系，做好特殊人才，如享受政府特殊津贴的专家、“百千万人才工程”的推荐、选拔和管理工作，充分调动其积极性，发挥其作用。设立招聘岗位并采用倾斜性的分配机制，给予有突出贡献的优秀人才以优厚的待遇。实行特殊人才津贴制度，研究制定特殊政策，为高层次人才创造良好的工作、学习和生活环境。努力营造敢为人先、敢冒风险、勇于创新和竞争、宽容失败的环境和氛围。

（四）加强管理人才队伍建设，深化人才管理体制改革

造就一批政治上过硬、懂业务、善管理的领导干部队伍。进一步引进竞争机制，完善干部选拔任用制度，广开渠道，为优秀的年轻干部提供更多的机遇。全面贯彻执行《党政领导干部选拔任用工作暂行条例》，积极推行公开选拔、竞争上岗的办法，公开选拔干部和竞争上岗的各项规章制度及具体办法，充分体现“公开、平等、竞争、择优”的原则。进一步扩大民主，采取更多的途径，让群众参与。改进干部的考核制度，提高干部的考核质量。解决干部能上不能下的问题。以一线高级专门人才和基层台站的管理人才为重点，加强基层台站的人才队伍培养；以具有较高业务素质和经营能力为重点，加强一线科技服务人才队伍的建设（王莘，2011）。

（五）加强基层公共气象服务人员培训

培训的目的不仅要解决具体问题，更重要的是要让基层服务人员形成自己的服务思路。通过培训使基层气象服务人员学会找准问题，做到“三个必须清楚”是基本要求。即必须清楚当地的气候特点和主要气象灾害是什么；必须清楚当地的优势产业和支柱产业是什么；必须清楚当地政府现在要做什么，近期要做什么，将来要发展什么。培训的根本目的是使基层气象服务人员学会把握重点，实现决策服务对领导具有前瞻性和提示性，防灾减灾服务具有预警性和指导性，公众服务具有普遍性和实用性。培训内容里要让基层服务人员围绕这些问题结合当地实际进行研究和探索，逐步形成针对当地的“特色化服务”和“系列化服务”的思路是关键。

公共气象服务必须紧密结合当地实际，根据当地生活、生产实际开展。所以基层服务人员在具备了上述的条件下，还要大胆实践，勇于探索。建议建立基层服务人员下乡、下企业制度，让服务人员真正了解农业和农民需要，了解各行各业的生产需要，尤其是当地支柱产业和特色产业的需要，只有了解了需求才能做出有针对性特色化的服务。这是目前基层气象服务工作最需要改进和加强的（吴益平，2012）。

基层服务人员在初步掌握了服务流程和服务技巧的情况下，还需要不断的总结和提高，随着生产、生活的变化，随时调整服务内容，及时改变服务手段，让服务工作与时俱进。

总之，做好公共气象服务工作，不仅要依靠准确的预测预报体系，完善的防灾减灾组织体系，畅通的信息传输体系，还需要公共气象服务相关人员的不懈努力。把公共气象服务队伍建设作为部门人才体系建设的重要内容，重点加大服务人员能力的培训力度，从而促进公共气象服务水平实现跨越式发展。

三、公共气象服务组织机构建设

公共气象服务组织机构设置是其组织结构的表现形式。公共气象服务组织机构的合理设置是有效发挥公共气象服务管理职能、理清服务职权、协调部门力量，以及提供公共气象服务效率和效能的根本保障。

公共气象服务组织是由一定要素组成的，但是这些要素在不同的时间、空间条件下，根据不同的内、外在要求进行组合，同时随着社会的发展，组织的要素也会进行不断的升级、再排列组合，这种要素的组合就形成了公共气象服务组织的结构。公共气象管理组织的结构，就是指公共气象组织中各部门及其层次之间所建立的一种相互关系的模式。从静态视角来看，这就是公共气象服务组织的机构设置状况。

从纵向上来看，公共气象服务组织机构内部是上下层次的关系，上下层次之间构成领导与被领导的垂直关系。上级直接领导下级，行政指挥和命令按照垂直方向自上而下地传达和贯彻。它具有事权集中、权责明确、指挥统一、便于控制等优点，缺点就是组织机构内没有专业化的管理分工，各级行政首长管理过多，权力过于集中在上层，导致活动缺乏灵活性，责重事繁，容易顾此失彼。

公共气象服务组织机构根据气象事业的特点、行政区域体制、经济社会发展对气象的要求等方面划分成若干等级。由于公共气象管理组织既具有行政管理的职能，又有公益性事业部门的性质，因此，整个公共气象管理组织的管理层次分为两个方面，一是从公益性事业部门来看，主要分为两层：中国气象局和众多并列的技术部门，如国家气象中心（中央气象台）、国家卫星气象中心（国家空间天气监测预警中心）、国家气候中心、国家气象信息中心、中国气象局气象探测中心、中国气象局公共气象服务中心等。两者之间属于领导与被领导的关系。二是从行政管理职能的角度出发，则形成了四级管理的格局。其结构为中国气象局、省（自治区、直辖市）气象局、地（市）气象局和县气象局。但在很多方面都形成了事实上的行政管理执行权。现阶段，中国气象局下设 31 个省、自治区、直辖市气象局（不包含港、澳、台地区），318 个地（市）气象局和 2300 个县（市）气象局（站）。不同的层级所承担的任务是有区别的，一般来说，中国气象局主要负责发展规划的制定和大政方针政策的推行；省级气象部门主要制定各地区的发展分目标，执行中国气象局的各项任务，协调下属部门的活动；地（市）气象局主要落实上级部门的决定和政策（谢璞，2009）。

从横向上来看，在公共气象管理组织内，随着气象业务和事业的发展，分工成为进一步提高效率的必由之路。这种内部分工也就形成了公共气象服务组织机构的横向结构。公共气象管理组织按照不同的划分标准，有不同的横向结构。在我国，如果按照行政区域划分，则全国划分为 31 个省（自治区、直辖市）气象局、318 个地（市）气象局和 2300 个县（市）气象局（站）；如果按照行政管理和具体业务划分，则有气象台和各气象、气候业务中心；如果按照管理职能划分，则在中国气象局内就设有办公室、应急减灾与公共服务司、预报与网络司、综合观测司、科技与气候变化司、计划财务司、人事司、政策法规司、国际合作司、直属机关党委、监察室、审计室、离退休干部办公室等机构，各地方气象局根据相应的管理职能也划为若干个机构。在公共气象管理组织内，横向结构是纵向结构的基础。横向结构有利于整体分工与协作，突出管理与服务专业化，有利于工作效率的提高；纵向结构便于在一个领域内的统一协调，使整个组织朝着同一个目标努力，资源得到优化配置。同时，横向结构也可能使部门林立，相互间缺乏沟通与信息共享，造成资源浪费；纵向结构也可能使权力高度集中，让下层机构失去话语权，决策和方针在执行过程中由于层级过多而造成扭曲或歪曲现象等。

在传统制度下，这种横向与纵向统一的结构基础是科层制，但随着社会的发展，科层制所暴露出来的问题使组织理论与管理理论尝试一些新型结构来取代它，如扁平化、团队化。组织结构扁平化就是通过减少组织结构的中间层次、裁减冗员来建立一种紧凑的扁平组织结构，以使指令下达、信息传递速度加快，从而保证决策与管理的有效执行，使组织变得灵活、敏捷，从而提高组织效率和效能。组织结构团队化，“就是组织结构从层级制垂直结构转向以‘团队’为中心的过程化组织模式，让组织成员打破原来的部门界限，绕过原来中间管理层次，直接面对客户和组织总体目标，以群体和协作的优势，赢得组织的高效率”。

现阶段来看，扁平化、团队化的转变主要在企业中体现得更具体，能否直接嫁接到行政组织中来，还需要进一步的研究。另一方面，这种转向只是消除组织横向结构与纵向结构的某些弊端，并不能完全取代其功能，因此，对于公共气象管理组织纵向和横向结构的统一，还需在实践中和理论上不断加强。

第二节　公共气象服务运行体制和机制

几经改革、发展和完善形成的现行气象行政管理体制，随着社会发展和时代变迁，在履行公共气象服务职能方面又呈现出不适应、不到位的诸多问题。气象作为科技型、基础性社会公益事业，科研成果的转化应用率不高，基层气象机构设置不健全、不科学，管理体制较乱，管办不分、职责不明，在气象行政执法过程中既是运动员，又是裁判员。在履行社会管理、公共服务职能职责中缺位、越位、错位较多，失灵、失误经常发生。政府主导、部门联动、社会参与的气象灾害防御体系不健全，应急响应能力弱。法律法规不健全，气象法律法规社会认同度低，得不到很好的执行。只有不断完善现行的法律法规和工作机制，改革责任体制和运行机制，强化公共气象服务的技术路线，才能提高公共气象服务的能力。

在国家公共服务事业发展的进程中，在国家事业单位改革的过渡阶段，需要大力发展公共气象服务体制和机制建设。目前正在推进的全国气象服务机构建设就是加强运行体制建设的重要实践之一。只有不断探索出适合现阶段实际和未来长远发展的气象服务体制和机制，才能使公共气象服务步入良性的发展。因此，可以从以下几个方面入手，不断完善公共气象服务的体制和机制。

一、明确公共气象服务政策

适应国家改革发展的方向，明确符合国情的公共气象服务政策。我们必须认识到，公共气象服务不可能满足无限发展的气象服务需求。因此，应该根据国家改革发展的基本要求，研究并明确公共气象服务的政策。中央、国务院《关于深化医药卫生体制改革的意见》中明确了把基本医疗卫生制度作为公共产品向全民提供的基本要求，提出要合理区分基本医疗卫生服务和非基本医疗卫生服务的界限，明确“基本”医疗卫生服务是公共产品，主要由政府负责提供，由政府主导促进社会公平；“非基本”医疗卫生服务要发挥市场机制作用，促进医疗卫生服务多元化发展。同时还指出，基本医疗卫生服务的内涵是随着国力水平不断发展变化的。医疗卫生体制改革的这些基本政策值得我们在探讨公共气象服务政策中思考借鉴。制定公共气象服务的政策，也应该根据公共气象服务的属性，明确公共气象服务的范畴，在国家关于公共服务大的政策原则下，确定有限的公共气象服务和相应的制度保障。要对现在已经开展的和面临服务需求将要开展的气象服务进行分类，明确将面向政府决策、面向防灾减灾、面向公众基本气象服务需求的气象服务作为“基本的气象服务”，作为气象部门履行公共气象服务职能的主要任务。按照国家关于事业单位改革的总体趋向，界定公共气象服务的职责和任务，以规范和约束气象部门履行公共气象服务职能的行为。现阶段在单一的气象服务体制及相应的法律法规条件下，提出明确的公共气象服务政策是一项难度很大且需要探索的工作，这也是目前中国气象局在公共气象服务机构建设中应该重点探讨的内容。

认真贯彻实施《中华人民共和国气象法》，制定和完善国家和地方《气象灾害防御条例》《人工影响天气条例》《气象设施和气象探测环境保护条例》，加快现代气象业务体系、气象科技创新体系、公共气象服务体系、气象灾害防御体系、农业气象服务体系、农村气象灾害防御体系建设，建立政府主导、部门联动、社会参与的公共气象服务和气象灾害防御工作机制，完善中央政府、地方政府、社会力量相结合的稳定增长的公共气象服务和气象防灾减灾投入机制。各级政府要在《国家防汛抗旱应急预案》《国家突发地质灾害应急预案》等各类预案框架内，制定和完善各部门科学衔接与协调的干旱、暴雨、泥石流、冰冻、沙尘暴、寒潮、冰雹、台风等各类气象灾害应急预案，形成应对和防治气象灾害的协作与合力。要通过信息和共享，来实现气象灾害防御各协作单位及公众之间的相互理解和相互依存，并运用现在信息与网络技术打破彼此界限和障碍，构建起公民、社会组织、政府部门一体化的灾害防御应急处置系统及高效协同的工作机制。

二、改革责任体制和运行机制

目前，在服务型政府和责任政府思想主导下，要建立气象灾害防御和公共气象服务责任制，明确政府和气象部门公共气象服务的主体地位，塑造气象部门的公共精神，增强气象部门的责任能力，特别是在重大气象灾害防御和应急响应工作中，要加强对政府、气象部门和相关单位的责任监督和责任追究。建立公共气象服务公众满意度和服务效率评价机制，建立东西互补、城乡一体、均等化、全覆盖的气象公共服务运行机制。将气象灾害防御设施和气象探测设施建设纳入城乡规划，成立应对气候变化工作协调机构,建立应对气候变化工作机制,从国家层面加强对应对气候变化的领导和组织协调工作。另外,在气象灾害监测、预报和预警发布,防洪、防雷、防风等标准制定,发展规划区、计划和大的工程项目建设等方面,政府也要开展相应的气象灾害风险性评估,如三峡工程的建设,气象服务和气象灾害风险评估就至关重要。由于气象部门的特殊性和科研业务相结合的部门的性质,可以在合作提供公共气象服务方面进行大胆的探索,建立合作提供气象公共服务的运行机制。如天气预报是典型的公共服务产品,而且跨越不同的区域,如公海上的天气预报,就可以由两个以上国家的气象部门开展国际合作,联合提供气象预报服务。而国内各省的天气预报,既可由中央气象台提供,也可以由各省气象台提供,还可以由相邻两省气象部门联合提供,其目的是提高服务质量和效益(薛恒等,2010)。

三、构建公共气象服务体制模式

发展公共气象服务需要有相应的政策环境和体制环境,而这种政策、体制环境又是与国家改革发展的大环境紧密联系的。就体制而言,要从长远发展的角度,明确公共气象服务的目标体制模式;就近期可操作性来说,要明确与国家的事业单位改革进程相适应的公共气象服务过渡体制模式。

(1)关于目标体制模式,就是要按照公共服务的属性和基本要求,界定公共气象服务的职责、任务和政策,明确公益性的气象服务是公共气象服务的主要任务,是气象部门的主要责任。目标体制模式要以国家关于公共服务的基本政策要求为基础,以国家关于事业单位改革逐步到位为环境条件,即事业单位的工资制度、财政投入制度及人事制度的改革到位,气象事业发展所需要的财力纳入政府公共预算体系,职工队伍的人员经费实行全额预算管理,气象部门的运行和发展没有了“后顾之忧”。例如,目前的深圳市气象服务体制改革就是这种目标模式的初步实践。深圳市政府在政府机构改革中将气象部门定位为政府公共服务单位,并作为政府的工作部门之一。气象部门以提供公益性的气象服务为主要任务,气象部门用人、用工政策纳入政府统一规范管理,气象服务实行收支两条线,气象服务的收益全部上缴国库,气象事业发展需要的经费纳入政府财政预算,由政府划拨,气象部门所属的公司脱钩进入社会。在这种体制模式下,气象部门可以集中精力发展公共气象服务,有利于公共气象服务的健康发展。因此,公共气象服务目标体制模式的建立需要以国家行政事业体制改革为基础,应该与国家的改革同步,仅仅依靠气象部门自身的改革是难以实现的。

(2)关于过渡体制模式,鉴于目前公共气象服务目标体制模式还难以建立起来,在现阶段,为了保障气象事业和公共气象服务的发展,我们需要探索公共气象服务的过渡体制模式。在这种体制模式下,不去严格界定公共气象服务与非公共气象服务,而是按照第五次全国气象服务会议的精神,将气象科技服务作为公共气象服务的延伸和拓展，继续促进其稳定持续的发展。但是，作为过渡体制模式，需要在体制之内对气象服务进行分类，并以此建立不同的运行管理机制，为逐步过渡到目标体制模式奠定基础。

关于气象服务的分类，中国气象局《事业单位体制和气象服务体制改革研究》课题组已经形成的一些研究成果可以作为借鉴。根据这个研究成果，按照气象服务公益性的指数特征，可以将目前气象部门已经开展的各类气象服务划分为3类：基本公益气象服务、增值性公益气象服务和一般专业服务。决策气象服务、基本的天气预报、灾害性天气预报警报服务等属于基本公益气象服务；电视、手机、短信息等气象信息服务属于增值性公益气象服务；给专业用户提供的个性化服务属于一般专业服务，其中，基本公益气象服务和增值性公益气象服务是现阶段公益性气象服务的主要组成部分。这种分类可以作为现阶段在过渡体制模式下建立完善相应的运行管理机制的基础，也可在省级公共气象服务机构试点中的机制建设中借鉴参考。

过渡体制模式下公共气象服务的运行机制应该向公共气象服务目标模式的方向发展，通过不同的运行管理机制，逐步理清基本的公共服务和非基本的公共服务。对于上述的基本公益性服务和增值性公益性服务作为公共气象服务的核心任务，气象服务按照业务方式运行管理，以气象服务的社会效益和公众满意度为目标。对于增值性公益性服务的增值收入部分要明确不同的管理机制，不能以收益的多少作为气象服务的目标。面向用户的专业气象服务应逐步推进建立市场激励机制，现阶段应采用企业化管理模式，注重成本效益激励，推进市场化运行。按照上述的管理模式，省级气象服务的机构建设应该分成两部分，一部分是承担公益性气象服务的机构和人员，主要承担电视、电话、网站等各类媒体的公众气象服务，纳入气象基本业务单位进行管理。另一部分是企业化管理实体，主要承担专业用户的气象服务、公共气象信息增值收益的运营。目前气象部门承担的气象服务任务重，范围广，领域多，不可能由一个专门的气象服务机构全部承担。因此，对于一些与基本气象业务关系密切、专业技术要求高的气象服务，如气候资源开发、气候应用服务等，需要建立在相关的气象业务基础上，需要较强的气象科技支撑，现阶段应该由相应的业务单位来承担。这类气象服务同样属于专业气象服务范畴，按照上述的运行管理机制，需要这些业务单位建立相应的运行管理机制来推动这类气象服务的发展。

总之，公共气象服务的顺利运行，不仅要有符合国情的政策、法律法规作保障，也需要完善且合理的责任体制、运行机制，以及符合当下发展形势的体制模式来保驾护航。要逐步构建由各级政府主导的地方公共气象服务发展的体制环境，科学划分各级政府基本公共气象服务事权与支出责任。只有不断完善机构建设、管理运行和监督考核机制，才能形成保障公共气象服务体系有效运行的长效机制，实现公共气象服务的可持续发展。

四、多元参与提供气象服务的管理方式

多元参与有助于优化资源配置，引导社会资源为用户提供更多更好的气象服务产品。但是，采用何种管理方式规范秩序、配置资源、促进发展，这是在完善多元参与机制过程中亟待解决的问题。

(1)多元参与的管理原则。在完善采用多元参与机制的过程中，有一些原则可以参考。一是政府在基本公共服务的供给过程中应居主导地位，在“市场失灵”或者“第三方/志愿者失灵”的情况下能担负起保障基本公共服务供给的最终责任。二是保障市场创造的激励机制、民间社会组织的灵活性和应变能力。充分考虑市场所处的阶段，兼顾长远目标和短期目标。三是发挥政府部门和气象服务其他供给者(企业、非政府组织、公民和民间社会组织)各自的优势。保证气象服务的充足有效供给(矫梅燕，2009；2012)。

政府不再是公共服务的唯一的直接提供者，而是公共服务供给的组织者。政府要动员和发挥社会和市场的作用，调动一切可以调动的资源，形成有活力、有效率的公共气象服务供给格局。

(2)气象服务多元参与的管理机制。气象服务多元参与体系在形成之初不适于建立过于严厉的行政管理机制，这样会阻碍社会资本进入该领域。但也需要预先构建一些基本的监管与协调机制(图 9-1)。

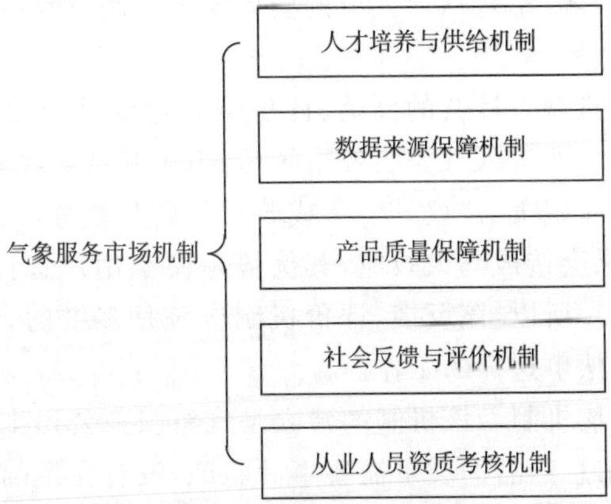

图 9-1　气象服务市场机制

人才培养与供给机制。多年来，南京信息工程大学、成都信息工程大学、北京大学、南京大学、中山大学、兰州大学、云南大学等 10 多所拥有气象专业的高校和科研院所为气象行业培养和输送了大量的高级专门人才，保证气象事业的健康稳定发展。同时，这些高等学校和科研院所还承担了大量的相关科研项目，为气象服务的科学研

究、产品研发等提供了有力保障。随着公共气象服务事业的不断发展,可以预见的是,未来对既懂气象业务知识,又通晓经营管理的复合型人才需求将日益旺盛。因此,气象主管部门应在气象服务学科发展、科学研究和人才培养方面,密切加强合作,采取委托培养、"订单式"培养、共同设计课程计划等方式,保证高校能持续输送气象服务事业发展所需的高质量高级专门人才。

数据来源保障机制。我国《气象法》中对气象数据来源进行了保障,但是要研究数据保障的具体内容,核实哪些信息应该列入保障范围,哪些信息可以提供给气象服务参与主体。不能给气象服务供给者设置太高的进入门槛,也不能忽视国家安全。国外现在有很多机构免费提供气象数据,我国需要认真核实数据的保密程度,以及制定详细的数据获取价格。我国的气象数据耗费了我国的大量资金、资源和人力成本,所以对国内外气象服务公司应该采取差异化定价的方式提供数据。如果国外公司和国内公司获取数据的价格相同,相当于国内公司支付了两次资金获得一次数据,对国内公司是歧视。中国气象局法规司长期从事公共服务相关法律、法规的建设工作,具体措施可以由该部门进一步完成,并报送物价管理部门审批。

产品质量保障机制。首先要构建气象服务产品的质量保障体系。构建以用户为核心的交互式标准体系。其次,要建立健全气象服务产品的技术标准、业务流程和管理规范。通过细化流程,明确产品指标,完善业务规范,提高效率和效益。再次,要建立科学分类的业务目标考核与评价机制及激励机制,形成运行顺畅、高效的业务运行机制和管理模式;最后,要结合从业人员的资质考核机制,严格执行持证上岗制度,保证气象服务产品的质量。

社会反馈与评价机制。社会的反馈、评价机制建设是非常重要的工作。它可以促进优胜劣汰。在新企业进入气象服务市场后,由于其从业经验不足,服务水平无法与一些从业多年的企业媲美,建议其三年或若干年后开始考核。在信息社会中,由于用户反馈、评价的结果会造成马太效应,其优势是便于用户选择服务者,劣势是使服务者不愿意求革创新。所以,该反馈、评价机制应该是多维的,同时也是公正的。气象行业协会比较适合从事这样的工作。

从业人员资质考核机制。该机制的建立是气象服务公司生存的保障。气象信息服务属于信息产品,信息产品的质量需要事后验证,没有充足的人力资源无法完成这项工作。所以要及时考核从业人员资质。从业人员资质考核也是保障公众可以获得优质气象信息的基础,该项工作可以由中国气象局气象干部培训学院协同公共气象服务中心共同完成。气象干部培训学院有多年的业务教育、培训经验。在气象信息技术快速发展的情况下,从业人员资质考核的目的更多的是提高参与主体的业务水平,而不是给参与主体设置进入壁垒。

气象服务市场的监管机制。健全气象服务市场监管法规和标准体系,制定和完善国家和地方性气象信息服务、防雷技术服务等法规和标准，强化气象服务标准实施应用。会同国家有关部门，分类制定出台气象服务市场准入退出、登记备案、服务监管、奖励惩罚等市场规则和制度。强化气象服务市场监管职能，健全国家、省、市监管业务机构和队伍，建立多部门联合监管机制，加强事中事后监管。加强气象服务信用体系建设，建立全国气象服务市场主体信用信息，实施信用信息披露制度。引入第三方评价机制，健全社会公众监督渠道，完善气象服务社会监督和评价制度。

(3)事业单位在多元参与中的作用。公众和行业用户的调查均显示，提高预报产品的准确率是用户最关心的问题。通常认为预报产品的准确率应该是科研机构需要考虑的问题，而与事业单位没有太多的关系。根据现代创新理论，自主创新作为原始创新主要包括以下阶段：①产生新思想；②将新思想孵化为新技术；③采用新技术，进入市场。每一个阶段都有其风险。高等学校和科研机构更加热衷于产生新思想。将新思想孵化为新技术需要投入大量的人力和物力资本，同时也有较高的失败风险，即使产生新技术也面临市场是否接受的问题。所以高校和企业均不愿意从事这类工作。企业更加愿意直接采用新技术，然后即可开拓市场，获得收益。从前面墨迹公司的融资案例中可以看出，融资资金大部分用于开拓市场，而不是前面的研发工作。

当民营机构愿意进入市场，为特殊需求用户提供服务，那么事业单位可以将工作重心转向将新思想孵化为新技术，并提供基本气象服务。这样既可以提高我国气象服务的整体实力，又可以腾出一些市场空间，使民营企业发展机会更多，有机会做大做强。这时，多元参与各主体的关系发生了转变。

创新可以提高生产力，同时也有失败风险，气象服务属于公共服务，承担较多的创新成本，将创新成果和市场留给企业，可以培育企业的发展，也可以满足用户的需求。中国气象局公共气象服务中心 2008 年开展的一系列网络平台建设，就是在进行事业单位工作重心转移和市场培育工作。

第三节 公共气象服务能力提升

公共服务能力是指公共服务主体为生产和提供优质的公共服务产品以满足公共服务客体的公共服务需求而具备的技能、技术和技巧。公共服务能力是以公共权力和公共资源的拥有为前提的。公共服务能力的强弱决定了公共服务主体在整个公共服务活动过程中是否能够真正承担并办理好所有的公共服务事项。国内学术界对于政府服务能力的定义则大多从两个角度入手展开阐述：一个角度是以政府能力为对象，在对“政府能力”界定时阐述“政府服务能力”，另一个角度则是从“服务型政府”的构建出发定义解释“政府服务能力”。王绍光、胡鞍钢(2000)在其著作中指出“政府服务能力”就是政府在其服务行为过程中能力的集中体现，是政府在服务社会、企业、市场和民众的过程中综合表现出的能力。周天勇等(2004)则认为，政府服务能力指的是政府向社会和公民提供信息和商业服务的能力，是提供教育、文化、娱乐等公益服务的能力，是提供道路、水电、照明等市政服务的能力，是向社会和公民提供生产和生活所需的公共资源的能力。政府服务能力不只是社会运行和发展的重要基础，也是政府合法性基础的重要来源，政府服务能力的强弱是衡量考核政府能力的重要指标之一。蒋春忠(2004)认为，政府服务能力是指政府提供优质的公共服务，满足社会和民众的需要，为市场经济的发展提供良好的外部环境的能力。政府服务能力的大小，主要体现在政府服务意识的强弱、服务体系和措施的完善程度、提供服务的数量和质量上。

公共气象服务能力是以气象现代化为依托，以发展现代气象业务为核心，气象工作围绕有效防御和减轻气象灾害，保障人民生命财产安全，适应和减缓气候变化，增强经济社会可持续发展，促进气候资源开发利用，建设资源节约、环境友好型社会，实现人与自然和谐发展的能力。因此，提升公共气象服务能力必须要有明确的建设目标，把握好需要重点建设的项目，才能加速气象科技发展的进程，不断满足社会需求，提供丰富多样、及时准确的公共气象服务产品，为防灾减灾、资源开发利用及服务经济社会发展提供保障。

一、公共气象服务能力建设的目标

全面建设小康社会和构建社会主义和谐社会对中国气象事业特别是公共气象服务提出了新需求，日新月异的科学发展与技术进步为气象事业发展提供了新机遇，适应与减缓全球气候变化对气象事业发展提出了新挑战，完善社会主义市场经济对中国气象事业发展提出了新课题。因此，公共气象服务能力建设必须首先明确其目标，才能不断满足当前社会经济发展的各种需求，促进可持续发展。公共气象服务能力建设目标可以概括为以下几个方面。

(一)提高公共气象服务对公共安全的保障能力

在现代社会，气象探测数据、气象信息和产品已越来越广泛地应用于国家安全保障领域，公共气象服务工作对公共安全、生态安全、水资源安全及能源、国防、食物、空间安全提供了越来越有效的科技支撑。建设公共气象对国家安全的支撑体系，要以气象基本业务系统为主要依托，以资料和信息共享为主要特征，建成气象、海洋和空间三位一体的全程、连续、滚动的综合气象服务系统，以现代通信和信息技术为基础，建成高度共享的大容量的数据存储系统及相应的灾难备份系统，实现对各种观测资料的快速采集、传输、存储、加工处理和产品分发，最终达到面向国家安全相关领域的服务手段现代化、服务产品专业化、服务队伍专职化、服务管理规范化。具体的任务如：建立综合信息处理系统及信息共享系统，强化重大天气气候灾害预警预报业务；制定天气气候灾害及突发性事件应急响应预案；建立防灾减灾气象指挥中心及多部门预警防御协调机制；建立食物安全的气象信息服务体系；建立能源安全保障体系；建立军民结合的大气综合探测体系，实现军民气象、海洋、空间环境信息共享；建立新一代军事天气预报业务和气候预测业务体系；建立应对突发事件的军民联合气象保障系统；为我国能源发展的全球战略提供经常性和专门性的气象信息和预报预测服务；提出与气象条件有关的我国清洁能源利用及新能源开发长期规划，制定合理利用清洁能源的气候规划；加强未来发展和安全使用核能的气象保障；为履行气候与环境国际公约、维护国家权益提供科学技术支撑；研制气候变化对生态系统和经济社会的综合影响评估模式，开展气候变化对我国生态系统和经济社会影响的定量评估；开展未来全球气候变化对我国敏感经济部门和敏感地区综合影响的定量评估；建立雷电监测预警预报业务；开展对雷电物理过程、雷电防护工程技术、雷电防护技术标准规范、雷电防护设备等综合研究；建立空间天气监测预警预报业务，提高全方位空间环境变化监测和分析能力；加强海洋气象工作，在我国海域岛屿布设自动气象站，收集气象数据资料，为我国远洋航行和海洋资源开发作好气象服务等工作，在国家和社会安全领域提高公共气象服务水平(黄桂珍等，2012)。

(二)提高公共气象服务对可持续发展的支撑能力

围绕可持续发展面临的人口、资源、环境等重大问题，积极拓展促进可持续发展的前瞻性气象业务与技术，为可持续发展提供气象科技保障。加强气候资源承载能力评估，发展全球、区域和局地气候资源及其演化评价技术、气候资源管理技术、不同空间尺度的气候资源优化调控技术、人工调控气候资源的工程设计技术。优先发展农业生态抗旱型和水资源增蓄型人工增雨成套优化技术，使人工影响天气工作在农业抗旱、水资源增蓄和森林防火、林草飞播等服务中发挥较大效益。建立以实时监测、信息加工、作业决策、效果评估为核心的科学作业指挥系统，为跨省区水利、农业、生态服务提供有力保障。建立流域水循环及水资源长期变化过程的综合模拟系统模型；掌握区域和流域水资源规律和影响机制，建立包括大气、土壤、植被和人类活动的水循环动力综合模式，发展区域和流域水循环及水资源变化过程综合模拟系统；确定水资源对气候变化影响的敏感区和脆弱区，科学评估水资源承载能力。发展农业与生态观测站网，开展生态系统发展趋势预报和极端事件对生态系统严重影响的预警、预报；发展气候系统、生态系统、人类经济社会活动等相互作用的复合模式；发展全球变化、区域气候变化对我国生态系统及生物多样性等问题影响的评估。建立高温热浪、低温严寒、天气骤变、流行性疾病发生和传播的气象条件预报系统，制定各种危及人类健康的突发性异常事件的公共卫生安全的气象应急措施；建立大规模疫情传播防治的气象服务保障体系和突发性传染性疾病防治的应急响应气象服务保障体系；加强气候环境变化和经济社会发展对城市空气污染和人类健康的影响评估(蒋春忠，2004)。

(三)提高气象对公众日常生产生活的服务水平

准确的天气情况和灾害预报要面对社会公众，才能发挥它应有的作用和效益。气象部门要改进公共气象服务的手段和方式，要在服务型政府理念的指引下，坚持以人为本，提供群众喜闻乐见，无微不至、无所不在、准确及时、优质高效，针对不同群众需求的、个性化的、通俗易懂的公共气象服务。在服务方式上，也要紧跟科技发展步伐，使用群众最容易接收的传播手段，如广播、电视、网络、手机短信、电子显示屏、报纸等多种方式，让尽可能多的人群能够接收到气象公共服务信息和气象灾害预警信息，提高人民群众的生活水平和幸福指数(刘方，2009)。

要做好针对公众日常生产生活的气象服务，关键在于提高预测预报准确率，在预测预报准确的前提下，还要有发布、传播、响应和效果评估等一套工作程序和制度，还要有政府主导、部门联动的公共服务体系支持和防灾减灾应急响应机制的有效协调运转。气象部门是由政府公共财政支持设立的事业单位，因而政府要切实负起投资主体的责任，要主导气象公共服务和气象防灾减灾工作。在中国特殊的政治和社会结构条件下，要发挥政府统揽全局、协调各方的作用，着重履行好体现在气象工作中的社会管理和公共服务职能。要组织协调、建立国土、水利、安全、军队、民政、农业等部门的联动机制，实现信息畅通、资源共享、行动统一，加强气象灾害防御和气象灾害应急响应演练，提高应急响应能力。在特定的紧急情况下，为减少人员伤亡和财产损失，政府还应采取强制措施。按照英国行政学家菲利普·海恩斯在《公共服务管理的复杂性》一书中的观点，公共服务也跟公共管理一样存在复杂性，其中一个方面是要特别关注服务的对象。就公共气象服务来说，要提高服务效率，一方面是科学技术层面的进展，一方面还要看服务部门与服务对象的互动协同程度，以及我们的服务对象所处的社会经济环境和文化知识水平。同样的气象公共服务产品，当面对不同的服务对象时，有时会产生完全不同的效果。如面对同样的暴雨灾害，穷人和富人的态度会很不一样，穷人和富人在灾后的境况也会完全不一样。因此，在政府和气象部门提供公共气象服务的过程中，要充分考虑经济、社会、受众的各方面的不同需求和复杂因素。长期以来，由于气象公共服务科技含量不高，服务手段和服务方式陈旧，服务态度生硬，服务的时效性差，服务的针对性不强等原因，导致了服务的效果不佳，服务效益不明显。传统的服务手段和方式已经严重地滞后于社会公众的需求。国内外经验表明，公共服务能力的提高和公共服务效益的显现离不开服务对象的高度认同和广泛参与。要加大气象科学普及和防御气象灾害知识宣传的力度，提高人民群众的防灾减灾意识，提高气象灾害的自我防范能力和临灾自救能力。要充分发挥社会组织和社区群众的积极性和主动性，使群众主动参与到气象公共服务和气象防灾减灾活动中来，用全社会的力量减轻气象灾害造成的损失(陆林，2013)。

(四)大力推进公共气象服务均等化

在广大的农村和西部相对落后地区，气象探测、气象预警预报等基础设施建设落后，预测预报能力不足，气象灾害预警信息和公共气象信息发布准确率、时效性、覆盖面都存在不少问题，公共气象服务体系和气象灾害应急响应体系不健全，气象灾害防御能力弱，每年都造成严重的生命财产损失。一方面是城乡差距，一方面是东西部差距，使得要实现我国公共气象服务均等化还要做出巨大的努力。2012 年 10 月 4 日 8 时许，云南省彝良县龙海乡因连续降雨发生山体滑坡，造成 18 名小学生和 1 村民被埋遇难，中央气象台和云南省气象台曾做出局部强降雨预报并进行滑坡、泥石流预警，但农村防灾减灾体系建设和群众防灾意识仍然薄弱。

公共服务均等化是国家履行社会管理和公共服务职能的核心内容，也是构建和谐社会，统筹城乡发展、统筹东西部发展，实现经济社会可持续发展的必然要求。中共十七大提出了更加重视社会管理创新，更加重视民生，“加强公共服务建设，健全政府职责体系，完善公共服务体系”“强化防灾减灾工作”“加强应对气候变化能力建设，为保护全球气候做出新贡献”等要求，公共气象服务的工作目标是准确及时、优质高效和均等化。公共气象服务也要实现城乡统筹，大力推进机制体制创新、科技创新、服务手段和服务方式创新，发挥气象部门长期为农业和农村服务的特长，为广大农民提供优质高效的气象服务，全面提升气象服务新农村建设的能力和水平(中国气象局应急减灾与公共服务司，2011)。

1. 加大气象灾害监测预警覆盖面

我国城市气象灾害预警系统已基本建成，而在广大农村，急需解决气象服务“最后一公里”的问题。将公共气象服务延伸到每个村庄、每个居民点，还面临艰巨的任务。对加快农村公共气象服务体系和灾害防御体系、气象灾害应急体系建设，近年来国家越来越重视，投资越来越大。目前要重点开展农业气象保障与调控、农业气象灾害预警评估、作物产量预报等技术研究，完善农业气象重大灾害预警评估、农业气象预报业务系统，逐步建立气象与生态、环境相结合的业务系统。大力提高特色农业、精准农业、设施农业的气象信息服务能力。建立大面积主要农业气象灾害的灾前预警、灾中跟踪、灾后评估业务，研究减灾控制技术；研究区域农业自然资源生产潜力及优化布局、气候变化对区域食物安全的影响及应变对策；建立我国主要食品进出口和农业产量预报业务。气象部门要更加重视关键农时季节、重要农事活动和防御重大农业气象灾害的气象服务。针对冬麦主产区干旱、春旱和夏秋旱、低温冷害等气象灾害，开展监测、预报和影响评估。加强粮食产量监测预报，开展主要作物病虫害发生发展气象等级预报、农田土壤墒情预报、作物物候期预报、农用天气预报和农业年景预报，为增强农业抵抗自然风险能力、为全国粮食总产量稳定增长开展有效的服务。围绕农村特殊需求，加强设施农业、特色农业、林果业和养殖业气象服务，开展现代农业气象业务试点和新农村气象示范县建设，积极开展政策性农业保险气象服务。要适时组织粮棉主产区火箭、高炮和跨区域飞机作业，提高增雨、防雹、扑火效益。

2．丰富城乡公共气象服务工作内容

我国正处于经济高速增长、经济总量不断增大的重要时期，为适应我国经济快速发展和社会的不断进步对气象服务工作日益增长的需求，需要不断丰富我国城乡公共气象服务工作内容。在全球气候变化的大背景下，气象灾害的发生频率、影响范围和危害程度不断增长，气象灾害的损失日趋严重，高温、霜冻、台风、暴雨、洪涝、干旱、雷击、泥石流等气象灾害给人们生产生活带来的影响越来越大，损失越来越重，公共气象服务和气象灾害的防御工作，关系国家的重大决策、关系大众利益和社会稳定。自然资源、不可再生能源日益匮乏，土地沙化，环境污染等与气象密切相关的问题，也困扰着我国的可持续发展。提高我国公共气象服务的能力和水平，认真履行公共气象服务职能，积极参与构建和谐社会，公共气象服务才能取得长远的进展。充分发挥公共气象服务农村的重要作用，不断增强农业气象科技保障能力。要实施好《现代农业气象业务发展专项规划方案》，加强重大农业气象灾害监测预警评估和关键农事季节的气象服务，发展农用天气预报业务。加强国家、省级对现代农业气象服务的业务技术指导，强化市、县级气象部门为农服务能力建设，继续做好农业遥感应用等为农服务工作。积极推动特色农业、设施农业、草原畜牧业、海洋渔业、农业布局结构调整等气象服务的发展。做好粮、棉、油产量和世界粮食主产国粮食产量预报，推进蔬菜、果品等产量预报业务的拓展。继续深化政策性农业保险气象服务。积极推进气象防灾减灾信息的进村入户，加强农村气象信息服务站、农村综合信息站建设和农村气象防灾减灾科普宣传，推动县级农村气象灾害应急准备认证工作，努力实现乡乡有分管领导、有气象信息服务站、有气象协理员、有应急响应预案、有预警信息接收设备，村村有气象信息员和预警信息接收设备。开展农村防雷减灾工程建设，做好农村防雷减灾工作。提高人工影响天气作业的科学水平，加强人工影响天气作业效果的评估，推进国家人工影响天气外场基地建设。

3．全面履行农村公共气象服务职能

公共气象服务职能是气象部门的主要职能，提高公共气象服务能力和水平是现代气象业务体系建设的根本目的。气象部门应全面履行为农公共气象服务职能，以气象科技为基础,以现代气象业务技术体系为支撑,履行服务职能,拓展农业农村服务领域,创新服务手段,完善服务方法,提高公共气象服务的质量和社会经济效益,在国家经济建设和防灾减灾工作中,发挥重要的基础性作用。全面履行公共气象服务职能,构建覆盖城乡、全民共享的气象灾害防御管理体系,全面开展气象灾害风险评估、灾害普查和灾情调查工作;建立广泛的覆盖城乡的气象灾害防御网络,建立气象灾害预警信息发布,灾情调查、上报,灾害救援等任务的气象应急联络员、信息员、志愿者队伍,建立社区、农村气象灾害避险方案和制度;增强气象灾害的应急保障能力,完成突发公共事件预警信息发布系统建设,健全应急组织机构,建立气象应急队伍,完善气象灾害应急处置和突发公共事件气象保障业务流程,明确各种气象灾害的应对措施。公众气象服务做到精细化、多样性、广覆盖,以人为本,坚持"无微不至、无所不在"的公共气象服务新理念,实现公众气象服务信息"进农村、进企事业、进社区、进学校"的公共气象服务新目标。将气象自动观测网络、滑坡泥石流灾害预警工程延伸到农村,增加密度。建立农村公共气象服务响应与反馈机制,依托现代方便快捷的通信技术和手段,完善公共气象服务信息系统,畅通信息发布渠道,使气象服务信息准确及时地送到农民手中。

4. 建设城乡一体化的气象防灾减灾体系

气象防灾减灾关系社会和谐稳定和经济发展全局。切实加强城乡一体化的气象灾害的监测预警和风险评估,不断完善气象灾害防御体系。提高气象防灾减灾能力,加强雷电灾害防御工作。面向民生、面向生产、面向决策,进一步提高气象监测预报的准确性、灾害预警的时效性、气象服务的主动性、防范应对的科学性,毫不松懈地做好防灾减灾气象服务工作。加强气象灾害的监测预报,做好灾害性、关键性、转折性天气及重要气象次生衍生灾害易发区的预报会商、预警信息发布和多部门联动,以及灾害性天气过程、跟踪监测、有效服务和适时评估工作,及时做好防汛抗旱决策服务和突发公共事件的应急气象保障服务。启动台风灾害风险评估业务系统建设,开展全国台风灾害风险区划。继续做好防御雷电的气象服务与保障。认真落实《国家气象灾害应急预案》,进一步完善"政府主导、部门联动、社会参与"的气象灾害防御机制,围绕预报预警、信息发布、应急联动、恢复重建等关键环节,做好现有气象业务与预案的对接,完善应对措施和处置程序,加强应急演练。建立气象灾害防御联络员制度。推进省、地、县地方气象灾害防御规划的编制工作。建立基层气象信息员队伍,发挥基层气象信息员的作用。要把气象科技服务作为强化政府对农村公共服务能力的重要组成部分,在健全农村气象公共服务体系,防灾减灾体系的基础上,增加公共服务产品,改善公共服务手段,缩小城乡公共信息服务的差距。

5. 合理开发和科学利用气候资源

气候资源是工农业生产的重要保障,按照国家应对气候变化和节能减排工作的要求，做好农村风能、太阳能和空中云水资源的监测、预测和评估等工作，强化风能资源评估认证及成果应用。完成全国各详查区高分辨率风能资源数值模拟和全国各详查区风能资源综合评估。推进省级风电功率预报业务建设。改造和完善已建风能资源测风塔。制定太阳能资源观测网布局方案，开展太阳能资源观测示范站建设和太阳能资源监测、评估预报试验。提高气象为农业服务的能力和效率，合理开发、科学利用和有效保护农村气候资源，加强风能、太阳能等气候资源的监测、评估和预报等工作，保障农村经济社会可持续发展。强化农村能源节约和高效利用，发展绿色农业、低碳农业和循环农业，为调整农村能源结构和缓解能源、资源压力提供全方位的农村公共气象服务。

二、提升公共气象服务能力的重点建设工程

能力建设是实现战略目标、完成战略任务的重要保障，《中国气象事业发展战略研究》中能力建设部分提到了目前我国公共气象服务能力建设应当重点建设的八项工程，本书以此为基础，对其内容做进一步凝练和升华，具体内容如下。

（一）建设气象综合观测和气象灾害监测、预警、应急响应及评估系统工程

以构建气象信息共享平台和气候系统观测平台为目标，建设由地基、空基、天基观测系统组成的观测内容较齐全、布局合理、密度适宜、自动化程度较高的气象综合观测系统，实现对大气成分及过程、常规气象要素、各圈层相互作用的物理、化学、生物过程等进行定量、综合、动态和全天候观测。以提高气象防灾减灾能力为目标，建设气象灾害及其次生灾害的定时、定点、定量预警预报系统，实现对气象灾害的准确及时预警预报；建成气候变化与极端气候事件的预测预估系统，为各级政府防灾减灾科学决策提供科技、信息和服务支撑；发展和建设经济社会系统防灾避灾模式，科学指导居民疏散、设施加固和物资储备；建设气象灾害信息搜集、传输和服务系统，发展各类气象灾害预警服务平台，将灾害警报及时发至政府部门及受影响群众，发挥气象服务在灾前、灾中、灾后各阶段的作用；建设气象灾害应急响应服务系统，提高为各类污染、能源危机、交通事故、突发事件等提供应急气象服务的能力；建设灾情评估系统，加强对气象灾害的风险评估。

（二）建设气候变化模拟、预测及气候应对评估系统工程

以适应和减缓气候变化，提高气候预测水平，减轻极端天气气候事件对经济社会和生态系统影响为目标，研发新一代气候系统模式，建立一套拥有自主知识产权、标准化、模块化、多种尺度结合的气候系统模式；研发气候系统与自然生态系统和经济社会系统耦合模式，积极引导生态环境与经济社会和谐发展；建设高性能计算机环

境，建成适应新一代气候业务和研究需求、满足计算网格需要的国家级高性能计算机系统，以及与之相适应的高性能网格环境；将国家气候中心建成亚洲区域气候中心，并成为世界气象组织的区域气候中心之一。

以提高气象能源开发利用、食物安全保障、固碳减排、国家重大工程气候影响评估、海冰资源化利用能力为目标，建设风能、太阳能评估系统和实时监测预报服务系统；推广生物和工业固碳技术，增加碳汇，降低大气温室气体浓度；建立海冰监测和开发的环境影响评价系统，建设海冰资源产业基地；建设食物生产、储运、加工和质量安全的气象保障系统；建设国家重大工程、重大区域性经济开发项目和城市规划的生态与环境影响评估系统。

（三）建设气象科技创新及信息网络系统工程

以构建气象科技创新和人才培养平台为目标，在关键和敏感地区建设特殊监测站；建设国家与部门重点实验室；建设重大野外科学试验基地；加强气象科技基础条件建设，改善国家级气象科研机构基础设施；重点建设大型科技设施与基地，完善科学基础数据系统，合理配置科技资源，优化网络科研环境；实施新一代天气气候系统数值预报、气候和气候变化、大气化学、自然控制论与人工影响天气、日地空间环境与空间天气等科学研究计划；建设气象教育和培训基地。建立与气象综合观测相适应的信息收集、传输、保障系统，重点建设综合通信系统和由高速计算机网络、海量存储检索与共享系统、国家级气象信息网络异地备份系统组成的公共气象信息基础设施。逐步实现反映气候系统五大圈层相互作用过程的全程、实时、定量综合监测。建立协调、统一与规范的信息采集处理和分发系统。

（四）建设航空航天气象保障与人工影响天气工程

以提高航空、航天气象保障能力和空间环境保障能力为目标，建设北京航空气象中心，建成航空气象观测与数据处理系统，以及基于全球数值天气预报模式系统的终端区和飞行航线天气预警预报系统、保障服务系统、产品制作分发系统；建设航天气象保障服务系统；建设国家空间天气中心，建成空地结合、军民结合的空间天气立体观测系统、预报系统和信息服务系统。

为充分利用云水资源，缓解区域水资源紧张、改善水资源分布不平衡，以防雹、增雨、消雾、消云等为目标，在京津冀地区、黄河上游河曲地区及“三江源”地区、祁连山地区、天山地区、辽河及松花江流域、“南水北调”丹江口水库区、长江中上游地区，以及国家生态建设重点地区开展以人工增雨（雪）为主的作业，建设现代化作业基地；加强人工影响天气基础设施建设，建成高炮、火箭、飞机作业系统，装配世界先进的撒播设备；建设作业催化及监测系统、指挥系统、国家级人工影响天气的技术支持系统。

（五）建设公共气象服务系统工程

以构建公共气象服务平台，显著提高公共气象服务的社会、经济、生态效益为目标，强化公共气象服务职能，健全公共气象服务体系，改善公共气象服务手段，丰富公共气象服务产品，提高公共气象服务质量，建设专业化服务产品加工平台和数据库系统，科学指导公众的生产生活；建设通过电视、电子显示屏、广播、报纸、网络、电话、手机短信等媒介的气象信息分发系统；建设气象专业电视频道及现场跟踪播报服务系统；建设以地理信息系统、遥感系统和全球定位系统为技术支撑的农业及生态气象信息综合服务系统。优先建立和完善以气象基本业务系统为主要依托的、资料与信息共享的、适应社会发展需求的现代公共气象服务体系，实现公共服务的灵活迅速、连续滚动、个性化、数字化、多媒体化及动态跟踪全程服务。

气象部门公共服务能力建设，是当今社会发展对气象工作提出的新挑战，也是目前全球范围内应对气候变化、防灾减灾及地球科学研究面临的新课题。当前我国政府正处于提升公共服务能力的新时期，公共气象服务关系到人民群众生产生活能力、灾害应急响应能力和防灾减灾能力。如何满足公众对公共气象服务不断增长的需求，是对一个政府执政能力的重要考验，因此，加强公共气象服务能力建设，已成为政府和气象部门刻不容缓的重要任务。

第四节 基层公共气象服务体系建设——县级综合气象业务改革发展

一、我国基层公共气象服务存在的问题

我国公共气象服务工作，尤其是基层公共气象服务工作肩负着为广大人民群众，特别是为农民提供气象服务的任务，是社会需求最具体、最旺盛的基层部门，但是由于受到地方经济发展相对滞后和气象工作自身建设的局限性的影响，目前我国基层公共气象服务工作主要存在以下几个方面的问题。

（一）部分县级气象局对公共气象服务的认识还不到位

地方各级领导和社会各界对公共气象服务重视程度参差不齐，公共气象服务信息使用效益和潜力还远未充分发挥。

（二）基层公共气象服务队伍数量不足和人才缺乏

由于过去气象部门，特别是基层台站的人主要是和仪器、数据打交道，工作环境往往又在郊外甚至高山，加之人员少，一般几人至十几人，少数台站20～30人。目前基层的公共气象服务人员全部都是由相关的业务人员兼职，他们可能只在某一方面具有专长，而服务工作具有很强的综合性，基层现有服务人员在知识结构和综合能力上，存在着不适应公共气象服务需求的问题。首先是知识面狭窄的问题，接触社会实践少，长期处于封闭的工作环境，无法站在社会发展的角度跳出部门看气象，是当前基层台站服务人员的普遍现象。其次是公共气象服务人员对当地的生产、生活状况不甚了解，特别是年轻人，尤其对农业、农村工作不了解，生产细节更是知之甚少。在这种情况下，就算预测预报准确，信息来源及时，服务也做不到贴近生产和生活。作为公益性的事业单位，国家对人员队伍的编制和事业经费的投入又是有限的，而且无限的气象服务需求与有限的服务能力的矛盾，会随着气象服务的不断发展而越发突出。

（三）天气预报的准确率还有待提高

天气预报的准确率对服务效益的好坏起决定性作用，特别是灾害性天气的预报准确率不高，不能满足社会对气象日益增长的需求。如果不能确保准确率，那么气象服务就没有生命力。气象服务的准确率越高，指导意义就越强，经济价值和社会效益就越大。所以要发展公共气象服务，必须进一步提高天气预报准确率。

（四）气象知识宣传教育缺位

地方领导和公众，特别是农民缺乏气象科学知识。县级气象局因为管理体制和人力财力的关系，无法将气象科学知识纳入培训的范畴，使得能懂一些气象科学知识的人较少。特别是农村人员中文化素质高的人都外出打工或经商，还有经济条件好的能人，不断迁居到城镇，留守在农村的人员主要是老、幼、妇等。由于文化素质偏低的原因，解读不了气象信息，影响了气象信息的科学利用。近几年来，由于农村对气象科学知识相对缺乏，导致在经济活动中不考虑天气、气候与气象灾害而造成经济损失的现象屡见不鲜。

二、基层公共气象服务改革发展的总体思路和目标

基于这些基层公共气象服务工作中的问题，我们要对县级综合气象业务进行全面的改革和发展，改革发展的总体思路和目标要求是：坚持公共气象发展方向，围绕服务经济社会发展和保障人民安全福祉等中心任务，坚持适应需求、集约高效、科技支撑、因地制宜的原则，坚持先进、综合、稳定、实用、便捷、开放的技术路线，以提升基

础业务能力为目标，以优化业务布局、调整业务分工、完善业务流程为主线，以发展综合气象业务、建设综合气象业务平台、改革气象业务体制、强化科技支撑和人才保障为重点，避免低水平重复建设和重复劳动，形成业务一体化、功能集约化、岗位多责化的县级综合气象业务，全面推进基层气象业务现代化，不断增强县级气象机构综合实力、气象创新活力和气象工作影响力。

县级公共气象服务体系要以保障公众生命财产安全为根本，以防御和减轻县级及区域内气象灾害为目标，加强县气象灾害监测、预报预警和气象防灾减灾服务能力建设，为工农业生产、经济社会发展和人民生命财产安全提供科学、及时、准确的公共气象服务，为切实推进社会主义新农村建设提供基本气象保障。

县级公共气象业务发展的基本原则是坚持气象服务与经济建设工作同步进行，气象灾害防御工作以政府行为为主导，动员社会力量广泛参与；气象服务以防为主，防、抗、避、救结合，综合防治，提高整体防灾减灾效果，做好服务的统一领导，统筹规划，明确分工，分级负责，建立完善统一的气象公共服务体系；突出重点，集中有限资源，着重加强对主要气象灾害和重点受灾区域的防治，依靠科技进步，加强气象科技创新，提高县级气象服务和防灾抗灾的能力。

县级公共气象服务发展的总体目标是建设和完善县级气象灾害监测、探测系统，大力发展精细化预报业务和短期气候预测系统，提高对灾害性天气的预测、预报、预警能力，对影响县级的主要气象灾害活动规律、形成条件与机理、防御对策进行深入研究，建立完善县级灾害性天气预报、预警系统；建立针对不同人群、不同接受对象的气象综合信息接收平台，形成县级气象灾害防御体系，高度重视气象灾害防御工作，坚持避害与趋利并举；建立政府组织协调、各部门分工负责的气象灾害应急响应机制，构建县级气象服务体系，加强气象灾害预警应急工作，最大限度地减少重大气象灾害造成的损失。

三、基层公共气象服务改革发展的建议与措施

在对于基层公共气象服务体系建设的构想基础之上，我们针对县级综合气象业务的改革和发展提出了以下几项具体的建议和措施。

（一）提高天气预报的准确率

基层气象台站由于预报区域小、小气候特征明显，预报准确性与天气预报员的工作经验和预报责任心关系很大，要避免对上级指导产品照抄照转，或只进行适当订正的现象。

（二）加强气象科普知识和气象常识的宣传工作

加强气象科普知识和气象常识的宣传，通过广播、电视、报纸、专题资料、墙报、手

机短信、气象声讯电话、现场咨询活动等手段不断加强气象科普知识的宣传，在有关涉农培训基地开设气象科技知识课程，定期举办农村气象技术培训班，传授经济实用的农村适用技术，培养乡土气象专家，从而努力提高农民群众科学利用气象信息的水平；在气象服务中，尽量做到服务用语的通俗易懂，尽量避免或减少专业化用语，对于灾害性天气预报，最好也能预报量化的气象要素，让领导和公众对灾害强度有个定性的概念，在发布预警信号时，也要将灾害预报结果与“蓝、黄、橙、红”四个标准进行对照，以确定发布哪一级预警。

（三）加强公共气象服务体系建设

努力构建新农村建设气象工作现代业务体系。健全基层气象管理网络，将气象现代业务体系延伸至农村，建立健全农村气象综合监测系统，加强农村气象信息发布设施建设。建立乡镇级气象灾害应急响应预案，建立乡镇气象服务工作站，设置乡镇气象职位，组建一支气象协理员队伍，采用多种渠道，及时向地方领导和公众提供气象信息。

（四）实施三个重点工程

启动“农村气象防灾减灾”工程、“气象信息惠农”工程、“农业气象科技示范园”工程的建设。通过建立乡镇气象信息终端、农村气象直播系统、气象应急流动广播系统，努力解决信息“最后一公里”问题，进一步提高农村抵御自然灾害和应对气候变化的能力。加强农业的气象监测、预警、预报、评估和服务工作，开展各县各乡镇农村主要农作物的种植、采收和销售的特色气象服务，充分体现专业气象服务特色，推动气象科技成果和基础业务产品转化为生产力，全面提升保障粮食安全的气象服务能力，最大限度减少农业灾害损失，促进农业增产、农民增收，提高公共气象服务的农村经济效益。建设农业气象科技示范园，开展基于气候因素的病虫害气象等级预报和服务，以及相关的农业气象灾害、极端气象灾害等预报和服务，从而探索出特色现代农业气象服务的新路。

参考文献

胡鞍钢，王绍光. 政府与市场. 北京：中国计划出版社. 2000.

华兴夏，苏向荣. 2013. 论公众参与公共气象服务的重要意义. 阅江学刊(6)：60-66.

黄桂珍，尤明双. 2012. 提升县级公共气象服务能力的几点思考. 气象研究与应用，**33**(2)：104-106.

蒋春忠. 2004. 现代服务型地方政府能力初论. 长沙：湖南师范大学.

矫梅燕. 2009. 探索公共气象服务发展的体制机制创新. 浙江气象，**30**(4)：3-6.

矫梅燕. 2012. 坚持公共气象服务发展方向，落实防灾减灾这一首要任务. 浙江气象，**34**(1)：1-3，10.

刘方.2009.关注民生,服务百姓,全面提升公共气象服务能力.泰州日报,2009-03-23(004).

陆林.2013.我国公共气象服务能力建设研究.昆明:云南大学.

秦大河,孙鸿烈.2004.中国气象事业发展战略研究:总论卷.北京:气象出版社.

石磊,林跃.2010.浅谈基层公共气象服务人员能力的培养.内蒙古气象(2):46-47.

王莘.2011.我国公共气象服务现状、问题及对策.青海气象(4):2-11.

吴益平.2012.新形势下发展基层公共气象服务的几点思考.气象研究与应用,**33**(1):101-104.

谢璞.2009.提升首都公共气象服务能力与水平.中国气象报,2009-12-15(002).

薛恒,等.2010.公共气象服务管理学基础.北京:气象出版社.

中国气象局应急减灾与公共服务司.2011.转变发展方式,提升减灾能力,大力推动公共气象服务发展.中国气象报,2011-12-27(001).

周天勇,辛鸣.2004.建设公共服务和社会管理型的政府.学习与探索(3):79-85.